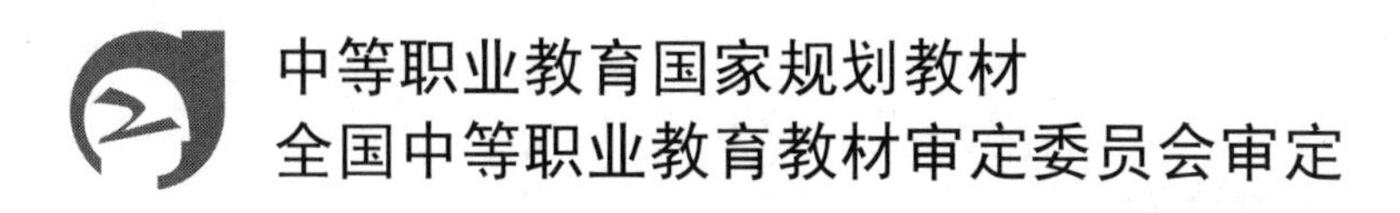

计算机组装与维修

（第3版）

林 东 陈国先 主 编

電子工業出版社
Publishing House of Electronics Industry
北京·BEIJING

内 容 简 介

本书全面、系统地介绍了微型机的主机（主板、微处理器、内存条、机箱与电源），存储设备（硬盘驱动器、光盘驱动器、外置式存储器），基本输入/输出设备（键盘、鼠标、显卡、显示器、声卡和音箱），主要的外部设备（扫描仪、数码照相机、针式打印机、喷墨打印机、激光打印机），微型机联网设备（网卡、双绞线、交换机、宽带路由器）等基本硬件的分类、主要技术指标、基本工作原理、使用方法等，还介绍了笔记本式计算机的类型、主要部件的结构和功能，以及笔记本式计算机的拆卸与维护；重点介绍了微型机各部件和系统软件 Windows 8.1 的安装方法，以及微型机系统的维护与维修的基本方法。

本书从应用和技能角度出发，深入浅出地介绍了组装的基础知识和技能，根据职业教育的实际情况，理论知识叙述只求够用，而重在知识的应用和技能的训练。本书每章后面都安排了练习和实践，以加深对知识的理解，提高学生和读者软件、硬件安装水平和排除故障的能力。

本书适用于中等职业技术学校计算机及应用专业，也可供其他相近专业和工程技术人员学习参考。

图书在版编目（CIP）数据

计算机组装与维修 / 林东，陈国先主编. —3 版. —北京：电子工业出版社，2016.3

ISBN 978-7-121-28201-0

Ⅰ. ①计… Ⅱ. ①林… ②陈… Ⅲ. ①电子计算机—组装—中等专业学校—教材②电子计算机—维修—中等专业学校—教材 Ⅳ. ①TP30

中国版本图书馆 CIP 数据核字（2016）第 035363 号

策划编辑：关雅莉
责任编辑：郝黎明
印　　刷：三河市龙林印务有限公司
装　　订：三河市龙林印务有限公司
出版发行：电子工业出版社
　　　　　北京市海淀区万寿路 173 信箱　邮编　100036
开　　本：787×1 092　1/16　印张：14.25　字数：364.8 千字
版　　次：2002 年 6 月第 1 版
　　　　　2016 年 3 月第 3 版
印　　次：2021 年 8 月第10 次印刷
定　　价：28.00 元

凡所购买电子工业出版社图书有缺损问题，请向购买书店调换。若书店售缺，请与本社发行部联系，联系及邮购电话：（010）88254888，88258888。

质量投诉请发邮件至 zlts@phei.com.cn，盗版侵权举报请发邮件至 dbqq@phei.com.cn。

本书咨询联系方式：（010）88254617，luomn@phei.com.cn。

前言 | PREFACE

《计算机组装与维修》第 2 版自 2008 年 6 月出版以来，被多所中等职业技术学校有关专业作为教材使用。第 2 版出版已有 7 年多，在这 7 年的时间里，新的计算机部件、新技术不断涌现，第 2 版中的部分内容有些陈旧。因此，《计算机组装与维修（第 3 版）》对有关内容做了较大幅度的增加、删除、调整，以适应计算机部件的发展变化。

中等职业技术教育要求培养与社会主义现代化建设相适应的德、智、体、美等全面发展，具有综合职业能力，在生产、服务、技术和管理第一线工作的高素质劳动者和中级专门人才。本书以中等职业技术教育培养目标为要求，突出中等职业教育的特点：以能力为本位，贯彻精讲多练的原则，培养学生的实践技能。因此，本书尽可能从应用和技能训练出发，深入地介绍了计算机的基础知识和基本技能，安排了较多的练习和实践。

本书共 8 章，包括概论、微型机的基本系统、微型机的基本系统组装、微型机主要外部设备、微型机联网、笔记本式计算机、微型机系统的维护、微型机系统的维修。本书以当前流行的微型计算机为基础，详细介绍了各种流行配件，如主板、微处理器、内存条、硬盘驱动器、光盘驱动器、显卡与显示器、声卡与音箱、打印机、扫描仪、数码照相机、网卡、双绞线、交换机和路由器、笔记本式计算机等部件的分类、结构、技术指标、选购原则、基本工作原理、常见使用和维护方法，以及如何将它们组装成一台微型机，如何合理进行软、硬件设置、测试；还简要介绍了 Windows 8.1 的安装、常见驱动程序的安装、克隆软件的基本操作；讲解了对等网络组建方法、小区上网的方法；叙述了微型机系统故障的形成原因、常规检测方法，以及日常的维护、维修等。

本书内容全面、丰富、实用，介绍的部件力求新颖，文字通俗易懂。各校在教学组织中要根据各校具体情况，结合课程教学和实践，组织学生进行计算机部件情况市场调查，随时跟踪市场，提出系统集成的不同方案。

本书由林东、陈国先担任主编，参与编写的还有杨建南、苏李果和吴项明，他们对本书的编写提出了许多宝贵的意见，电子出版社对本书的出版给予了极大的关心和支持，在此表示衷心感谢。

由于编者水平有限，书中难免出现疏漏和错误之处，敬请广大读者批评指正。

编　者

CONTENTS | 目录

概　论

1.1 微型机的发展与基本工作原理

世界上第一台电子数字计算机于 1946 年诞生于美国。在以后的几十年里，电子计算机的发展极其迅速，先后经历了电子管、晶体管、小规模集成电路、大规模集成电路和超大规模集成电路的演变。

1.1.1 微型机的发展概况

微型机的核心部件是中央处理器（CPU），各种档次的微型机均是以 CPU 的不同来划分的。目前属于 PC（Personal Computer）系列的个人微型机，都是采用美国 Intel 公司的微处理器或其他公司生产的兼容微处理器作为 CPU 的。

微型机的发展与微处理器的发展密切相关，如果没有先进的微处理器作为微型机系统的 CPU，那么微型机的发展便不可能。在众多的微型机系统中，IBM PC 及其兼容机的发展最具有代表性，在 Intel X86 微处理器不断更新换代的推动下，微型机系统也在不断地推陈出新，从 8086（PC/XT）、80286、80386、80486、Pentium、Pentium Ⅱ、Pentium Ⅲ、Pentium 4、Celeron D、Athlon XP、Athlon 64，到现在的酷睿 2、第一代 Core、第二代 Core、第三代 Core、第四代 Core、羿龙系列、第一代 APU、第二代 APU、第三代 APU 等微型机，随着 CPU 性能的不断提高，以及大容量存储器的广泛配置，使得微型机的整机性能进一步提高。技术的进步、生产的发展、市场的竞争，致使微型机硬件产品价格不断下降，使更多的人能够买得起，从而极大地推动了计算机技术的普及与提高。表 1-1 为 2000 年之后主要 CPU 发展情况。

表 1-1　2000 年之后主要 CPU 发展情况

Intel 公司产品				AMD 公司产品			
名称	年代	典型代号	工艺	名称	年代	典型代号	工艺
奔腾 3 系列	1999～2001 年	Tualatin	130nm	速龙 XP 系列	1999～2004 年	K7	130nm
奔腾 4/D 系列	2000～2008 年	Netburst	65nm	速龙 64 系列	2003～2007 年	K8	65nm

续表

Intel 公司产品				AMD 公司产品			
名称	年代	典型代号	工艺	名称	年代	典型代号	工艺
酷睿 2 系列	2006～2008 年	Conroe	65/45nm	羿龙系列	2007～2009 年	K10	45nm
第一代 Core	2008～2010 年	Nehalem	32nm	第一代 APU	2011 年	Llano	32nm
第二代 Core	2011 年	Sandy Bridge	32nm	推土机 FX	2011 年	Bulldozer	32nm
第三代 Core	2012 年	Ivy Bridge	22nm	第二代 APU	2012 年	Piledriver	32nm
第四代 Core	2013 年	Haswell	22nm	第三代 APU	2014 年	Beema 和 Mullins	28nm

1.1.2 微型机的基本工作原理

目前，微型计算机基本上是根据冯•诺依曼原理工作的，这种微型机硬件主要由运算器、控制器、存储器、输入设备、输出设备组成。人们通常为解决某一具体问题编写了微型机能够识别的一系列命令或语句，这些语句的有序集合称为程序。而程序中的每一个操作步骤都用于指示微型机做什么和如何做，微型机的工作过程就是程序的执行过程。每条指令执行时，控制器先要将执行的指令和数据从内存储器中取出，然后控制器通过对指令的译码，控制运算器对数据进行相应的操作或处理，运算的结果传回内存储器，内存储器再在控制器的控制下由输出设备输出数据。同时，控制器能够根据指令执行的结果，控制输入设备为存储器传送下一条要执行的指令，这样，微型机就能够一条指令一条指令地自动运行下去，如图 1-1 所示。

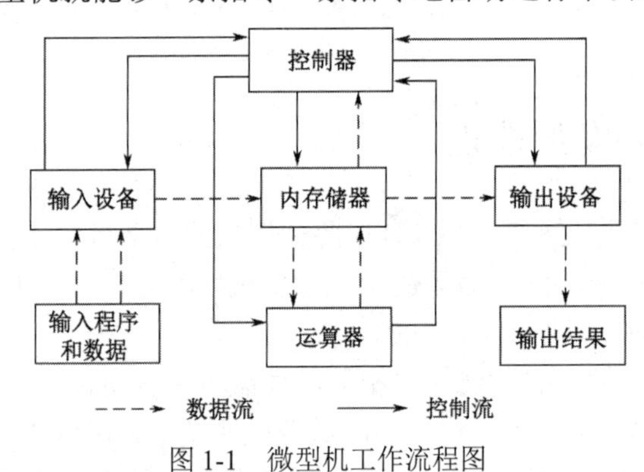

图 1-1 微型机工作流程图

1.2 微型机系统的组成与类型

1.2.1 微型机系统的组成

微型计算机系统主要由硬件和软件组成，硬件主要指组成计算机而有机联系的电子、电磁、机械、光学元件、器件、部件或装置等，它是有形的物理实体。软件包括计算机运行的各种程序、文档等。

通常微型计算机的硬件是由五大部分组成的：中央处理器、内存储器、外存储器、输入设备、输出设备。此外，还有总线和电源，如图 1-2 所示。软件主要由系统软件、程序设计语言、数据库系统和应用软件组成，如图 1-3 所示。

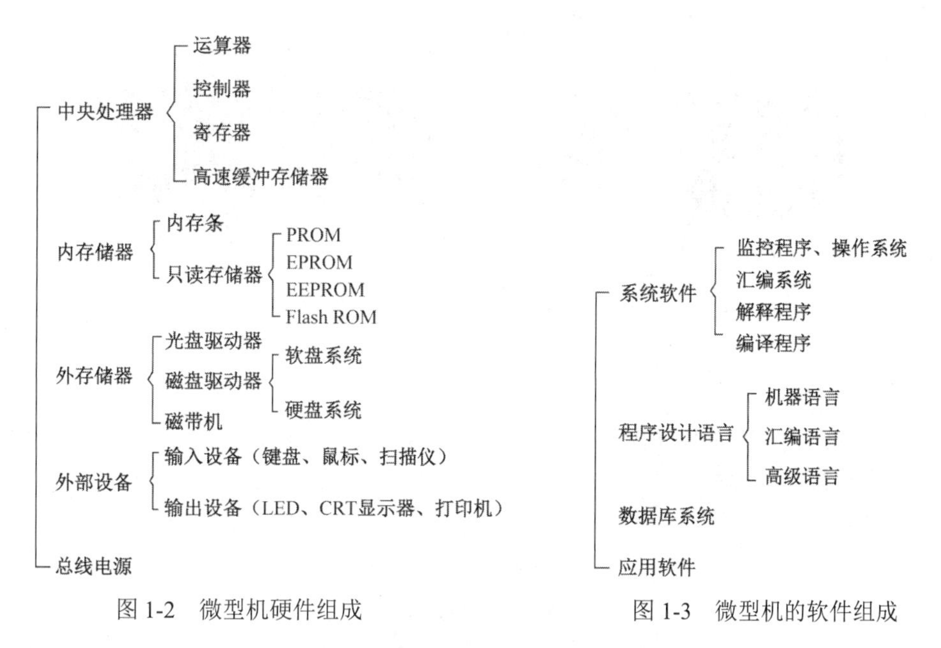

图 1-2　微型机硬件组成　　　　图 1-3　微型机的软件组成

微型机的各个部件主要包括 CPU、主板、内存储器、电源、机箱、硬盘存储器、光盘存储器、显示器、音箱、各种适配器、键盘和鼠标等。下面对各个部件的外观和作用进行简单的介绍。

1．CPU

CPU 也称为中央处理器，如图 1-4 所示。其主要功能是进行各种算术运算和逻辑运算，能根据指令发出各种控制命令，控制各个部件协调工作。

（a）

（b）

图 1-4　中央处理器外观图

2．电源盒

电源盒外观如图 1-5 所示，电源盒主要功能是将市电 220V 电压转换为微型机各个部件需要的电压，作为各个部件的动力之源。

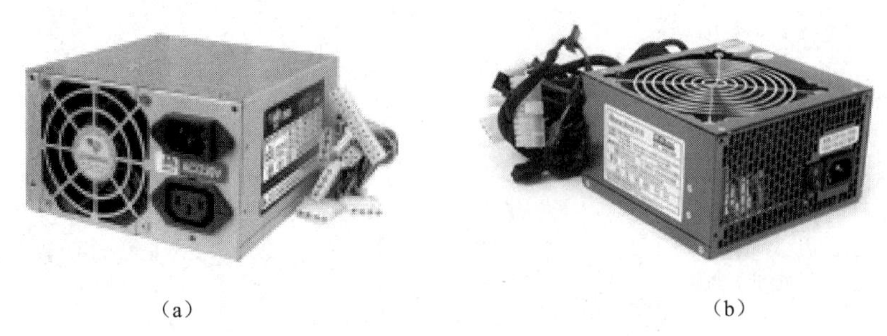

（a）　　　　　　　　　　（b）

图 1-5　电源盒外观图

3．主板

主板外观如图 1-6 所示，主板是微型机的最大的一块电路板，主板提供 CPU、内存条、声卡、显卡、网卡等各种适配器的插槽和接口，是连接各种微型机部件的桥梁。

图 1-6　主板外观图

4．内存条

内存条外观如图 1-7 所示，它用于存放当前正在使用的数据或软件，供 CPU 直接读取。它具有存储速度快的特点，但容量有限，不能长期保存数据。

图 1-7　内存条外观图

5．磁存储设备

磁存储设备主要有硬盘驱动器，如图 1-8 所示，其主要作用是存储各种软件、数据等信息，作为微型机存储各种信息的仓库。硬盘存储具有容量大，单位成本低，存储的数据不会因为掉电而丢失等特点。

图 1-8 硬盘驱动器外观图

6．光盘驱动器

光盘驱动器有只读型、读写型和可读可写可擦型等，如图 1-9 所示。其主要作用是存储各种软件、数据等信息，光盘驱动器容量大、使用寿命长、成本低、移动方便。

（a）

（b）

图 1-9 光盘驱动器外观图

7．各种适配器

适配器主要有网卡、声卡、显卡，显卡外观如图 1-10 所示，显卡是主机与显示器之间的接口电路，主要功能是将需要显示的图像数据转换成视频控制信号，控制显示器显示图像。

声卡有的安装在主板 PCI 扩展槽上，有的集成在主板上。声卡将输入的声音信号转换为数字信号存储在硬盘上，还可以将数字信号转换为模拟信号通过音箱发出声音。

网卡是连接本地微型机和外部网络的接口电路，通过它能实现微型机的联网。

网卡主要集成在主板上。

图 1-10 显卡外观图

8．显示器

显示器主要有 CRT 显示器和液晶显示器，如图 1-11 所示。显示器的主要功能是通过显卡送出的信息，能够在显示器显示各种文字和图形信息。

（a）（b）

图 1-11　CRT 显示器和液晶显示器外观图

9．键盘和鼠标

键盘和鼠标如图 1-12 所示，微型机需要处理的程序、数据及各种操作命令等都是通过它们输入的。

（a）

（b）

图 1-12　键盘和鼠标外观图

10．主机箱

主机箱如图 1-13 所示，主机箱是微型机的外壳，用来安装电源盒、主板、磁存储设备、光盘驱动器、各种适配器等。主机箱还具有防尘、防静电和抗干扰等作用。

（a）

（b）

图 1-13 主机箱外观图

1.2.2 微型机的类型

可以从不同的角度对微型机进行分类。

1．按组装形式和系统规模分类

① 单片机。单片机是一种将 CPU 单元、部分存储器单元、部分 I/O 接口单元以及内部系统总线等单元集成在一块大规模集成电路芯片内的计算机。它具有完整的微型计算机的功能。随着集成电路技术的发展，近年来推出的高档单片机除了增强基本微型机功能以外，还集成了一些特殊功能单元，如模/数、数/模转换器，DMA 控制器，通信控制器等。单片机具有体积小、可靠性高、成本低等特点，广泛应用于仪器、仪表、家电、工业控制等领域。

② 单板机。单板机是一种将微处理器、存储器、I/O 接口电路，简单外设（键盘、数码显示器）以及监控程序固件（PROM）部件安装在一块印制电路板上构成的微型计算机。单板机具有结构紧凑、使用简单、成本低等特点，常应用于工业控制及教学实验等领域。

③ PC。PC 实际上是一个计算机系统，它将一块主机板、微处理器、内存、若干 I/O 接口卡、外部存储器、电源等部件组装在一个机箱内，并配置显示器、键盘、打印机等基本外部设备。PC 具有功能强、配置灵活、软件丰富等特点，广泛应用于办公、商业、科研等许多领域，它是一种使用最普及的微型机系统。

2．按微处理器位数分类

微处理器的处理位数是由运算器并行处理的二进制位数决定的。具有不同处理位数的微处理器，其性能是不同的，处理器位数越多，性能就越强。

① 8 位微型机。这是以 8 位微处理器为核心的微型机，如早期的 Z80 单板机、IBM 最初的 PC、MCS-51 系列单片机等。8 位微型机主要应用于字符信息处理、简单的工业控制等领域。它在硬件方面有广泛的芯片与设备支持，在软件方面也有丰富的应用。但是 8 位微型机无法胜任高速运算和大容量的数据处理。

② 16 位微型机。这是以 16 位微处理器为核心的微型机。如 PC/AT、MCS-96 单片机等。16 位微型机比 8 位微型机具有更高的运算速度、更强的处理性能，并可用于实时的多任务处理，因而应用领域更加广泛。

③ 32 位微型机。这是以 32 位微处理器为核心的微型机，如 PC 386、PC 486 及 MCS-96 单片机等。目前，32 位微型机的功能已达到并超过早期的小型机，它能综合处理数字、图形、

图像、声音等多媒体信息，广泛应用于数据处理、科学计算、CAD/CAM、实时控制、多媒体等领域。

④ 64 位微型机。这是以 64 位微处理器为核心的微型机，如 Intel 酷睿 i7、 酷睿 i5、 酷睿 i3 等。由这类微处理器组成的微型机是迄今速度最快、功能最强的微型机。

计算机除了按以上分类外，还可以按外形分类，主要有掌上型微型机、平板式微型机、笔记本式微型机和台式微型机；按微型机的装配形式分为原装机和组装机；按微型机的用途分为服务器、工作站、台式机和笔记本式计算机；按功能分为专用微型机和通用微型机，专用微型机有专用于工业控制的工控机、娱乐用的游戏机等，通用微型机就是办公室和家庭使用的微型机。

本章主要学习内容

① 微型计算机的发展和基本工作原理。

② 微型计算机的系统组成和分类方法。

实践 1

1．实践目的

① 了解各种微型机的外观。

② 了解微型机各部件的外观和主要作用。

2．实践内容

到当地出售微型机部件的商场参观，熟悉各种微型机的部件。

练习 1

一、填空题

1．世界上第一台电子数字计算机（　　　　）年诞生于美国，计算机先后经历了电子管、晶体管、小规模集成电路、大规模集成电路和（　　　　）集成电路的演变。

2. 微型计算机基本上是根据（　　　　）原理工作的，这种微型机硬件主要由（　　　　）、控制器、存储器、输入设备、输出设备组成。

3．通常微型计算机的硬件由五大部分组成：中央处理器、（　　　　）、外存储器、（　　　　）、输出设备。

4．内存条用于存放当前（　　　　）的数据或软件，供（　　　　）直接读取。

二、选择题

1．微型机的微处理器第四代 Core 采用的工艺是（　　）。

A．22nm　　B．28nm　　C．32nm　　D．45nm

2．硬盘存储（　　），存储的数据不会因为掉电而丢失。

A．容量大，单位成本低　　B．容量大，单位成本高

C．容量小，单位成本低　　　　　　　D．容量小，单位成本高

3．目前微处理器为核心的微型机（如 Intel 酷睿 i7）主要属于（　　）的计算机。

A．16 位　　　B．24 位　　　C．32 位　　　D．64 位

三、简答题

1．微型机的各个部件包括什么？

2．微处理器的主要功能是什么？

3．微型计算机按组装形式和系统规模是如何分类的？

微型机基本系统

2.1 主机

主机主要包括主板、CPU、内存条和电源盒。下面对其进行介绍。

2.1.1 主板

主板又名为主机板、系统板、母板等，是 PC 的核心部件。它一般是一块 4 层的印制电路板（也有些是 6 层的），分上、下表面两层，中间两层，如图 2-1 所示。

主板一般有几种分类方法：按 CPU 的插座划分、按使用的芯片组划分、按主板的结构划分、按主板的应用范围划分、按主板的某些主要功能划分等，主要是以 CPU 的插座和主板的结构划分的。

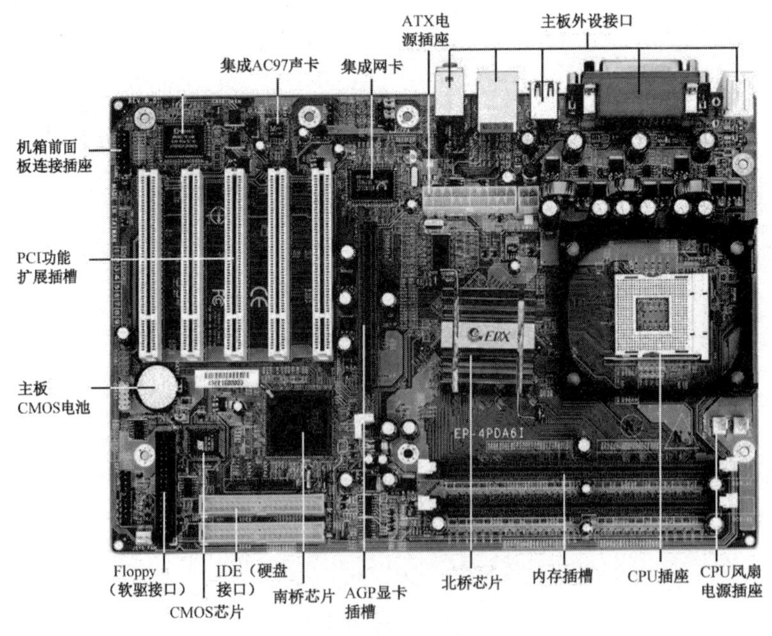

图 2-1 主板各部件名称

1．主板的重要组件

（1）CPU 插座

主板上有 CPU 插座，用户根据自己的需要选择安装 CPU。不同档次的 CPU 需要不同类型的 CPU 插座。

CPU 插座主要有：Intel 公司的 Socket 478（针式）、LGA 775（触点式）、LGA 1366（触点式）、LGA 1156（触点式）、LGA 1155（触点式）、LGA 1150（触点式）；AMD 公司的 Socket FM2+（针式）、Socket FM2（针式）、Socket FM1（针式）、Socket AM3（针式）、Socket AM2+（针式）、Socket AM2（针式）等。每一种 CPU 插座可以插接不同类型的 CPU。插座的形状如图 2-2 所示。

图 2-2 Socket AM2 CPU 插座

（2）主板的主要芯片

① 芯片组决定了主板的功能，进而影响到整个计算机系统性能的发挥，芯片组是主板的“灵魂”，如图 2-3 所示。芯片组性能的优劣，决定了主板性能的好坏与级别的高低。

图 2-3 芯片组

芯片组的分类，按用途可分为服务器、工作站、台式机、笔记本式计算机等类型；按芯片数量可分为单芯片芯片组，标准的南、北桥芯片组和多芯片芯片组（主要用于高档服务器、工作站）；按整合程度的高低，可分为整合型芯片组和非整合型芯片组等。

标准南、北桥主板芯片组中 CPU 的类型、主板的系统总线频率、内存类型、容量和性能，显卡插槽规格是由芯片组中的北桥芯片决定的，北桥一般在 CPU 插槽和内存插槽附近，且常常盖有散热片。北桥主要负责管理 CPU、内存、显示插槽等高速部分。而扩展槽的种类与数量、扩展接口的类型和数量（如 USB 3.0/2.0/1.1、IEEE 1394、串口、并口、笔记本式计算机的 VGA

输出接口）等，是由芯片组的南桥芯片决定的。南桥芯片一般位于主板上离 CPU 插槽较远的下方、PCI 插槽的附近，这种布局考虑到了其连接的 I/O 总线较多，离处理器远一些有利于布线。有些芯片组由于纳入了 3D 加速显示（集成显示芯片）、AC′ 97 声音解码等功能，因此决定着计算机系统的显示性能和音频播放性能等。

到目前为止，能够生产芯片组的厂家有英特尔（美国）、VIA（中国台湾）、SiS（中国台湾）、ALi（中国台湾）、AMD（美国）、NVIDIA（美国）、ATI（加拿大）、Server Works（美国）等，以英特尔和 VIA 的芯片组最为常见。

② 基本输入/输出系统（Basic Input Output System，BIOS）本身是一段程序，负责实现主板的一些基本功能并提供系统信息，如图 2-4 所示。由于主板设计具有多样性，每种主板的 BIOS 设计是不一样的，每块主板都对应各自的 BIOS。当 BIOS 不正确时，主板轻则工作不正常，重则不能启动。

“BIOS 芯片”的芯片确切来说是 ROM（只读存储器）。根据 BIOS 的字节大小，主板会使用相应容量的 EEPROM。

图 2-4　BIOS 芯片

③ CMOS（由互补金属氧化物半导体组成的一种大规模集成电路）是微型机主板上的一块可读写的 RAM，只有数据保存功能，用来保存当前系统的硬件配置和用户对某些参数的设定。CMOS 可由主板的电池供电，即使关闭机器，信息也不会丢失。而 CMOS 中各项参数要通过专门的程序来设定。现在多数厂家将 CMOS 芯片做到了南桥芯片中，在开机时通过特定的按键可进入 CMOS 设置程序（在 BIOS 芯片内），方便地对系统进行设置，因此 CMOS 设置又被称为 BIOS 设置。

④ 板载音效芯片是指主板整合的声卡芯片。板载声卡是主板的标准配置，如图 2-5 所示。

图 2-5　板载声卡

⑤ 板载网卡芯片是整合了网络功能的主板集成的网卡芯片，如图 2-6 所示，与之相对应，在主板的背板上也有相应的网卡接口（RJ-45），该接口一般位于音频接口或 USB 接口附近。

图 2-6　板载网卡芯片

（3）内存条插槽

内存条插槽的作用是安装内存条，如图 2-7 所示。常见的内存条插槽有 DIMM（DDR 为 184 线，DDR2 和 DDR3 为 240 线）。插槽的线数是与内存条的引脚数一一对应的，线数越多，插槽越长。

DDR2 和 DDR3 内存条可以提供 64 位线宽的数据，DDR2 工作电压为 1.8V，DDR3 工作电压为 1.35V～1.5V。

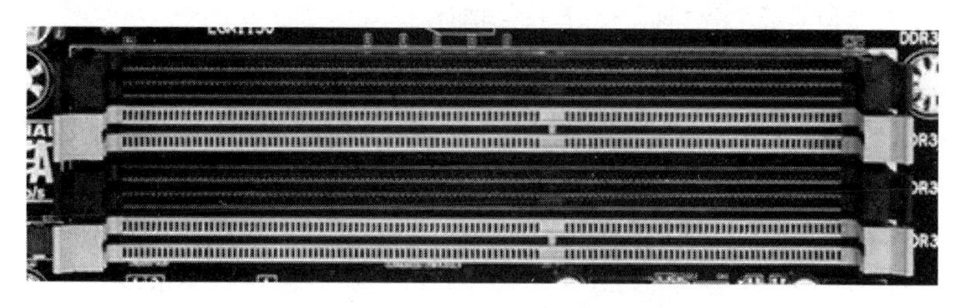

图 2-7　240 线的内存条插槽

（4）总线扩展槽

在主板上占用面积最大的部件就是总线扩展插槽，用于扩展 PC 功能的插槽通常称为 I/O 插槽，大部分主板有 3～8 个扩展槽，它是总线的延伸，也是总线的物理体现，在上面可以插入标准组件，如网卡、多功能 I/O 卡、解压卡、调制解调器卡、声卡等。

① PCI 插槽如图 2-8 所示。PCI 即为外部设备互连。它是一个先进的高性能局部总线，PCI 扩展插槽具有较高的数据传输速率及很强的负载能力，并适用于多种硬件平台。

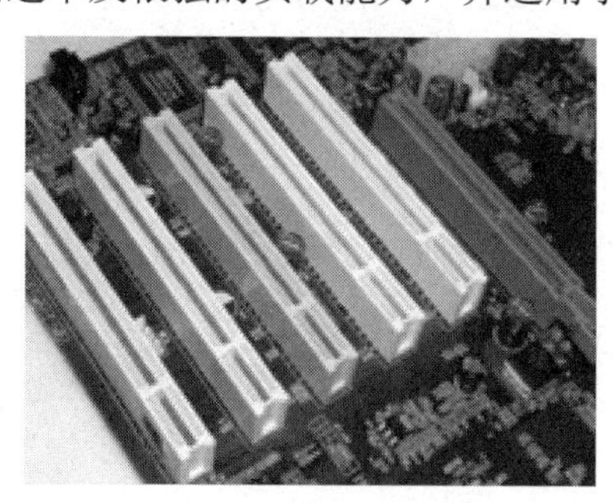

图 2-8　PCI 插槽

② AGP 插槽如图 2-9 所示。AGP 即为高速图形端口，也称为 AGP 总线，是 Intel 公司为提高计算机系统的 3D 显示速度而开发的，仅用于早期 AGP 显卡的安装。AGP 端口标准已由 AGP 1.0（1x、2x）发展到 AGP 2.0（AGP 4x）和 AGP 3.0（AGP 8x），最大数据传输速率高达 2132Mb/s。

图 2-9　AGP 插槽

AGP 插槽性能参数如表 2-1 所示。

表 2-1　AGP 插槽性能参数

参　　数	AGP 1.0		AGP 2.0（AGP 4x）	AGP 3.0（AGP 8x）
	AGP 1x	AGP 2x		
工作频率	66MHz	66MHz	66MHz	66MHz
传输速率	266Mb/s	533Mb/s	1066Mb/s	2132Mb/s
工作电压	3.3V	3.3V	1.5V	1.5V
单信号触发次数	1	2	4	4
数据传输位宽	32bit	32bit	32bit	32bit
触发信号频率	66MHz	66MHz	133 MHz	266 MHz

常用的 AGP 接口为 AGP 4x 和 AGP 8x 接口。AGP 8x 规格与旧有的 AGP 1x/2x 模式不兼容。而对于 AGP 4x 系统而言，AGP 8x 显卡可以在其上工作，但仅会以 AGP 4x 模式工作，无法发挥 AGP 8x 的优势。

③ PCI-E 插槽如图 2-10 所示。PCI-E 技术于 2002 年年底被审核批准，拥有 PCI-E 技术的主板正式面世。这项技术将在十年甚至更长的时间内解决带宽不足的问题。当前，PCI-E 共有 6 种规格。

图 2-10　PCI-E x1 和 x16 插槽

这 6 种规格分别为 x1、x2、x4、x8、x12、x16。其中，x4、x8 和 x12 三种规格是专门针对服务器市场的，而 x1、x2 和 x16 三种规格则是为普通计算机设计的。

PCI-E 技术传输速率的性能指标含义：x1 表示有 1 条数据通道，x2 表示有 2 条数据通道，x4 表示有 4 条数据通道，以此类推。其中，每条数据通道均由 4 个针脚组成。PCI-E 可达到的速率如表 2-2 所示。PCI-E 有 2.0 版本和 3.0 版本。

表 2-2　PCI-E 可达到的速率比较

PCI-E 标准	数据通道与速率
x1	500Mb/s（单数据通道，双向）
x2	1000Mb/s（双数据通道，双向）
x4	2000Mb/s（4 倍数据通道，双向）
x8	4000Mb/s（8 倍数据通道，双向）
x12	6000Mb/s（12 倍数据通道，双向）
x16	8000Mb/s（单向 4000Mb/s，双向）

（5）硬盘、光驱插座

① EIDE 插座最重要的作用是连接 EIDE 光驱。标准的 EIDE 插座具有 16.7Mb/s 的数据传输速率，主板支持 Ultra DMA/66 规范，能以 66Mb/s 的速率与 Ultra DMA/66 接口交换数据。现在的主板一般传输速率可达 133Mb/s 和 150Mb/s 以上，采用 80 芯的信号线并标有“SYSTEM”字样的一端同主板相连。

586 以后的主板都集成了 EIDE 接口插座，如图 2-11 所示。该功能也可以通过 BIOS 设置或跳线开关来屏蔽。EIDE 插座一般为 40 针双排针插座，主板上有一个或两个 EIDE 设备插座，分别标注为 EIDE1 和 EIDE2，也有些主板将 EIDE1 标注为 Primary IDE，将 EIDE2 标注为 Secondary IDE。主板在接口插座的四周加了围栏，其中一侧有一个小缺口，标准的电缆插头只能从一个方向插入，避免了错误的连接方式。

主板的两个 EIDE 插座总共可以接 4 个 EIDE 设备，如刻录机、DVD 光驱等。若只有一个光驱，则推荐将光驱接在 EIDE1 口上，光驱转变为 Master。

图 2-11　EIDE 插座

② Serial ATA 插座采用了串行连接方式，如图 2-12 所示，串行 ATA 总线使用嵌入式时钟信号，具备了更强的纠错能力。串行接口还具有结构简单、支持热插拔等优点。Serial ATA 有 2.0 和 3.0 版本。

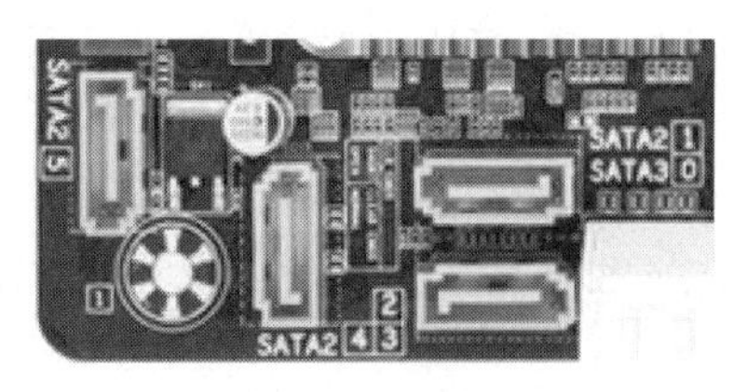

图 2-12　Serial ATA 插座

（6）电源插座

主板、CPU 和所有驱动器都是经由电源插座供电的。ATX 电源插座是 20 芯或 24 芯双列插座，如图 2-13 所示，具有防插错结构。在软件的配合下，ATX 电源可以实现软件关机和通过键盘、调制解调器开机等电源管理功能。

图 2-13　ATX 电源插座

（7）外部设备接口

ATX 主板将 PS/2、USB、HDMI、RJ-45 接口、集成显卡接口、声卡接口和并行接口集中在一起，如图 2-14 所示。

图 2-14　外部设备接口

① 高清晰度多媒体接口（High Definition Multimedia Interface，HDMI）是一种数字化视频/音频接口技术，是适用于影像传输的专用型数字化接口，其可同时传送音频和影音信号，最高数据传输速率为 5Gb/s。同时，它无需在信号传送前进行数/模或者模/数转换。

② 并行打印机接口。该接口功能可以通过 BIOS 设置或主板上的跳线开关进行屏蔽。

主板上的并行接口可在机箱的背面见到一个 25 针的 D 形插座。并口是以字节方式传输数据的，所以并口的数据传输速率比串口快，速率一般为 40kb/s～1Mb/s。多数 PC 只有一个并口。

并口一般有 4 种工作模式：单向、双向、EPP 和 ECP。多数 PC 的并口支持这 4 种模式。可以在 CMOS 设置程序的 Peripherals 部分查看 PC 并口支持的模式。

③ PS/2 接口用来连接鼠标和键盘。

④ USB 是一种计算机连接外部设备的 I/O 接口标准。USB 提供机箱外的即插即用连接，连接外设时不必再打开机箱，也不必关闭主机电源。目前，主板一般有 2～8 个 USB 接口，USB 有 3 个接口标准，即 USB 1.1 接口标准、USB 2.0 接口标准和 USB 3.0 接口标准。USB 2.0 接口标准设备之间的数据传输速率增加到了 480Mb/s。

⑤ 数字视频接口（Digital Visual Interface，DVI）是 1999 年由 Silicon Image、Intel、Compaq、IBM、HP、NEC、Fujitsu 等公司共同组成的数字显示工作组（Digital Display Working Group，DDWG）推出的接口标准，是一种高速传输数字信号的技术。它有 DVI-A、DVI-D 和 DVI-I 3 种不同的接口形式。DVI-D 只有数字接口，DVI-I 有数字和模拟接口，目前以 DVI-D 应用为主。

⑥ IEEE 1394 接口又称为高速串行总线。很多 DV（数码摄像机）、外置扫描仪、外置 CD-RW 等都配备了 IEEE 1394 接口。

USB 接口与 IEEE 1394 接口性能的比较如表 2-3 所示。

表 2-3 USB 接口与 IEEE 1394 接口性能比较

接口 参数	USB 1.1	USB 2.0	IEEE 1394
传输速率	12Mb/s	480Mb/s	400Mb/s
支持长度	5m	5m	4.5m
支持特性	PnP、热插拔	PnP、热插拔	PnP、热插拔
支持设备	127 个	127 个	63 个

主板背面除了以上介绍的常见接口外，如果主板中集成了声卡、网卡、显卡，则主板背面会有相应的接口。

（8）机箱面板指示灯及控制按键排针

ATX 主板的机箱面板指示灯及控制按键排针如图 2-15 所示。

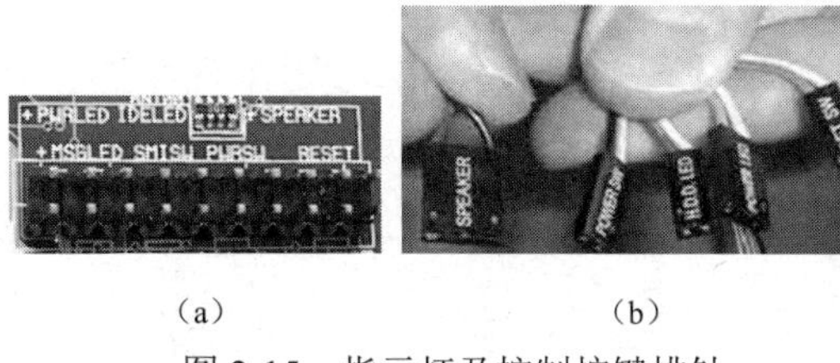

（a） （b）

图 2-15 指示灯及控制按键排针

① 系统电源指示灯排针（3-1 pin PWR.LED）是连接在系统电源指示灯上的，当计算机正常运行时，指示灯是持续点亮的；当计算机进入睡眠模式时，指示灯会交互闪烁。

② 系统机箱喇叭排针（4-pin SPEAKER）用来连接面板上的喇叭。

③ 硬盘读写指示灯（2-pin HDD.LED），LED 为红色，灯亮表示正在进行硬盘操作。

④ ATX 电源开关/软开机功能排针（2-pin PWR.SW）。这是一个连接面板触碰开关的排针，这个触碰开关可以控制计算机的运行模式，当计算机正常运行时按一次按钮（按时间不超过 4s），则计算机会进入睡眠状态，而再按一次按钮（同样不超过 4s），则会使计算机重新恢复运行。一旦按钮时间超过 4s，则会进入待机模式。

⑤ 重置按钮排针（2-pin RESET）。这是用来连接面板上复位按钮的排针，如此可以直接按面板上的 RESET 按钮使计算机重新启动，这样也可以延长电源供应器的使用寿命。

主板上的排针一般如表 2-4 所示，该排针连接机箱面板的各个指示灯及控制按键。

表 2-4 主板机箱面板指示灯及控制按键排针

主板标注	用途	针数	插针顺序及机箱接线常用颜色
RST （Reset）	复位接头，用硬件方式重新启动计算机	2 针	无方向性接头，绿黑
PWR.SW	电源开关	2 针	无方向性接头
POWER LED	电源指示灯接头，电源指示灯为绿色，灯亮表示电源接通	3 针	蓝（+）PWLED；未用；黑（−）
SPK （Speaker）	喇叭接头，使计算机发声	4 针	无方向性接头，颜色分别如下：黑；未用；未用；红（+5V）
HDD LED（IDE LED）	硬盘读写指示灯接头，LED 为红色，灯亮表示正在进行硬盘操作	2 针	红（+）；白（−）

注：表中标出的插头连线颜色仅供参考，不同机箱插头连接颜色可能不同。

除以上介绍之外，主板上一般设有多组跳线开关，用于设置CPU的外频、倍频，清除CMOS内容等。不同的主板在主板上有不同的功能排针，如有多个USB功能排针，功能排针需连接外部设备或仪器方可使用。

2.1.2 中央处理器

CPU即中央处理器或中央处理单元，也称微处理器，是计算机的“大脑”，是一块进行算术运算和逻辑运算、对指令进行分析并产生各种操作和控制信号的芯片。CPU集成了上万个晶体管，可分为控制单元、逻辑单元、存储单元三大部分。内部结构可分为整数运算单元、浮点运算单元、MMX单元、L1 Cache单元、L2 Cache单元、L3 Cache单元和寄存器。计算机配置CPU的型号实际上代表着计算机的基本性能水平。目前市场上流行的主要是多功能Core i系列的CPU，主流CPU如图2-16所示。

（a）

（b）

（c）

图2-16 处理器外观

世界上生产PC使用的CPU的厂商主要有Intel、AMD、VIA、IDT、IBM等。Pentium级以上的CPU发展情况如表2-5所示。

表2-5 Pentium级以上的CPU发展情况

型号	年代	外频/MHz	内频/MHz	CPU架构	核心电压/V	L1 Cache	L2 Cache	制作工艺/μm	说明
Pentium	1993	60/66	60/66	Socket 7	5	(8+8)KB		0.6	P5或586 AMD K5
Pentium（第二代）	1995	66	75/90/100/120/133/150/166/200	Socket 7	3.3	(8+8)KB		0.6	P54c
Pentium Pro	1995	66	133/166/180/200	Socket 7	2.9	(8+8)KB		0.6	P6或686
Pentium MMX	1997	66	166/200/225/233	Socket 7	2.8	(16+16)KB		0.35	P55c AMD K6
Pentium II	1997	66/100	233～450	Slot 1	2.8 2.0	(16+16)KB	512KB	0.35/0.25	
Celeron	1998	66	266～533	Slot1/Socket 370	2.0	(16+16)KB	128KB	0.25	

续表

型号	年代	外频/MHz	内频/MHz	CPU 架构	核心电压	L1 Cache	L2 Cache	制作工艺/μm	说明
Pentium Ⅲ	1999	100/133	450～1130	Slot1/Socket 370	2/1.7/1.65/1.6	（16+16）KB	512/256KB	0.25/0.18	AMDAthlon
Pentium 4	2000	400	1300	Socket 423/478	1.7/1.75/1.475	（16+16）KB	256KB	0.18	初期的参数

CPU 的品种很多，主要有不同主频的 CPU、不同接口（针脚）的 CPU、不同用途的 CPU、不同核心的 CPU、不同前端总线频率的 CPU、不同厂商生产的 CPU。

1．**CPU 的插座**

目前 CPU 的插座基本情况如下。

（1）LGA 775 接口

LGA 775 又称为 Socket T，如图 2-17 所示，是目前应用于 Intel LGA 775 封装的 CPU 所对应的接口，目前采用此种接口的有 LGA 775 封装的 Pentium 4、Pentium 4 EE、Celeron D 等 CPU。LGA 775 接口 CPU 的底部没有传统的针脚，而代之以 775 个触点，即并非针脚式而是触点式，通过与对应的 LGA 775 插槽内的 775 根触针接触来传输信号。LGA 775 接口不仅能够有效提升处理器的信号强度、提升处理器的频率，还可以提高处理器生产的优品率、降低生产成本。LGA 775 成为 Intel 平台 CPU 的标准接口。

图 2-17　LGA 775 CPU 插座

（2）LGA 1156 接口

LGA 1156 接口的处理器是 Intel 64 位平台的封装方式，触点阵列封装。LGA 1156 的意思是采用 1156 个触点的 CPU。其封装方式的特征只有一个个整齐排列的金属圆点，故此 CPU 需要一个安装扣架固定，令 CPU 可以正确压在 Socket 露出来的具有弹性的触须上，LGA 可以随时解开扣架以更换芯片。LGA 1156 在 Core i5（酷睿 I5）上使用。Core i5 采用的是成熟的直接媒体接口（Direct Media Interface，DMI），相当于内部集成所有北桥的功能，采用 DMI 用于准南桥通信，并且只支持双通道的 DDR3 内存。

（3）LGA 1155 接口

LGA 1155 接口的处理器使用的是 Intel 代号为 Sandy Bridge 的处理器，该处理器采用 32nm 制程，如图 2-18 所示。Sandy Bridge 有 8 核心版本，二级缓存仍为 512KB，但三级缓存将扩容至 16MB。Sandy Bridge 将是第一个拥有高级矢量扩展指令集的微架构，这种指令能够以 256 位数据块的方式处理数据，因此数据传输将获得显著提升，从而加快图像、视频和音频等应用程序的浮点计算。从理论上来讲，AVX 指令集的引入使得 CPU 内核浮点运算性能提升了 2 倍。

图 2-18　LGA 1155 接口的处理器

（4）LGA 1366 接口

LGA 1366 接口的处理器代号为 Bloomfield，如图 2-19 所示，采用了经改良的 Nehalem 核心，拥有原生四核物理核心，采用 45nm 制造工艺，内置内存控制器，拥有 4×256KB 二级高速缓存、8MB 三级共享缓存。通过 SMT 技术，可将物理 4 核虚拟成 8 逻辑核心、三通道 DDR3 内存通过 QPI 连接。它支持 LGA 1366 架构的 X58 芯片组主板，并可支持超线程技术。LGA 1366 基本上就是 LGA 775 的放大版，和 LGA 775 一样，LGA 1366 主板插槽与 CPU 之间以触点的形式连接。相比 LGA 775，LGA 1156 插槽中的触点排列更加细密，损坏的可能性更高。因此，所有 X58 主板在出厂时，插槽内都加盖了保护盖防止误伤触点。保护盖上还粘贴了警示语：只在安装 CPU 时去除保护盖。LGA 1366 接口在 Core i7 中使用。

图 2-19　LGA 1366 接口的 CPU 插座

（5）LGA 1150 接口

2013 年的 Haswell 使用了一个新接口 LGA 1150，如图 2-20 所示。LGA 1150 接口只供桌面处理器使用，LGA 1150 不支持与 LGA 1155 和 LGA 1156 对换。LGA 1150 继承了高端 Core i7、中端 Core i5/Core i3 和低端奔腾、赛扬和 Atom 市场。LGA 1150 接口每核心性能可凭借 IPC（每时钟周期指令数）改进与频率提升而获得 20%以上的增强，图形性能至少会翻一番；更重要的是功耗，工艺的进步可使性能提升的同时，TDP（热设计功耗）从 95W 降至 77W。在大幅度提升性能的同时，也实现了功耗的进一步降低。一般来说，功耗与性能是一个矛盾体，但是 Intel 想方设法实现了二者的统一。其内部能够同时执行 8 条内部指令，实现 4 倍整数运算。而在提升处理器核心运算性能的同时，其还大幅提升了内存层次的数据读取性能。

图 2-20　LGA 1150 接口

（6）Socket AM2（AM2+）接口

Socket AM2（940 个 CPU 针脚）是 2006 年 5 月底发布的支持 DDR2 内存的 AMD 64 位桌面 CPU 的接口标准，支持双通道 DDR2 内存。目前采用 Socket AM2 接口的有低端的 Sempron、中端的 Athlon 64、高端的 Athlon 64 X2 以及顶级的 Athlon 64 FX 等，支持 200MHz 外频和 1000MHz 的 HyperTransport 总线频率，支持双通道 DDR2 内存，其中 Athlon 64 X2 以及 Athlon 64 FX 最高支持 DDR2 800，SempronAthlon 64 最高支持 DDR2 667。AM2 和 AM2+接口的主要区别如下：AM2 的 HyperTransport 采用了 1.0/2.0 标准，而 AM2+的 HyperTransport 总线则采用了 3.0 的标准，同时 AM2+支持 AMD Phenom II X6 中央处理器。

（7）Socket AM3 接口

Socket AM3 接口有 938 个 CPU 针脚，如图 1-21 所示，是一个 CPU 接口规格。所有的 AMD 桌面级 45nm 处理器均采用了 Socket-AM3 插座，它有 938 个物理引脚，这也就意味着 AM3 的 CPU 可以与旧有 Socket-AM2+插座甚至是更早的 Socket-AM2 插座在物理上兼容，因为后两者的物理引脚数均为 940 针，事实上 Socket-AM3 处理器也完全能够直接工作在 Socket-AM2+主板上（BIOS 支持）。AM2+和 AM3 接口的主要区别如下：AM3 支持双通道 DDR3 1666+内存架构。

（8）Socket FM1 接口

对 FM1 与 AM3 接口的处理器进行比较，可以看出两种产品的横向、纵向针脚行列数完全一致，处理器四角的针脚缺失情况也类似，区别主要在于中间的空缺针脚，如图 2-21 所示。FM1 接口处理器中间缺失 5×7 个针脚，但另外 4 个缺针部位比 AM3 接口处理器多出了两根针，因此可以推算出 FM1 比 AM3 少 33 根针，AM3 接口为 938Pin，因此 FM1 接口针脚数为 905 针。AMD 采用了 Socket FM1 接口，它和以往的 Socket AM3 接口并不相容。

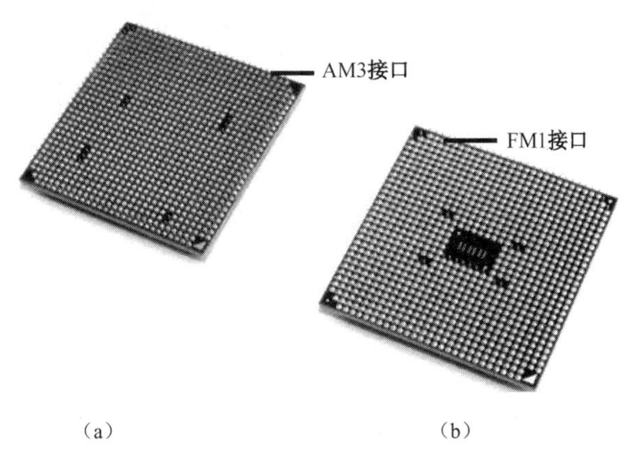

图 2-21　AMD Socket AM3 与 FM1 接口的 CPU

（9）FM1、FM2、FM2+插座

自 AMD 推出 APU 以来，共有 3 种 CPU 接口、5 种 A 系列芯片。FM1 完全不兼容 FM2、FM2+，反之亦然，即 FM1 接口的 CPU 不能和其他两种共用。FM2 不兼容 FM1，但能在 FM2+的主板上使用。FM2+的 CPU 不能用于 FM2 和 FM1 接口。A55 芯片组拥有 FM1、FM2、FM2+三种接口标准，但都不支持 SATA 3.0，而 FM2+的接口支持 PCI-E 3.0 标准。A85 芯片组只有 FM2、FM2+两种接口标准，两种接口都支持 SATA 3.0，FM2+支持 PCI-E 3.0 标准。A78 芯片组只支持 FM2+的 CPU，支持 SATA 3.0 和 PCI-E 3.0。A88X 芯片组同 A78 一样，A88X 芯片组只支持 FM2+的 CPU，支持 SATA 3.0 和 PCI-E 3.0。A55、A75、A85 不支持 3 代 APU 的某些新特性。Socket FM2 CPU 插座如图 2-22 所示，Socket FM2+ CPU 插座如图 2-23 所示。

图 2-22　Socket FM2 CPU 插座

图 2-23　Socket FM2+ CPU 插座

2．CPU **的主要性能指标**

CPU 作为整个微型机系统的核心，往往是各档次微型机的代名词，如 Intel Core 2 Duo、Intel Core i3 、Intel Core i5、Intel Core i7、AMD 羿龙 II X6 等，这些 CPU 的性能大致上反映了所配置微型机的性能，因此它的性能指标十分重要。

（1）时钟频率

时钟频率是 CPU 在单位时间（s）内发出的脉冲数，常以兆赫兹或吉赫兹（MHz 或 GHz）为单位。时钟频率越高，运算速度就越快。

现在的 Intel Core i7 和 AMD 羿龙 II X6 处理器的工作频率超过了 3GHz。

（2）外部时钟频率（外频）和倍频

外部时钟频率表示系统总线的工作频率，倍频指 CPU 的外频与主频相差的倍数。三者有十分密切的关系：主频=外频×倍频。

（3）前端总线频率

前端总线频率指的是数据传输的实际频率，即每秒 CPU 可接收的数据传输量。前端总线的速度越快，CPU 的数据传输就越迅速。前端总线的速度主要是用前端总线的频率来衡量的。现在高档处理器的前端总线频率等于外频的 4 倍。

（4）超线程技术

超线程技术是 Intel 针对 Pentium 4 指令效能比较低这个问题而开发的。超线程是一种同步多线程执行技术，采用此技术的 CPU 内部集成了两个逻辑处理器，相当于两个处理器实体，可以同时处理两个独立的线程。通俗来说，超线程就是能把一个 CPU 虚拟成两个，相当于两个 CPU 同时运作，从而达到了加快运算速度的目的。

（5）运算速度

CPU 的运算速度通常用每秒执行基本指令的条数来表示，常用的单位是每秒百万条指令数（Million Instruction Per Second，MIPS），这是 CPU 执行速度的一种表示方式。

（6）Cache 的容量和速率

缓存是指可以进行高速数据交换的存储器，它先于内存与 CPU 交换数据，因此速度很快。L1 Cache（一级缓存）是 CPU 第一层高速缓存。内置的 L1 Cache 的容量和结构对 CPU 的性能影响较大，一般 L1 Cache 的容量通常是 20～256KB。L2 Cache（二级缓存）是 CPU 的第二层高速缓存，现在主流 CPU 的 L2 Cache 最大的是 256KB ～4MB。L3 Cache（三级缓存）是 CPU 的第三层高速缓存，L3 Cache 的容量达 4MB 以上。

（7）核心

核心又称内核，是 CPU 最重要的组成部分。CPU 中心隆起的芯片就是核心，是由单晶硅以一定的生产工艺制造出来的，CPU 所有的计算、接收/存储命令、处理数据都由核心执行。各种 CPU 核心都具有固定的逻辑结构，一级缓存、二级缓存、执行单元、指令级单元和总线接口等逻辑单元都进行了科学的布局。

不同的 CPU（不同系列或同一系列）都会有不同的核心类型与核心数量，一般来说，新的核心类型往往比旧的核心类型具有更好的性能。

双核处理器就是基于单个硅晶片的一个处理器上拥有两个一样功能的处理器核心，即将两个物理处理器核心整合到一个内核中。虽然双核心处理器的性能较单核心处理器有所提升，但考虑到目前大部分的应用程序，如 Office 办公软件、游戏、视频播放等应用都是单线程的，因此对于大多数用户来说，选择单核心处理器仍能满足用户要求。而对于进行专业视频、3D 动画和 2D 图像处理的用户来说，有必要考虑使用双核心、4 核心、6 核心或 8 核心的系统。

（8）64 位技术

64 位技术是相对于 32 位技术而言的，这个位数指的是 CPU 通用寄存器的数据宽度为 64 位，64 位指令集就是运行 64 位数据的指令，即处理器一次可以运行 64 位数据。要实现真正意义上的 64 位计算，只有 64 位的处理器是不行的，还必须有 64 位的操作系统及 64 位的应用软件。目前，主流 CPU 使用的 64 位技术有 AMD 公司的 AMD 64 位技术、Intel 公司的 EM64T 技术和 IA-64 技术。

（9）支持的扩展指令集

单指令多数据流扩展（Streaming SIMD Extensions，SSE）指令集中包括了 70 条指令，其中包含提高 3D 图形运算效率的 50 条 SIMD（单指令多数据技术）浮点运算指令、12 条 MMX 整数运算增强指令、8 条优化内存中连续数据块传输指令。理论上，这些指令对目前流行的图像处理、浮点运算、3D 运算、视频处理、音频处理等多媒体应用起到了全面强化的作用。

SSE2 称为流技术扩展 2 或数据流单指令多数据扩展指令集 2，SSE2 使用了 144 个新增指令，扩展了 MMX 技术和 SSE 技术，这些指令提高了广大应用程序的运行性能。随着 MMX 技术的引进，SIMD 整数指令从 64 位扩展到了 128 位，使 SIMD 整数类型操作的有效执行率成倍提高。双倍精度浮点 SIMD 指令允许以 SIMD 格式同时执行两个浮点操作，提供双倍精度操作支持，有助于加速内容创建、财务、工程和科学应用。

SSE3 称为流技术扩展 3 或数据流单指令多数据扩展指令集 3，SSE3 在 SSE2 的基础上增加了 13 个额外的 SIMD 指令。SSE3 中的 13 个新指令的主要目的是改进线程同步和特定应用程序，如媒体和游戏。这些新增指令强化了处理器在浮点转换至整数、复杂算法、视频编码、SIMD 浮点寄存器操作及线程同步等 5 个方面的表现，最终达到提升多媒体和游戏性能的目的。

SSE4 指令集使 45nm 处理器增加了 2 个不同的 32 位向量整数乘法运算单元，并加入了 8 位无符号最小值及最大值运算，以及 16 位、32 位有符号运算。SSE4 加入了 6 条浮点型点积运

算指令，支持单精度、双精度浮点运算及浮点产生操作，在面对支持 SSE4 指令集的软件时，可以有效地改善编译器效率及提高向量化整数及单精度代码的运算能力。同时，SSE4 改良了插入、提取、寻找、离散、跨步负载及存储等动作，令向量运算进一步专门化。SSE4 指令集提供了完整的 128 位的 SSE 执行单元，一个时钟周期内可执行一个 128 位的 SSE 指令，它将为用户带来非常可观的多媒体应用性能的提升。

SSE4.2 在 SSE4.1 指令集的基础上加入了几条新的指令。SSE4.2 指令集新增的部分主要包括 STTNI（STring & Text New Instructions）和 ATA（Application Targeted Accelerators）两个部分。以往每次的 SSE 指令集更新都主要体现于多媒体指令集方面，但是此次的 SSE4.2 指令集却加速了对 XML 文本的字符串操作、存储校验等。采用 SSE4.2 指令集后，XML 的解析速度最高是原来的 3.8 倍，而指令周期节省时间可以达到 2.7 倍。此外，在 ATA 领域，SSE4.2 指令集对于大规模数据集中处理和提高通信效率都发挥着应有的作用。

SSE4A 指令集是 AMD 公司针对 2007 年 Intel 45nm 处理器推出的 SSE4 指令集而修改而来的，Intel 的 SSE4 会增加 48 条指令，SSE4A 则去除了其中对 I64 优化的指令，保留图形、影音编码、3D 运算、游戏等多媒体指令，并完全兼容。

（10）虚拟化技术

CPU 的虚拟化技术可以单 CPU 模拟多 CPU 并行，允许一个平台同时运行多个操作系统，并且应用程序可以在相互独立的空间内运行而互不影响，从而显著地提高了计算机的工作效率。

虚拟化技术与多任务、超线程技术是完全不同的。多任务是指在一个操作系统中多个程序同时并行运行；而在虚拟化技术中，则可以同时运行多个操作系统，而且每一个操作系统中都有多个程序运行，每一个操作系统都运行在一个虚拟的 CPU 或者虚拟主机上；而超线程技术只是单 CPU 模拟双 CPU 以平衡程序运行性能，这两个模拟出来的 CPU 是不能分离的，只能协同工作。

（11）生产工艺技术

生产工艺技术指在硅材料上生产 CPU 时内部各元器件间的连线宽度，一般用微米或纳米（μm 或 nm）表示。数值越小，生产工艺越先进，CPU 内部功耗和发热量就越小。目前生产工艺为 65nm 以下。

2.1.3 内存条

1．内存条插槽

内存条插槽及内存条如图 2-24 所示。

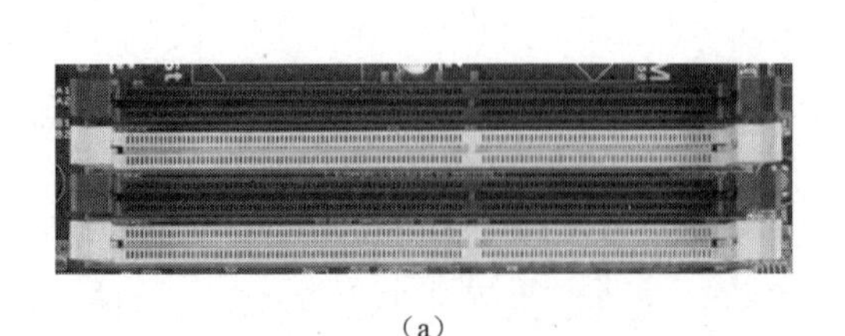

（a）

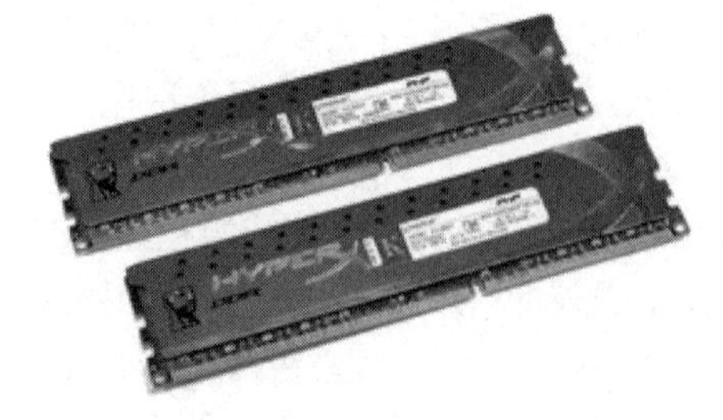

（b）

图 2-24 内存条插槽和内存条

2．DDR 与 DDR2 内存条

存储器芯片焊在一个印制电路板上构成了内存条，使用的存储芯片不同内存条的性能也不同。目前常见的内存条有 DDR、DDR2 和 DDR3。

① DDR SDRAM 就是双倍数据传输速率的 SDRAM，如图 2-25 所示，习惯上简称为“DDR”。

图 2-25 DDR SDRAM

DDR 内存主要版本如下：PC2100（DDR266）、PC2700（DDR333）、PC3200（DDR400）和 PC4300（DDR533）。它们的工作频率和峰值带宽分别如下：工作频率分别为 133MHz、166MHz、200MHz 和 266MHz；峰值带宽分别为 133×2×64/8（约为 2100MB/s）、166×2×64/8（约为 2700MB/s）、200×2×64/8（约为 3200 MB/s）和 266×2×64/8（约为 4300 MB/s）。DDR SDRAM 只有一个定位槽。

② DDR2 如图 2-26 所示，它与 DDR 内存相比，虽然都采用了在时钟的上升沿/下降沿同时进行数据传输的基本方式，但 DDR2 内存拥有两倍于 DDR 内存预读取的能力（即 4 位数据预读取）。也就是说，DDR2 内存每个时钟能够以 4 倍外部总线的速度读/写数据，并且能够以内部控制总线 4 倍的速度运行。

DDR2 内存采用了 FBGA 封装形式。FBGA 封装提供了更好的电气性能与散热性，为 DDR2 内存的稳定工作与未来频率的发展提供了良好的保障。

DDR2 内存采用 1.8V 电压，相对于 DDR 标准的 2.5V 降低了不少，从而提供了更小的功耗与更少的发热量。

目前，已有的标准 DDR2 内存分为 DDR2 400、DDR2 533、DDR2 667 和 DDR2 800，其核心频率分别为 100MHz、133MHz、166MHz 和 200MHz，等效的数据传输频率分别为 400MHz、533MHz、667MHz 和 800MHz，其对应的内存传输带宽分别为 3.2GB/s、4.3GB/s、5.3GB/s 和 6.4GB/s，按照其内存传输带宽分别标注为 PC2 3200、PC2 4300、PC2 5300 和 PC2 6400。

图 2-26 DDR2 SDRAM

③ DDR3 内存如图 2-27 所示，它拥有两倍于 DDR2 内存的预读取能力。也就是说，DDR3 内存每个时钟周期能够以 8 倍外部总线的速度读/写数据。

DDR3 内存采用 1.5～1.85V 电压，提供了明显的更小的功耗与更小的发热量。DDR3 采用了 MBGA 封装形式，MBGA 是指微型球栅阵列封装，其引脚并非裸露在外，而是以微小锡球的形式寄生在芯片的底部。MBGA 的优点有散热性好、电气性能佳、可接脚数多，且提高了优良率。其最突出的特点是由于内部元器件的间隔更小，信号传输延迟小，而使频率有了较大的提高。

目前，已有的标准 DDR3 内存分为 DDR3 1800、DDR3 2000、 DDR3 2133 和 DDR3 2400，工作频率分别为 1800MHz、2000MHz、2133MHz 和 2400MHz，其对应的内存传输带宽分别为 14.4GB/s 、16.GB/s、17.06GB/s 和 19.2GB/s，按照其内存传输带宽分别标注为 PC2 14400、PC2 16000、PC2 17060 和 PC2 19200。

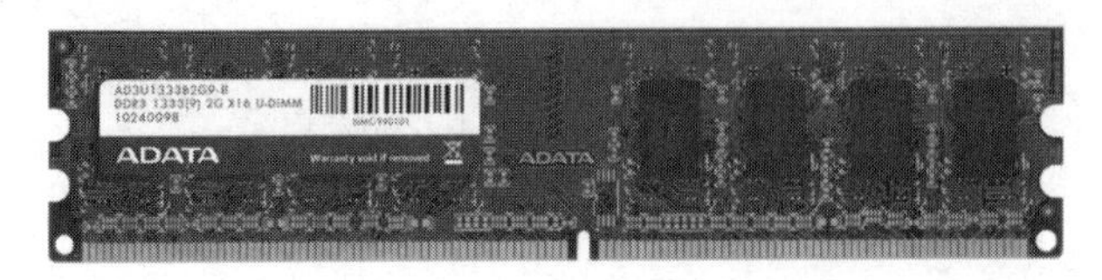

图 2-27 DDR3 SDRAM

3．**内存条的性能指标**

内存条的特性由它的技术参数来描述，内存条的主要性能指标如下。

① 容量：指存放二进制数的空间，DDR3 SDRAM 内存容量大多为 4GB、6GB 和 8GB。

② 内存的主频：内存主频和 CPU 主频一样，习惯上被用来表示内存的速度，它代表着该内存能达到的最高工作频率，以 MHz 为单位。目前 DDR3 内存主频为 1866MHz、2133MHz 和 2400MHz 等。

③ 内存的奇偶校验：为检验内存在存取过程中是否准确无误，每 8 位容量配备 1 位作为奇偶校验位，配合主板的奇偶校验电路对存取的数据进行正确校验，这需要在内存条上额外加装一块芯片。而在实际使用中，有无奇偶校验位对系统性能并没有影响，所以目前大多数内存条上已不再加装校验芯片。

④ 内存的数据宽度和带宽：数据宽度指内存同时传输数据的位数，以 bit 为单位，DDR3、DDR2 和 DDR 的数据宽度为 64 位；内存的带宽指内存的数据传输速率，即每秒传输多少字节数。

⑤ CAS：即等待时间，意思是 CAS 信号需要经过多少个时钟周期之后才能读写数据。这是在一定频率下衡量支持不同规范的内存的重要标志之一。目前 DDR SDRAM 的 CAS 有 2、2.5 和 3，即其读取数据的等待时间可以是 2～3 个时钟周期，标准应为 2，但为了稳定，降为 3 也是可以接受的。在同频率下 CAS 为 2 的内存较为 CAS3 的内存快。

⑥ SPD：SPD 是位于印制电路板的一个 4mm 左右的小芯片，是一个 256 字节的 EEPROM，用于保存内存条设置、模块周期信息等数据，同时负责自动调整主板上内存条的速度。

2.1.4 机箱与电源

1．**机箱**

机箱是一台微型机的外观，也是一台微型机的主架，如图 2-28 所示。机箱的主要作用如下：首先，它提供空间给电源、主机板、各种扩展板卡、光盘驱动器、硬盘驱动器等存储设备，并通过机箱内部的支撑、支架、各种螺钉或夹子等连接件将这些零配件牢牢固定在机箱内部，形成一个集约型的整体；其次，它坚实的外壳保护着板卡、电源及存储设备，能防压、防冲击、防尘，还能发挥防电磁干扰、防辐射的功能，起到屏蔽电磁辐射的作用。机箱需扩展性能良好，有足够数量的驱动器扩展仓位和板卡扩展槽数，以满足日后升级扩充的需要；通风散热设计合理，能满足计算机主机内部众多配件的散热需求。在易用性方面，它有足够数量的各种前置接口，如前置 USB 接口、前置 IEEE 1394 接口、前置音频接口、读卡器接口等。

机箱提供了许多便于使用的面板开关指示灯等，使操作者更方便地操纵微型机或观察微型机的运行情况。

图 2-28 机箱

机箱的外壳通常是由一层 1mm 以上的钢板制成的，在它上面镀有一层很薄的锌。其内部的支架主要由铝合金条或者铝合金板制成。

其主要部件及作用如下。

① 主板固定槽：其作用是安装主板。

② 支撑架孔和螺钉孔：卧式机箱在箱底部，立式机箱一般在箱体右侧，主要用于安装支撑架（塑料件）和主板固定螺钉。

③ 驱动器槽（架）：用来安装硬盘、光驱等。

④ 电源盒固定槽：用于安装主机电源盒，一般位于机箱后面角落处。

⑤ 板卡固定槽：在机箱主板后侧，主要用于固定各种板卡，如显卡、声卡等。ATX 机箱的串行口及 USB 口等集中在机箱后侧一个较大的开口处。

⑥ 键盘孔：键盘插头通过该孔与主板键盘插座相接。

⑦ 驱动器挡板：安装光驱时，取下挡板；不安装光驱时加上挡板，保证机箱面板的美观及安全。

⑧ 控制面板：位于机箱的前面，上面有电源开关（Power Switch）、电源指示灯（Power）、硬盘指示灯（HDD）、复位按钮（RESET）等。

⑨ 控制面板接线及插针：主要将控制面板的控制传给主机或显示主机的状态。

⑩ 电源开关及开关孔：机箱一般自配电源开关，机箱留有电源开关孔，该孔主要用来固定开关，开关主要为主机接通或关闭电源。

⑪ 喇叭：每个机箱都固定了一只小喇叭，阻抗为 8Ω，功率为 0.25～0.5W，主要用于在主机中发出各种提示声音，特别是启动过程中发生故障时发出声音。

⑫ 前面板：主要用于装饰、粘贴商标等。

2．电源

微型机电源也称为电源盒或电源供应器，是微型机系统中非常重要的辅助设备。微型机电源有内部电源和外部电源之分，常说的电源主要是指内部电源，即安装在机箱内部的电源，其主要功能是将 220V 交流电（AC）变为正、负 5V 及正、负 12V 的直流电（DC）和正 3.3V 的直流电源。除此之外，它还具有一定的稳压作用。

电源主要为主板、各种扩展卡、光驱、硬盘和键盘供电。其外形如同一个方盒，安装在主机箱内，一般外形尺寸为 165mm×150mm×150mm，如图 2-29 所示。

图 2-29　主机的电源

电源盒一般由电源外壳、输入电源插座、显示器电源插座、主板电源插头、外部设备电源插头和散热风扇等组成。

① 输入电源插座：主要用于将市电送给微型机电源。

② 显示器电源插座（有的电源无显示器插座）：通过主机控制显示器的开与关。这个插座输出的电压并未经主机电源的任何处理，只受主机电源开关的控制，主机开则插座有电(220V)，主机关则插座无电。它可实现主机与显示器同时开、关。

③ 很多主板除了主供电接口外，还可能需要 4 针，甚至 8 针的独立供电接口，通常用于给 CPU 辅助供电。有些耗电量大的 PCI-E 显卡也可能需要一个 6 针的辅助供电接口，如果是两个显卡的微型机，则可能需要两个 6 针的辅助供电接口，如图 2-30 所示，4 针电源插头主要用于连接 CPU 的专用电源。

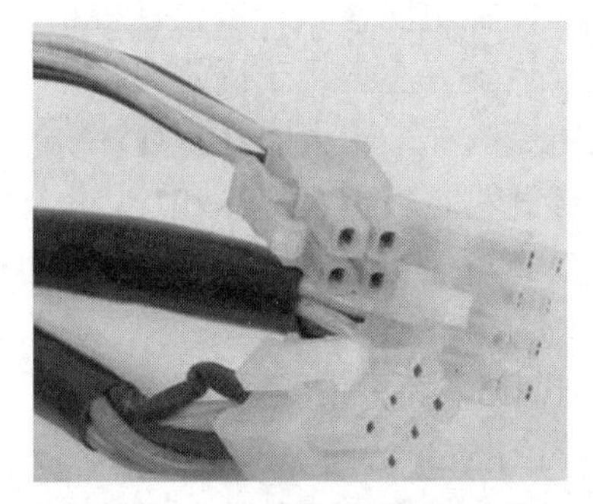

图 2-30　4 针、6 针和 8 针的辅助供电接口

④ 主板电源插头：ATX 主板电源插头是一个较大的插头，共有 20 个插针或 24 个插针，可提供+3.3V、±5V 和±12V 三组直流电压，如图 2-31 所示。其本身可防插错。ATX 电源插座如图 2-32 所示。

ATX 规范是 1995 年 Intel 公司制定的主板及电源结构标准。ATX 电源规范经历了 ATX 1.1、ATX 2.0、ATX 2.01、ATX 2.02、ATX 2.03 和 ATX 12V 系列等阶段。

2005 年，随着 PCI-E 的出现，带动了显卡对供电的需求，因此 Intel 推出了电源 ATX 12V 2.0 规范。电源采用双路+12V 输出，其中一路+12V 仍然为 CPU 提供专门的供电输出；而另一路+12V 输出则为主板和 PCI-E 显卡供电，解决大功耗设备的电源供应问题，以满足高性能 PCI-E 显卡的需求。由于其采用了双路+12V 输出，连接主板的主电源接口也从原来的 20 针增加到 24 针，分成 20+4 两个部分，分别由 12×2 的主电源和 2×2 的 CPU 专用电源接口组成。

图 2-31　ATX 主板供电的插头

颜色	信号	针脚	针脚	信号	颜色
橙	+3.3V	1	11	+3.3V	橙
橙	+3.3V	2	12	-12V	蓝
黑	COM	3	13	COM	黑
红	+5V	4	14	PS-ON	绿
黑	COM	5	15	COM	黑
红	+5V	6	16	COM	黑
黑	COM	7	17	COM	黑
灰	PW-OK	8	18	-5V	白
紫	+5VSB	9	19	+5V	红
黄	+12V	10	20	+5V	红

图 2-32　ATX 电源插座示意图

⑤ 外部设备电源插头：主要用来为硬盘、光驱等外部设备提供所需电压，如图 2-33 所示。它一般提供了 4～6 个插头，其插头分别用于为光驱、刻录机、硬盘等供电，以及为 CPU 或机箱风扇供电提供等。

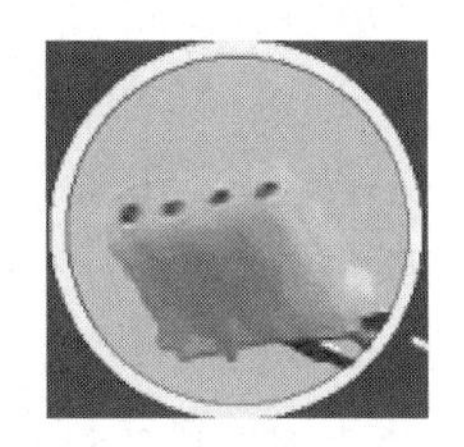

图 2-33　外部设备电源插头

为 IDE 光盘驱动器供电的插头由 4 根插针组成，其导线的颜色不同，1 号针对应黄色导线（+12V）；2、3 号针对应黑色导线（GND）；4 号针对应红色导线（+5V）。这种插头都有定位装置，一般不能插错。

⑥ 电源的功率：电源功率十分重要，若微型机中扩展槽插件过多，或双硬盘、双光驱或双 CPU，则要求电源功率必须够用，否则会使电源的工作电压不正常，导致微型机工作不正常，甚至损坏电源。所以在不同的微型机中、不同的配置中时应注意电源的功率。

若准备超频，如多装了一些风扇，或安装了各种板卡或双硬盘、双 CPU，则电源功率必须达到 400W 或 400W 以上。

电源有各种认证标准，如 3C 认证、CCEE 认证、FCC 认证、UL 认证、CSA 认证和 CE 认证，选购电源的时候应该尽量选择更高规范版本的电源和较多认证的电源，高规范版本完全可以向下兼容，新规范的 12V、5V、3.3V 等输出的功率分配通常更适合当前微型机配件的功率需求，如 ATX 12V 2.0 规范在即使总功率相同的情况下，也可将更多的功率分配给 12V 的功率输出，减少了 3.3V 和 5V 的功率输出，更适合最新的微型机配件的需求。

2.2　存储设备

2.2.1　硬盘驱动器

硬盘存储器简称硬盘，是微型机中广泛使用的外部存储设备，硬盘有速度快、容量大、可靠性高等特点。整个硬盘固定在机箱内，目前已有活动式硬盘。硬盘的外观如图 2-34 所示。

（a）

（b）

图 2-34　硬盘的外观

1．**硬盘驱动器的类型**

硬盘可按安装位置、接口标准、盘径尺寸、驱动器的厚度及容量等几个主要方面进行分类。

① 硬盘按安装位置分类，可分为内置式和外置式两种。内置式的硬盘一般固定在机箱内，而外置式的硬盘在机箱外面，可以安装或取下硬盘（热插拔式硬盘），可以带电作业，容量随插入硬盘的容量和数量发生变化。目前大部分外置式硬盘可通过微型机的 USB 接口与微型机连接。

② 硬盘按接口标准（类型）分类，主要有以下几种。

a．E-IDE 接口。该接口是在 IDE 基础上出现的且早期广泛使用的一种接口标准，又称为 ATA-2，可支持 4 个 E-IDE 设备。E-IDE 均采用 40 芯或 80 芯扁平电缆。老式主板上有两个 40 针的插座，标有 Primary 的 E-IDE 为主插座，标有 Secondary 的 E-IDE 为从插座。

E-IDE 接口硬盘的传输模式，经历过 3 个不同的技术变化，从 PIO 模式、DMA 模式，直至现在的 Ultra DMA 模式（简称为 UDMA），目前已发展到 Ultra ATA/100、Ultra ATA/133 和 Ultra ATA/150，其传输速率可达 100Mb/s、133Mb/s 和 150Mb/s。传输速率达 66Mb/s 以上的硬盘，要采用 80 芯的信号线并将标有"SYSTEM"字样的一端同主板相连。

b．SCSI 接口。目前的 SCSI 标准有 SCSI-1、SCSI-2 和 SCSI-3 三种。

SCSI-1 的传输速率可达 5Mb/s，可接 8 个外部设备。

SCSI-2 又分为 Fast SCSI、Fast Wide SCSI 和 Ultra SCSI 三种。

Fast SCSI：采用 8 位总线的传输速率可达 10Mb/s，可接 8 个外部设备。

Fast Wide SCSI：采用 16 位总线的传输速率达 20Mb/s，可接 16 个外部设备。

Ultra SCSI：采用 8 位总线的传输速率为 20Mb/s，可接 8 个外部设备。

SCSI-3 和 Ultra SCSI-3 采用 32 位总线的传输速率为 80Mb/s 和 160Mb/s，可接 16 个外部设备。

c．SATA 接口采用了串行连接方式，如图 2-35 所示，串行 SATA 总线使用嵌入式时钟信号，具备了更强的纠错能力。与以往相比，其最大的区别在于能对传输指令（不仅仅指数据）进行检查，如果发现错误会自动校正，这在很大程度上提高了数据传输的可靠性。串行接口具有结构简单、支持热插拔的优点。

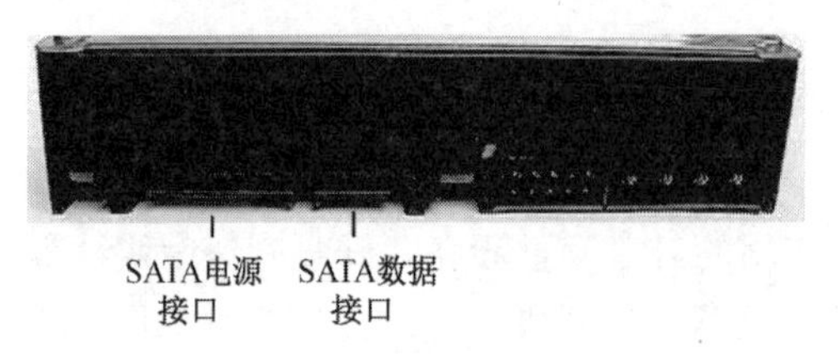

图 2-35　SATA 接口

目前的并行 ATA133 能达到 133Mb/s 的数据传输速率，SATA 2.0 的数据传输速率将达到 300Mb/s，SATA 3.0 的数据传输速率可达到 600Mb/s。

③ 硬盘按尺寸分类，可分为 3.5in、2.5in、1.8in 和 1.3in 4 种。目前的微型机基本采用 3.5in 的硬盘；而 2.5in 以下的硬盘主要用于笔记本式计算机，有些固定在机体中，有些外接在 USB 接口上。

④ 按容量分类，硬盘的容量单位是 GB 或 TB。一般硬盘的容量为 500GB～3TB。

2．硬盘的结构

① 硬盘的内部结构是全密封结构，如图 2-36 所示。其将磁盘、磁头、电动机和电路中的前置放大器等全部密封在净化腔体内。这样，一方面创造了磁头稳定运行的环境，能在大气环境下，甚至恶劣环境下可靠地工作；另一方面提高了磁头、磁盘系统的使用寿命。其净化度通常为 100 级，有的厂家使用 50 级的或更高净化度的厂房装配磁盘机。所以用户不能自行随意打开盘腔，当出现故障时只能寻求专门的维修服务。

图 2-36　硬盘的内部结构

② 非接触的磁头、磁盘结构。硬盘的磁头悬浮在盘片表面，没有接触，即利用了磁盘的高速旋转在盘面与磁头的浮动支承之间挤入了高速流动的空气，磁头好像飞行器一般在磁盘表面上飞行，与磁盘脱离了接触，没有机械摩擦。飞行高度只有 0.1～0.3μm，相当于一根头发的 1/1000～1/500。这样可获得极高的数据传输速率，以满足计算机高速度的要求。目前，磁盘的转速已高达 7200r/min，正向着 15000r/min 发展，而飞行高度则保持在 0.3μm 以下，甚至更低，以利于读取较大幅度的高信噪比的信号，提高存储数据的可靠性。

③ 高精度、轻型的磁头驱动、定位系统。这种系统能使磁头在盘面上快速移动，以极短的时间精确地定位在由计算机指令指定的磁道上。目前，磁道密度已高达 5400TPI，还在开发和研究各种新方法，如在盘面上挤压（或刻蚀）图形、凹槽、斑点，作为定位和跟踪的标记，以提高和光盘相等的磁道密度，从而在保持磁盘机高速度、高密度和高可靠性的优势下，大幅度提高存储量。

3．硬盘的主要技术指标

① 柱面数。几个盘片的相同位置的磁道上下一起形成一道道柱面，即柱面是盘片上具有相同编号的磁道。柱面一般有几百至几千道。

② 磁头数。硬盘往往有几个盘片，一般每个盘片都有上下两个磁头，所以硬盘的磁头数有几个。为了封装的方便，往往最上和最下的盘片的外侧没有磁头。

③ 扇区数。不同硬盘每磁道的扇区数也不相同。每扇区一般为 512 字节，硬盘的文件也

是按簇存储的，每个簇为2个以上的扇区。

④ 容量。硬盘的容量指单碟容量和总容量，单碟容量在300GB以上，总容量是用户购买时应先考虑的。

⑤ 数据传输速率。其单位为Mb/s，包括最大内部数据传输速率和外部数据传输速率。最大内部传输速率指磁头至硬盘缓存间的最大数据传输速率。外部数据传输速率统称突发数据传输速率，指硬盘缓冲区与系统总线间的最大数据传输速率。

⑥ 硬盘的主轴转速。其可用每分钟转数表示，硬盘旋转速度为5400～15000r/min。

⑦ 存取时间。硬盘读写一个数据时，必须先把磁头移动到数据所在磁道，然后等待期望的数据扇区转到磁头下，所以：存取时间=寻道时间+等待时间。

a．寻道时间：寻道时间通常用平均寻道时间来衡量，因为寻找相邻的磁道所用时间短，而寻找离磁头当前位置较远的磁道所用时间长，容量越大、道密度越高，硬盘寻道时间越短。平均寻道时间越短越好，一般要选择寻道时间在10ms以下的产品。

b．等待时间：也称平均潜伏时间，即磁头找到需要的磁道后等待所需的数据扇区转到磁头读写范围内所需要的时间，一般为5ms左右。

⑧ 硬盘高速缓存：高档硬盘上有8～64MB的高速缓存，目的是提高存取速度，其功能和意义与CPU上的高速缓存相似。一般带有大容量高速缓存的硬盘价格要贵一些，用这种方法提高硬盘存取速度被称为硬件高速缓存。

2.2.2 光盘驱动器

光盘驱动器简称光驱，是读写光盘片的设备，包括BD驱动器（蓝光驱动器）和DVD驱动器。

光盘存储的最大优点是存储的容量大，且光盘的读写一般是非接触性的，所以比一般的磁盘更耐用。

1．光盘驱动器的分类

（1）根据光盘驱动器的使用场合和存储容量分类

① 内置式光盘驱动器。其尺寸为5.25in，直接使用标准的4线电源插头或SATA光驱的电源插头，使用方便，这也是最常见的一种光盘驱动器。

② 外置式（外接式）光盘驱动器。其包含SCSI接口（一般需要一个SCSI接口卡，以及一条长电缆线）、并行口接口、USB接口和IEEE 1394接口。

③ BD驱动器和DVD驱动器。BD DVD的单面容量约为DVD容量的6倍。

（2）根据光盘驱动器的接口分类

① E-IDE 接口。普通用户的光盘驱动器采用的都是这种接口，它通过信号线直接连到主板E-IDE接口上。主板E-IDE接口有两个，可连接4台外部设备，当一条信号线连接两台设备时，需要注意主从跳线。

② SCSI接口。SCSI接口的光盘驱动器需要一块SCSI接口卡，该卡可以驱动多达16个包括光盘驱动器在内的不同的外设，且没有主次之分。

③ USB接口。其主要用于外置式光驱，USB有两个规范，即USB 2.0和USB 3.0。

USB 2.0是目前较为普遍的USB规范，其高速方式的传输速率为480Mb/s。

④ SATA 150 接口。其数据传输率将达到 150MB/s。

（3）根据光盘驱动器读写方式分类

① 只读型：即通常所说的 CD-ROM 或 DVD-ROM，其光盘上存储的内容具有只读性。

② 单写型：即通常所说的光盘刻录机，所使用的光盘可以一次性写入内容。写入后即与只读型光盘相同。单写型光盘是利用聚集激光束，使记录材料发生变化实现信息记录的。信息一旦写入不能再更改。

③ 可擦、可读、可写型：即光盘具有和 USB 闪存盘一样的多次擦写的功能，可反复使用。目前这类光盘分为相变型光盘和磁光型光盘两大类。

相变型：利用激光与介质薄膜作用时，激光的热和光效应使介质在晶态、非晶态之间的可逆相变来实现反复读、写。

磁光型：利用热磁效应使磁光介质微量磁化来实现信号的记录和读出。

2．光驱的传输模式

光驱的速度与数据传输技术和数据传输模式有关。目前的传输技术有 CLV、CAV、PCAV。传输模式主要是 UDMA 模式（如 UDMA33）。

① CLV——恒定线速度，即激光头在读取数据时，传输速率保持恒定不变。光盘在光驱电动机内旋转时是一种圆周运动，光盘上的数据轨道与半径有关，即在光驱的转速保持恒定时，由于光盘内圈每圈的数据量比外圈少，所以读取光盘最内圈轨道上的数据比外圈快得多。这样就很难做到统一的数据传输速率，而电动机转速频繁变化和内外圈转速的巨大差异，会缩短电动机的使用寿命或限制数据传输速率的增加。

② CAV——恒定角速度，即电动机的自转速度始终保持恒定。电动机转速不变，不仅大大提高了外圈的数据传输速率，改善了随机读取时间，还提高了电动机的使用寿命。但因线速度不断提高，在外圈读取数据时激光头接收的信号微弱。这种技术不能实现全程一致的数据传输速率。

③ PCAV——部分恒定角速度，它结合了 CLA 和 CAV 的优点，在内圈用 CAV 方式工作，在电动机转速不太快的情况下，其线速度不断增加。而当传输速率达到最大时，以 CLV 方式工作，电动机的转速再逐渐变慢。这种技术一般用在 24 倍速以上的光驱上。

3．光驱的外观

不管是只读光驱，还是读写光驱，其外观基本一样。光盘驱动器的外观与背面如图 2-37 所示。

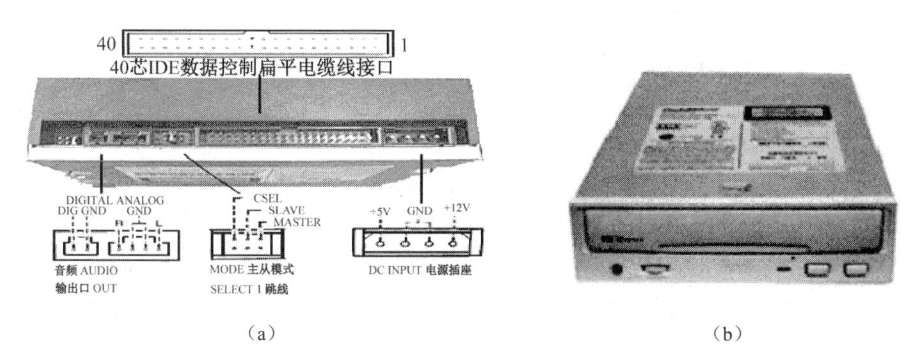

（a）　　（b）

图 2-37 光盘驱动器的外观与背面

下面介绍 E-IDE 接口的光驱，由于生产厂家及规格品牌不同，不同类型的驱动器，其各部分的位置可能会有所差异，但常用按钮和功能基本相同。各部分的名称及作用如下。

光盘托盘：用于放置光盘。

耳机插孔：在耳机插孔中插上耳机，可以听光盘播放的音乐。

音量旋钮：播放音乐时，可调节耳机音量的大小。

工作指示灯：该灯亮时，表示驱动器正在读取数据；不亮时，表示驱动器没有读取数据。

紧急弹出孔：当停电时，插入曲别针，能够弹出光盘托盘。

播放/向后搜索按钮：要播放音乐时，按此按钮开始播放第一首音乐，如果要播放下一首音乐，再按此按钮，直到播放要听的音乐为止。

打开/关闭/停止按钮：此按钮可以打开或关闭光盘托盘。如果正在播放，按此钮将停止播放。

几乎所有的光驱背面都一样，都有下列插口。

数字音频输出连接口：可以连接到数字音频系统或声卡。

模拟音频输出连接口：可以连接音频线，音频线的另一端连接声卡。

主盘/从盘/CSEL 盘模式跳线：当一条信号线连接两台 E-IDE 设备时需要跳线，若跳线与硬盘冲突，则机器将不能启动。

数据线插座：连接数据线，数据线的另一端连接 E-IDE2 接口。

电源插座：连接电源的 4 线电源线，提供光盘驱动器的电能。

4．蓝光光盘驱动器

蓝光是由索尼、松下、日立、先锋、夏普、LG、三星、汤姆逊和 Philips 等 9 家电子巨头在 2002 年 2 月 19 日共同推出的一代 DVD 标准。蓝光光盘的一个最大优势是容量大，目前单面单层的 DVD 容量高达 23.3GB/25GB/27GB。按照现有标准来计算，一张 27GB 的蓝光光盘可以存储 2 小时的高清电视节目，或者超过 13 小时的标清电视节目。和现有 CD 或 DVD 相同的是，蓝光光盘的直径是 120mm，厚度是 1.2mm。

蓝光技术属于相变光盘技术，相变光盘利用激光使记录介质在结晶态和非结晶态之间的可逆相变结构来实现信息的记录和擦除。在写数据时，聚焦激光束加热记录介质的目的是改变相变记录介质的晶体状态，用结晶状态和非结晶状态来区分 0 和 1；读数据时，利用结晶状态和非结晶状态具有不同的反射率来检测 0 和 1 信号。

在光盘结构方面，蓝光光盘彻底脱离了 DVD “0.6mm+0.6mm”的设计，采用了全新的“1.1mm 盘基+0.1mm 保护层”的结构，并配合高 NA（数值孔径）值保证极低的光盘倾斜误差。0.1mm 覆盖保护层结构对倾斜角的容差较大，不需要倾斜伺服，从而减少了盘片在转动过程中由于倾斜而造成的读写失常，使数据读取更加容易。但由于覆盖层变薄，光盘的耐损抗污性能随之降低，为了保护光盘表面，光盘外面必须加装光盘盒。这不但提高了蓝光光盘的生产成本，而且加大了薄型驱动器的开发难度。

为了提高存储容量，蓝光技术使用了波长为 405nm 的蓝色激光和 NA 为 0.85 的光圈，来取代 DVD 所用的 650nm 红色激光和 NA 为 0.6 的光圈，这大大缩小了用于读取和刻录数据的激光光线的聚焦点直径的大小，也减小了光盘数据记录层上用于记录数据的记录点的大小。在蓝光光盘上，数据记录轨道间的距离由 DVD 的 0.74μm 减少至 0.32μm，这意味着在相同的盘片面积上可以容纳更多的数据记录轨道。

5．HD DVD **技术**

2002 年 8 月 29 日东芝联合 NEC 向 DVD 论坛提交了另一个 DVD 规格——高级光盘（Advanced Optical Disc，AOD），AOD 后来更名为 HD DVD。

从技术角度来看，尽管 HD DVD 也采用了 405nm 蓝色激光，但它更注重与 DVD 标准的兼容性。例如，HD DVD 使用数值孔径为 0.65 的物镜来读/写数据，保护基板的厚度也是 0.6mm。

HD DVD 也是通过缩短数据记录轨道间距来增加轨道数目的，从而提高了记录密度。在存储方式上，HD DVD 采用了与 DVD-RAM 相同的槽岸记录方式，它与蓝光的槽内记录方式不一样，后者的优点是能够较容易地实现只读光盘和可刻录光盘之间的兼容性，使光学头简单化，省略了槽岸间的切换，但它面临着 27GB 的容量极限；而槽岸记录方式可达到单面容量 30GB。

在技术上，蓝光和 HD DVD 两种标准各有千秋，蓝光是比较“激进”的技术，可使光盘的存储容量达到 50GB 以上，以满足将来高清晰视频的需要，但该技术规范与现有的 DVD 不兼容，需要更新生产设备，导致整体成本过高，售价比较高。HD DVD 尽管在容量上不如蓝光，但它允许生产商最大限度地利用现有的 DVD 生产设备，制造成本相对较低。

6．Combo **驱动器**

Combo 驱动器是集 CD-ROM、DVD-ROM 驱动器和 CD-RW 驱动器于一身的光盘驱动器，Combo 驱动器的外观与 DVD-ROM、CD-RW、CD-ROM 驱动器相同，如图 2-38 所示。

Combo 驱动器有外置和内置两种，内置式就是安装在计算机主机内部，外置式则通过外部接口连接在主机上。内置式是最为普遍的光存储产品类型，几乎所有的光储厂商都生产了内置式的 ATA/ATAPI 接口的产品。

Combo 驱动器支持现有盘片标准，从光储产品出现至今，存在众多标准的盘片，不同标准的盘片在性能、功能方面各有差异。现今的光储产品都支持较多标准的盘片，都能顺利地读取其上的数据信息。

图 2-38　Combo 驱动器

7．DVD-ROM **驱动器**

DVD-ROM 驱动器如图 2-39 所示。它利用 MPEG2 的压缩技术来存储影像。DVD-ROM 驱动器能够兼容 CD-ROM 的盘片。

DVD 不仅已在音频、视频领域内得到了广泛的应用，还会带动出版、广播、通信、互联网等行业的发展。

图 2-39　DVD 驱动器

（1）DVD-ROM的存储容量

DVD的信息存储量是CD-ROM的25倍或更多，DVD-ROM的存储容量主要如下。

单面单层的DVD，最大存储容量为4.7GB。

单面双层的DVD，最大存储容量为9.4GB。

双面单层的DVD，最大存储容量为8.5GB。

双面双层的DVD，目前最大存储量为17.8GB。

（2）DVD-ROM驱动器的基本工作原理

DVD-ROM驱动器的主要部件是激光头，是从DVD拾取信息的执行部件。激光头工作的时候，先将激光二极管发出的激光经过光学系统分成束光射向盘片，从盘片上反射回来的光束再照射到光电接收器上转换为电信号。

激光头在读取信号的过程中，就是让激光在盘上扫过时与信号相遇。DVD上有肉眼看不见的、排得密密麻麻的称为坑点的小“凹”点，这些小“凹”点就是数据信息所在，它们排列成一个一个的同心圆。因为光盘的读取效率是与激光的波长二次方成反比的，激光的波长越短，读取效率就越高，所以，激光头发出的激光波长被聚焦得很短（只有0.65μm左右）。DVD机必须兼容播放CD和VCD。不同的光盘因为结构不同，对激光的要求也不同，这就要求DVD激光头在读取不同盘片时要采用不同的光功率。目前，DVD机普遍采用的是红色半导体激光器。但是蓝色半导体激光的波长更短，所以蓝色半导体激光器将成为DVD激光源的发展方向。

8．DVD刻录机

常见的DVD刻录机规格有DVD-RAM、DVD+R/RW、DVD-R/RW和DVD-Dual等，如图2-40所示，DVD-RAM是一种由先锋、日立及东芝公司联合推出的可写DVD标准，它使用类似于CD-RW的技术。但由于在介质反射率和数据格式上的差异，目前多数标准的DVD-ROM光驱还无法读取DVD-RAM。

图2-40　DVD刻录机的外观

① DVD-R规范：DVD-R是一种类似于CD-R的一次性写入介质，对于记录存档数据是相当理想的介质；DVD-R可以在标准的DVD-ROM驱动器上播放。DVD-R的单面容量为3.95GB，约为CD-R容量的6倍，双面盘的容量会加倍，这种盘使用一层有机燃料刻录，因此降低了材料成本。

② DVD-RW规范：DVD-RW是由先锋公司于1998年提出的，并得到了DVD论坛的大力支持，其成员包括苹果、日立、NEC、三星和松下等厂商，并于2000年中完成1.1版本的正式标准。DVD-RW刻录原理和普通CD-RW刻录类似，也采用了相位变化的读写技术，是恒定线速度的刻录方式。

DVD-RW的优点是兼容性好，能够以DVD视频格式来保存数据，因此可以在影碟机上进行播放。但是，它的一个很大的缺点就是格式化需要花费一个半小时。另外，DVD-RW提供了两种记录模式：一种称为视频录制模式；另一种称为DVD视频模式。前一种模式功能较丰富，但与DVD影碟机不兼容。用户需要在这两种格式中做选择，使用不甚方便。

③ DVD+RW规范：DVD+RW是目前最易用、与现有格式兼容性最好的DVD刻录标准，且较便宜。DVD+RW标准由Ricoh、Sony、Yamaha等公司联合开发，这些公司成立了一个

DVD+RW联盟的工业组织。DVD+RW与现有的DVD播放器、DVD驱动器全部兼容，即在计算机和娱乐应用领域的实时视频刻录和即时数据存储方面完全兼容了可重写格式。DVD+RW不仅可以作为PC的数据存储，还可以直接以DVD视频的格式刻录视频信息。随着DVD+RW的发展和普及，DVD+RW已经成为将DVD视频和PC上DVD刻录机紧密结合在一起的可重写式DVD标准。

DVD+RW具有DVD-RAM光驱的易用性，提高了DVD-RW光驱的兼容性。虽然DVD+RW的格式化时间需要一个小时左右，但是由于从中途开始可以在后台进行格式化，因此1min后即可开始刻录数据，是实用速度最快的DVD刻录机。同时，DVD+R/RW标准也是目前唯一获得微软公司支持的DVD刻录标准。DVD-RW与DVD+RW的比较如表2-6所示。

表2-6 DVD-RW与DVD+RW的比较

特　　性	DVD+RW	DVD-RW
有无防刻死技术	有	无
有无纠错管理功能	有	无
恒定线速度	有	有
恒定角速度	有	无
在PC上对已刻录的DVD视频盘片有导入再编辑的功能	有	无
有无类似于CD刻录中的格式化拖动式的刻录方式	有	无
光盘刻录封口时间	较短	较长

④ DVD-Multi规范：它支持DVD-Video、DVD-ROM、DVD-Audio、DVD-R/RW、DVD-RW、DVD-RAM、DVD-VR、CD-R/RW。由于DVD-RAM与DVD-R/RW是两种互补性非常强的标准，所以将它们结合在一起，显得非常有生命力。

⑤ DVD-Dual规范：又称DVD-Dual RW标准，由索尼公司设计并率先推行，包括索尼、NEC等在内的厂商针对DVD-R/RW与DVD+R/RW不兼容的问题，提出了DVD Dual这项新规格，即DVD±R/RW的设计。DVD Dual并没有DVD Multi那样统一的规范，可以让厂商自由发挥。DVD±RW刻录机可以同时兼容DVD-/RW和DVD+ RW两种规格。

⑥ DVD刻录机的性能指标。

a．DVD-ROM读取速度：指光存储产品在读取DVD-ROM时能达到的最大光驱倍速。该速度是以DVD-ROM倍速来定义的，DVD的单倍速是1358kb/s，而CD的单倍速是150kb/s，大约为CD的9倍。DVD刻录机能达到的最大DVD读取速度是16倍速。

b．DVD平均读取时间：指光储产品的激光头移动定位到指定将要读取的数据区后，开始读取数据到将数据传输至缓存所需的时间，单位是ms。目前大部分的DVD光驱的CD-ROM平均读取时间为75～95ms，而DVD-ROM的平均读取时间则为90～110ms。

c．可支持的盘片标准：指该DVD刻录机能读取或刻录的盘片规格，DVD刻录机能支持较多标准的盘片，不但能读出CD类和DVD类光盘，还能刻录相应的光盘。

d．高速缓存存储器：光存储驱动器都带有内部缓冲器或高速缓存存储器。刻录机产品一般有2MB、4MB、8MB的缓存容量，COMBO产品一般有2MB、4MB、8MB的缓存容量，受制造成本的限制，缓存不可能制作到足够大，但适量的缓存容量是选择光储需要考虑的关键因素之一。

2.2.3 外置式存储器

外置式存储器指存储内容后存储介质容易移动、拆装方便。移动存储设备的最大优势在于容易保存、防水、防静电、防霉。

1．外置式存储器的类型

外置式存储设备可按存储容量、接口和结构来分类。

① 按照存储容量分类：外置式存储设备按照存储容量可以分为小容量存储设备、中等容量存储设备和大容量存储设备。小容量存储设备的容量一般小于 50GB。中等容量存储设备的容量一般为 50～500GB。大容量存储设备的容量超过了 500GB。

② 按照接口分类：外置式存储设备按照接口可分为 PCMCIA 接口、USB 接口和 IEEE 1394 接口。

PCMCIA 接口的移动硬盘是专为笔记本式计算机用户设计的，它比并口移动硬盘要好用得多。因为它的传输速度更快，且解决了热插拔问题。

USB 接口的移动硬盘各方面的性能都比以前的移动硬盘要好得多，尤其是其对操作系统、机型的全面适应，为其迅速流行提供了很好的条件。

IEEE 1394 接口的移动硬盘传输速率达到了 400Mb/s。

③ 按照结构分类：外置式存储设备按照结构可大致分为两类，即介质/设备分离型和完全整合型。

a．闪存卡是利用闪存技术达到存储电子信息的存储器，是完全整合型的外置式存储设备，一般应用在手机、数码照相机、数码摄像机、掌上型计算机、MP3 和 MP4 等小型数码产品中。根据不同的生产厂商和不同的应用，闪存卡大概分为 SmartMedia（SM 卡）、Compact Flash（CF 卡）、MultiMediaCard（MMC 卡）、Secure Digital（SD 卡）、Memory Stick（记忆棒）、XD-Picture Card（XD 卡）和微硬盘，如图 2-41 和图 2-42 所示。这些闪存卡虽然外观、规格不同，但是技术性能基本相同。表 2-7 所示为常见闪存卡的规格`。

图 2-41　CF 卡的外观

图 2-42　SD 卡的外观

表 2-7　常见闪存卡的规格

类型	SM 卡	CF 卡		MMC 卡	记忆棒	XD 卡	SD 卡
		Type 1	Type 2				
长/mm	45	43	43	32	50	25	32
宽/mm	37	36	36	24	21.5	20	24
高/mm	0.75	3.3	5	1.4	0.28	1.7	2.1
工作电压/V	3.3 或 5	3.3 或 5	3.3 或 5	2.7～3.6	2.7～3.6	2.7～3.6	2.7～3.6
接口	22 针	50 针	50 针	7 针	10 针	18 针	9 针

b．闪存外置存储设备多采用非易失性的存储芯片为介质（绝大多数为 Flash ROM 芯片），同时集成控制器及接口，如图 2-43 所示。由于半导体芯片的先天优势，使这类移动存储器体积小（绝大多数产品的体积相当于一根手指的大小）、可靠性最好（不怕碰撞/震动、温度适应范围大），在所有移动存储设备中具有最高的移动能力。由于受制造工艺的限制，大容量 Flash ROM 芯片的生产也存在一定的困难。因此，它们只适合作为小容量（160GB 以内）的移动存储介质。

图 2-43　闪存外置式存储设备

c．移动存储设备首要的设计重点在于超大的存储容量，如图 2-44 所示。许多设备制造商采用了硬盘来作为存储介质。而出于提高抗震能力和缩小体积的考虑，它们几乎都是笔记本式计算机的专用硬盘。在接口类型上，这类掌上型移动存储设备以 USB 2.0 接口和 USB 3.0 接口为主流，并且由于硬盘的性能大大优于 Flash ROM 芯片，因此在容量上可以轻易突破 GB 级达到 TB 级。

（a）　　（b）

图 2-44　外置式移动硬盘

2.3　基本输入和输出设备

2.3.1　键盘

要使微型机进行工作，必须向微型机输入各种数据或下达各种指令。最常见的指令和数据输入方式是键盘和鼠标。

1．键盘的分类

键盘是最常用也是最主要的输入设备，通过键盘，可以将英文字母、汉字、数字、标点符号等输入到计算机中，从而向计算机发出命令、输入数据等，图 2-45 所示为标准的 104/105 键盘。

（a）

（b）

图 2-45　标准 104/105 键盘

自 IBM PC 推出以来，键盘经历了 83 键、84 键和 101/102 键的变化。Windows 95 面世后，在 101 键盘的基础上改进构成了 104/105 键盘，增加了两个 Windows 按键。107 键盘又称为 Windows 98 键盘，比 104 键多了睡眠、唤醒、开机等电源管理按键。后来出现了多媒体键盘，它在传统键盘的基础上又增加了不少常用快捷键或音量调节装置，如图 2-46 所示，使 PC 操作进一步简化，对于收发电子邮件、打开浏览器软件、启动多媒体播放器等只需要按一个特殊的按键即可。

根据键盘按键开关方式的不同，可以把键盘分为机械式键盘和薄膜式键盘两类。现在普遍使用的是薄膜式键盘。

键盘通过主板上的 PS/2 键盘口或 USB 口与主机连接，为了摆脱键盘线的限制，红外键盘和无线键盘已经被不少计算机爱好者使用，如图 2-47 所示。在不少品牌的计算机中，设计者在键盘上配置了上网及控制音响功能的一些控制键，使上网和多媒体操作更加方便。

为了使用户操作计算机更舒适，出现了“人体工程学键盘”，如图 2-48 所示。人体工程学键盘是在标准键盘上将指法规定的左手键区和右手键区两大版块分开，并形成一定角度，使操作者不必有意识地夹紧双臂，保持一种比较自然的形态，这种键盘被微软公司命名为自然键盘，对于习惯盲打的用户可以有效地减少左右手键区的误击率，如字母“G”和“H”。有的人体工程学键盘还有意加大了常用键（如空格键和回车键）面积，在键盘的下部增加了护手托板，给悬空手腕以支持点，减少由于手腕长期悬空而导致的疲劳。这些都可以视为人性化的设计。

图 2-46　多媒体键盘

图 2-47　无线多媒体键盘

图 2-48　人体工程学键盘

2．键盘的工作原理

键盘主要由电路板、键盘体和按键组成。

键盘工作的基本原理是把键盘上的按键动作转换为相应的编码传送给主机。它由一组排列成矩阵方式的按键开关组成，使用硬件或软件方式对矩阵的行、列按键开关进行扫描，判断按下了哪个键，这一工作由键盘电路板上的单片机完成。键盘的按键是一个触点式开关，当键按下时，该键开关接通；当键弹起时，该键开关断开。

薄膜式键盘的内部是双层胶片，胶片中间夹有相互导通的印制线。胶片与按键对应的位置有一个触点，按下按键时，触点连通相应的印制线，产生该键的编码。

2.3.2 鼠标

1．鼠标的分类

目前市场上流行的鼠标按照结构不同主要有 3 种：机械鼠标（半光电鼠标）、轨迹球鼠标和光电鼠标。每种鼠标的特点、用途和选购都稍有不同。按照接口的不同，常用的鼠标主要是 PS/2 接口和 USB 接口的鼠标。

2．鼠标的工作原理

① 机械鼠标：一种光电和机械相结合的鼠标，如图 2-49 所示。它的原理是紧贴着滚动橡胶球有两个互相垂直的传动轴，轴上有一个光栅轮，光栅轮的两边对应着发光二极管和光敏晶体管。当鼠标移动时，橡胶球带动两个传动轴旋转，而这时光栅轮也在旋转，光敏晶体管在接收发光二极管发出的光时被光栅轮间断地阻挡，从而产生脉冲信号，通过鼠标内部的芯片处理之后被 CPU 接收，信号的数量和频率对应着屏幕上的距离和速度。

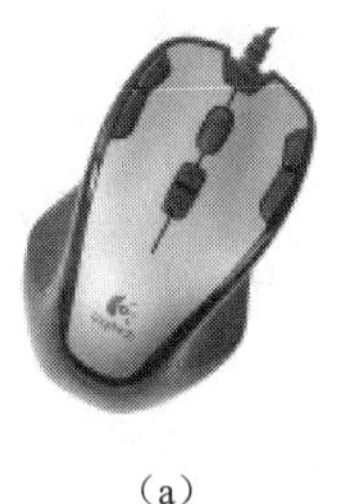

（a）

（b）

图 2-49 鼠标

② 轨迹球鼠标：工作原理和内部结构与普通鼠标类似，如图 2-50 所示。只是改变了滚轮的运动方式，其球座固定不动，直接用手拨动轨迹球来控制鼠标箭头的移动。轨迹球外观新颖，可随意放置。即使在光电鼠标的冲击下，仍有许多设计人员更喜欢使用轨迹球鼠标。

（a）

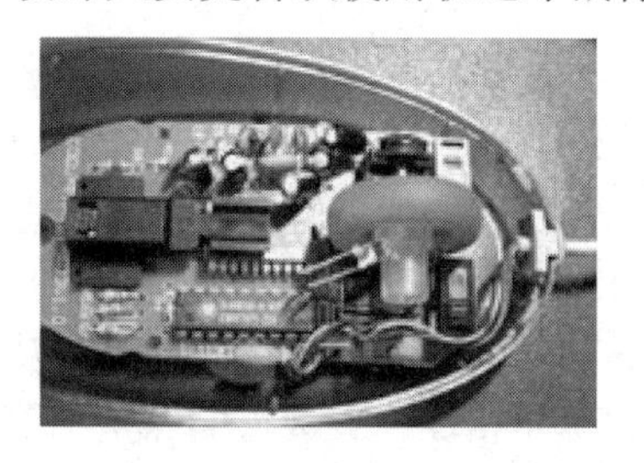

（b）

图 2-50 轨迹球鼠标

③ 光电式鼠标：按照其年代和使用的技术有两代产品，其共同的特点是没有机械鼠标必须使用的鼠标滚球。第一代光电鼠标由光断续器来判断信号，最显著的特点就是需要使用一块特殊的反光板作为鼠标移动时的垫子。

目前市场上的光电鼠标都是第二代光电鼠标。第二代光电鼠标的原理其实很简单，其使用的是光眼技术，这是一种数字光电技术，较之机械鼠标，完全是一种全新的技术突破。其在鼠标底部有一个小的扫描器对摆放鼠标的桌面进行扫描，然后对比扫描前后的结果，确定鼠标移动的位置。光电式鼠标的定位精度要比机械式鼠标高出许多，由于不需要控制球，质量也比机械鼠标轻，使用者的手不易疲劳。

2.3.3 显卡

随着计算机技术的日新月异及对计算机的速度和性能更快、更高的要求，显卡的新技术层出不穷，显卡外形如图 2-51 所示。每一款显卡都会给用户带来一个更加绚丽夺目的世界。显卡上再加上各种图形加速芯片，使显卡功能越来越强大。目前市场上显卡种类繁多，可根据需要选购。

（a）　　　　（b）

图 2-51　显卡外形

1．显卡的结构

① 显示芯片。显示芯片负责图形数据的处理，是显卡的核心部件，决定了该显卡的档次和大部分性能。3D 显卡则将三维图形和特效处理功能集中在显示芯片内，在进行 3D 图形处理时能承担许多原来由 CPU 负责的 3D 图形处理任务，减轻了 CPU 的负担，加快了 3D 图形的处理速度，即所谓的"硬件加速"功能。显示芯片通常是显卡上最大的芯片（引脚最多的芯片），中高档芯片一般有散热片或散热风扇。显示芯片上有商标、生产日期、编号和厂商名称，如"NVIDIA"、"ATI"等。每个厂商都有不同档次的芯片，不能只看商标，要结合型号来共同判别。

② RAM DAC。RAM DAC（RAM Digital Analog Converter，随机存取存储器数模转换器）的作用是将显存中的数字信号转换为能够用于显示的模拟信号。RAM DAC 是影响显卡性能的重要器件，尤其是它能达到的转换速度影响着显卡的刷新率和最大分辨率， RAM DAC 的转换速度越快，影像在显示器上的刷新频率就越高，从而使图像显示越快，图像也就越稳定。为了降低成本，大部分娱乐性显卡将 RAM DAC 做到了显示芯片内。

③ 显示内存。与主板上的内存功能一样，显存也是用于存放数据的，只是它存放的是显示芯片处理后的数据。3D 显卡的显存主要分为两部分：帧缓存和纹理缓存。帧缓存与显示芯片中的帧处理单元相连，负责存储像素的明暗、Alpha 混合比例、Z 轴深度等参数；纹理缓存与芯片中的纹理映射单元相连，负责存储各种像素的纹理映射数据。

由于 3D 的应用越来越广泛，以及高分辨率、高色深图形处理的需要，用户对显存速度的要求也越来越高，现在经常见到的是 DDR3 和 DDR4 显存类型，显存的容量有 512MB～6GB，显存频率可达 1000MHz 以上。显存速度越来越快，性能越来越高。

④ 显卡 BIOS。显卡 BIOS 又称 VGA BIOS，主要用于存放显示芯片与驱动程序之间的控制程序，还存放了显卡型号、规格、生产厂家、出厂时间等信息。启动计算机时，通过显示 BIOS 内的一段控制程序，将这些信息反馈到屏幕上。现在的多数显卡采用了大容量的 EEPROM，即 Flash BIOS，可以通过专用的程序进行改写升级。

⑤ 输入、输出端口。显卡除了与显示器连接的端口外，大多数显卡有某些特殊的端口。

a．数字输入接口 DVI，如图 2-52 所示。DVI 接口有两种：一种是 DVI-D 接口，只能接收数字信号，接口上只有 3 排 8 列共 24 个针脚，其中右上角的一个针脚为空，不兼容模拟信号；另一种是 DVI-I 接口，可同时兼容模拟和数字信号。在 DVI 接口中，计算机直接以数字信号的方式将显示信息传送到显示设备中，因此从理论上讲，采用 DVI 接口的显示设备的图像质量更好。另外，DVI 接口实现了真正的即插即用和热插拔，免除了在连接过程中需关闭计算机和显示设备的麻烦。现在很多液晶显示器都采用了该接口，CRT 显示器使用 DVI 接口的比例比较少。

图 2-52 DVI 接口

b．VGA 接口，其主要用于连接 CRT 显示器。VGA 只能接收模拟信号的输入，最基本的包含 R\G\B\H\V（分别为红、绿、蓝、行、场）5 个分量，接口为 D-15，即 D 形 3 排 15 针插口，其中有一些是无用的，连接使用的信号线上也是空缺的。

2．显卡的性能指标

① 显卡芯片的性能。显卡芯片的主要任务是处理系统输入的视频信息并将其进行构建、渲染等工作。显卡主芯片的性能直接决定了显卡性能的高低。不同的显示芯片，不论是内部结构还是其性能，都存在着差异，而其价格差别也很大。目前设计、制造显示芯片的厂家只有 NVIDIA、AMD 等。

② 分辨率与色深。分辨率指画面的细腻程度，一般为画面的最大水平点数乘以垂直点数。色深是指某个确定的分辨率下，描述每一个像素点的色彩所使用的数据长度，单位是位，一般是 32 位。它决定了每个像素点的色彩数量。

③ 显卡的总线类型。显卡的总线主要有 AGP 和 PCI-E。AGP 的发展经历了 AGP 1.0（AGP 1X、AGP 2X）、AGP 2.0（AGP Pro、AGP 4X）、AGP 3.0（AGP 8X）等阶段，AGP 标准使用了 32 位总线，工作频率为 66MHz。在目前最高规格的 AGP 8X 模式下，数据传输速率达到了 2.1Gb/s。

PCI-E 也是显卡的总线接口，PCI-E 的接口根据总线位宽不同而有所差异，包括 X1、X4、X8 以及 X16（X2 模式将用于内部接口而非插槽模式）。用于取代 AGP 接口的 PCI-E 接口位宽为 X16，PCI-E X16 有第二版本和第三版本，能够提供至少 5GB/s 的带宽，即使有编码上的损耗，也仍能够提供约为 4GB/s 左右的实际带宽，远远超过 AGP 8X 的 2.1GB/s 的带宽。

④ 显存容量、频率和数据位宽。采用 2GB 以上容量的显存的显卡越来越多。显存的工作

频率以 MHz 为单位；显存的数据位宽以位为单位。显存的速度决定了其工作频率和数据位宽，显存频率与使用的显存类型有关，目前主要使用的显存类型为 DDR2 和 DDR3，一般显存频率为 1000 MHz 以上。显存频率越高，其性能越好。

显存的数据位宽的重要性甚至超过了显存的工作频率。因为位宽决定了显存带宽，显示芯片与显存之间的数据交换速度就是显存的带宽。目前显存位数主要分为 64 位、128 位和 256 位，在相同的工作频率下，128 位显存的带宽只有 256 位显存的一半。显存带宽的计算方法如下：带宽=工作频率×数据位宽/8。显存数据位宽越大，其性能越好。

显卡的质量除了与以上性能有关外，还与 RAM DAC 的速度、芯片的核心频率、显卡的接口类型等有关。

2.3.4 显示器

显示器是微型机系统中不可缺少的输出设备，如图 2-53 所示。显示器主要用来将电信号转换成可视的信息。通过显示器的屏幕，可以看到计算机内部存储的各种文字、图形、图像等信息。它是进行人机对话的窗口。

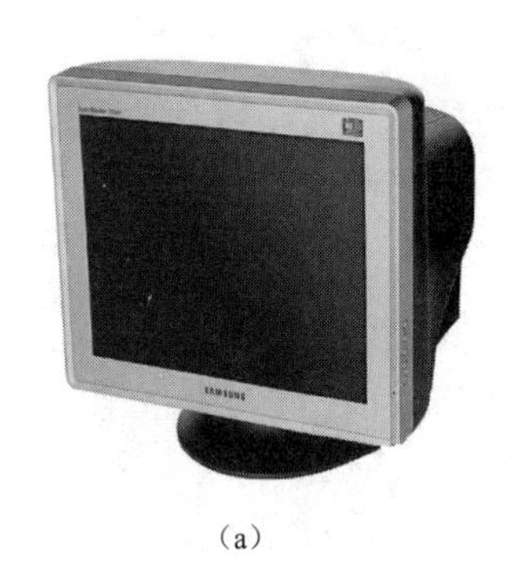

（a）

（b）

图 2-53 显示器的外观

目前市场上主要有 CRT 显示器和 LCD。LCD 是一种以液晶控制透光度技术来实现色彩的显示器。和 CRT 显示器相比，LCD 的优点是很明显的：由于通过控制是否透光来控制亮和暗，当色彩不变时，液晶也保持不变，这样就无需考虑刷新率的问题。对于画面稳定、无闪烁感的液晶显示器，刷新率不高但图像很稳定。LCD 还通过液晶控制透光度的技术原理使底板整体发光，所以它做到了真正的完全平面。一些高档的数字 LCD 采用了数字方式传输数据、显示图像，这样不会产生由于显卡造成的色彩偏差或损失。LCD 完全没有辐射，即使长时间观看 LCD 屏幕，也不会对眼睛造成很大伤害。LCD 的体积小、能耗低，这也是 CRT 显示器无法比拟的。

1．显示器的分类

① 按显示器屏幕尺寸分为普通型显示器、大屏幕显示器。

普通型显示器：有 17in、19in 和 20in 三种。

大屏幕显示器：有 21in、22in 和 23in 三种。

② 按显示器色彩分为单色显示器和彩色显示器。

③ 按显示器点距分为 0.28mm、0.26mm、0.25mm、0.24mm、0.22mm、0.20mm 等。

④ 按显示器最高分辨率分为 1024×768、1280×1024、1600×1200、1920×1440 等。

⑤ 按显示器原理或主要显示器件分为 CRT 显示器和 LCD 等。

2．CRT 显示器

（1）CRT 显示器的结构

彩色显示器是在单色显示器的基础上发展起来的，显示器基本功能电路介绍如下。

① 电源电路。该电路为机内其他电路提供工作电压。彩色显示器选用了开关型的稳压电路（简称开关电路），开关电源电路中的开关晶体管多选用双极型晶体管，VGA 和 SVGA 彩色显示器开关晶体管选用场效应型功率晶体管。这是在利用了 50kHz 的开关频率下，场效应型功率晶体管的开关损耗可以忽略不计的优点。

② 行扫描电路。该电路给行偏转线圈提供了一个与显卡送来的行同步信号频率相同的锯齿波扫描电流，而形成水平偏转磁场使显像管阴极（电子枪）发出的电子束流自左向右地进行扫描。彩色显示器为适应不同种类的显示方式，行扫描频率也有多种频率，且要求能自动适应或自动转换。

③ 场扫描电路。该电路给场偏转线圈提供了一个与显卡送来的场同步信号频率相同的锯齿波扫描电流而形成垂直偏转磁场，使电子束流从上向下进行扫描。这样，在行、场偏转磁场的共同作用下，显像管荧光屏上便形成了可见光栅。

④ 接口电路。将计算机内显卡送来的各种信号经此电路分送至行、场扫描电路和显示信号处理电路中。VGA 彩色显示器接口电路便能自动识别显卡送来的信号属于何种模式，然后输出控制信号至相关的控制和调节电路，以保证在任何模式下都能使显示的图像稳定。

⑤ 显示信号处理电路。该电路将显卡送来的信息转换成不同的亮点信号或暗点信号送至色输出电路。主机内显卡将所要显示的内容全部转变成 RGB 模式信号输出，显示信号处理电路只需将 RGB 信号放大，并进行对比度和亮度控制后，输出至色输出电路和彩色显像管电路，在荧光屏上即可再现字符或图像。

⑥ 显像管与色输出电路。由色输出电路将显示信号处理电路处理过的电信号进行放大，送至显像管阴极，并在行、场偏转磁场的作用下于荧光屏上生成可见的字符或图像。

（2）CRT 显示器的工作原理

目前应用较广的 CRT 显示器基于三基色原理。三基色指的是 3 种互相独立的颜色，如红、绿、蓝 3 种单色，这 3 种单色按不同比例可以搭配出不同的颜色。这种彩色生成原理称为三基色原理。

根据三基色原理，在 CRT 屏幕上涂有红、绿、蓝 3 色荧光粉的基础上，配以不同的亮度可以得到不同颜色。

采用三基色原理做成的彩色 CRT，应用较广的有 3 枪 3 束荫罩式、单枪 3 束管式和自动会聚管 3 种。

3 枪 3 束荫罩式彩色显像管的工作原理如图 2-54 所示。在这种 CRT 中，有 3 个近似平行、按品字形排列且互相独立的电子枪，它们分别发射用以产生红、绿、蓝 3 种单色的电子束。每支电子枪都有灯丝、阴极、控制栅极、加速电极、聚焦电极及第二阳极等。在管内玻璃屏上涂有成千上万个能发出红、绿、蓝光的荧光粉小点，小点的直径为 0.05～0.1mm。它们按红（R）、绿（G）、蓝（B）的顺序重复地在一行上排列，下一行与上一行小点位置互相错开。屏幕上每相邻的 3 个 R、G、B 荧光小点与品字形排列的电子枪相对应。

为了使 3 个电子束能准确地击中对应的荧光小点，在距离荧光屏 10mm 处设置一块薄钢板制成的网板，像罩子似的把荧光屏罩起来，故称荫罩板。板上有成千上万个小孔，小孔对准一组三色荧光小点。品字形中的一个电子枪发射的电子束，通过板上小孔撞击各自对应的荧光粉而发出红光、绿光和蓝光。

分别控制 3 个电子枪的控制栅极，即控制 3 个电子枪发射电子束的强弱，在荧光屏上出现不同亮度的 R、G、B 荧光小点，形成各种色彩的图像。

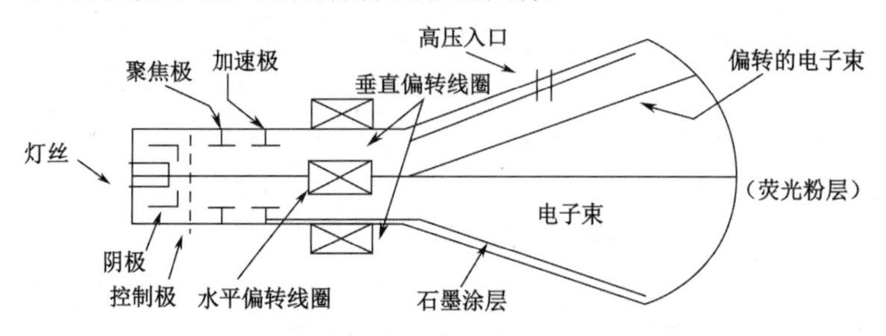

图 2-54　荫罩式彩色显像管的工作原理

（3）CRT 显示器的主要性能指标

① 扫描频率。扫描分为垂直扫描和水平扫描。

垂直扫描频率也称场频，或称刷新频率，或称帧速率，是指显示器在某一显示方式下，每秒从上到下能完成的刷新次数，单位为 Hz。场频的范围反映了显示器对于各种显示分辨率的适应能力，以及屏幕图像有无抖动和潜在的抖动。其垂直扫描频率越高，图像越稳定，闪烁感就越小。

一般垂直扫描在 72Hz 以上的刷新频率时，其闪烁明显减少。较好的显示器应在 100Hz 或 100Hz 以上。

水平扫描频率也称行频，单位用 kHz 表示，是指电子束每秒在屏幕上水平扫过的次数。一般的显示器行频为 30～82kHz，比较高档的显示器的行频可达 100kHz 或 100kHz 以上。行频的高低反映了屏幕图像的稳定程度。

② 最大分辨率。显示器的分辨率表示在屏幕上从左到右扫描一行共有多少个点和从上到下共有多少行扫描线，即每帧屏幕上每行、每列的像素数。例如，1600×1200 表示每帧图像由水平 1600 个像素（点）、垂直 1200 条扫描线组成。其最大值称为最大分辨率。屏幕尺寸相同，每帧屏幕上每行、每列的像素数越高，显示器的分辨率就越高，显示效果也越好，价格自然就越高。

③ 点间距和栅距。荫罩板上两个相邻且透过同一种光的小孔之间的距离称为点间距。点间距简单地理解为同色像点之间的最近距离。荫罩板上的小孔越多，图像上的彩色点越逼真，显示器的分辨率也越高。目前多数显示器的点间距为 0.26mm。高档的显示器的点间距为 0.20mm，甚至更小。点间距越小，制造越复杂、越困难，成本就越高。

索尼公司推出的特丽珑显像管采用了栅状荫罩，因此引入了栅距的概念。栅距是指荫栅式显像管平行的光栅之间的距离（单位为 mm）。采用荫栅式显像管的好处在于其栅距长时间使用也不会变形，显示器使用多年也不会出现画质下降的情况，而荫罩式正好相反，其网点会产生变形，所以长时间使用会造成亮度降低、颜色转变的问题。由于荫栅式可以透过更多的光线，从而能达到更高的亮度和对比度，令图像色彩更加鲜艳、逼真、自然。

④ 认证标准。显示器的认证标准主要有两个，一个是 MPR-Ⅱ，另一个是 TCO。MPR-Ⅱ是由瑞典国家测量局制定的标准，主要是对电子设备的电磁辐射程度等指标实行标准限制，包括电场、磁场和静电场强度等参数。瑞典 TCO 组织于 1991 年制定了 TCO′92 标准，主要规范显示器的电子和静电辐射对环境的污染。面向计算机监视器及外设的 TCO 认证一共有 4 代

不同的标准，如图 2-55 所示，从 TCO′ 92、TCO′ 95、TCO′ 99 到 TCO′ 03。随着时间的推移以及人们健康、环保意识的加强，加之科技进步所带来的产品质量改观，TCO 认证标准也一代比一代更为严格。目前显示器主要有 TCO′ 95、TCO′ 99 和 TCO′ 03 标准。TCO′ 95 标准主要包括以下功能：TCO′ 92、ISO、环境保护、人体工程学和安全性、低电磁辐射和低磁场辐射、电源监控等标准。TCO′ 99 和 TCO′ 03 标准比 TCO′ 95 更严格。

图 2-55　TCO′ 92、TCO′ 95、TCO′ 99、TCO′ 03 认证标准

⑤ 视频带宽。带宽是显示器所能接收信号的频率范围，反映了显示器的图像数据吞吐能力，是评价显示器性能的重要参数。其一般应大于水平像素数、垂直像素数和场频三者的乘积。其单位为 MHz。普通的显示器带宽为 100 MHz 左右，高分辨率显示器的带宽可达 200 MHz 以上，甚至可达 240MHz。

⑥ 显像管。显像管品牌主要包括 LG、三星、索尼、三菱、和日立等。各厂商的纯平显像管在技术上均有其独到之处，在性能上也各有特色。

3．LCD

（1）LCD 的结构

从 LCD 的结构来看，无论是笔记本式计算机还是桌面系统，采用的 LCD 都是由不同部分组成的分层结构。LCD 由两块玻璃板构成，厚约 1mm，其间由包含有液晶材料的 5μm 均匀间隔隔开。因为液晶材料本身并不发光，所以在显示屏两边设有作为光源的灯管，而在液晶显示屏背面有一块背光板（或称匀光板）和反光膜。背光板是由荧光物质组成的，可以发射光线，其作用主要是提供均匀的背景光源。

由于 LCD 自身结构的特点，可制成非常薄的显示屏。其体积小、质量轻，主要用于便携式计算机上。与 CRT 一样，LCD 也有彩色、单色之分，也有不同的分辨率等。

（2）LCD 的工作原理

背光板发出的光线在穿过第一层偏振过滤层之后进入包含成千上万液晶的液晶层。液晶层中的液滴都被包含在细小的单元格结构中，一个或多个单元格构成屏幕上的一个像素。在玻璃板与液晶材料之间是透明的电极，电极分为行和列，在行与列的交叉点上，通过改变电压而改变液晶的旋光状态，液晶材料的作用类似于一个个小的光阀。在液晶材料周边是控制电路部分和驱动电路部分。当 LCD 中的电极产生电场时，液晶分子会产生扭曲，从而将穿越其中的光线进行有规则的折射，然后经过第二层过滤层的过滤在屏幕上显示出来。

（3）LCD 的主要性能指标

① LCD 的接口类型。采用 DIV 接口可以有效地减少信号的损耗和干扰，DVI 接口是最适合的。目前 DVI 接口的显卡和视频输出设备越来越多，液晶显示器采用数字接口也将成为必然。在选购时，应选择带 DVI 接口的显卡和 LCD。

② LCD 的尺寸标示。LCD 的尺寸标示与 CRT 显示器不同，LCD 的尺寸是以实际可视范围的对角线长度来标示的。尺寸标示使用 cm 为单位，或按照惯例使用 in 作为单位。

③ 亮度。LCD 的最大亮度不应低于 250 cd/m^2。

④ 对比度。对比度的值不应低于 600∶1。

⑤ 可视角度。LCD 的可视角度包括水平可视角度和垂直可视角度两个指标，水平可视角度以显示器的垂直法线（即显示器正中间的垂直假想线）为准，在垂直于法线左方或右方一定角度的位置上仍然能够正常地看见显示图像，这个角度范围就是 LCD 的水平可视角度；同样，如果以水平法线为准，则上下的可视角度称为垂直可视角度。一般而言，可视角度是以对比度变化为参照标准的。一般主流 LCD 的可视角度为 120°～180°。

⑥ 响应时间。LCD 的响应时间是指液晶体从暗到亮（上升时间）再从亮到暗（下降时间）的整个变化周期的时间总和。响应时间使用 ms 单位。LCD 的响应时间应该在 10ms 以下。

⑦ 色彩数量。LCD 的色彩数量比 CRT 显示器少，目前多数的 LCD 的色彩支持 16.2 百万以上像素。

根据 LCD 的原理决定了其最佳分辨率就是其固定分辨率，同级别的 LCD 的点距也是一定的。LCD 在全屏幕任何一处点距是完全相同的。LCD 会对整幅画面进行刷新，而 LCD 即使在较低的刷新率（如 60Hz）下，也不会出现闪烁的现象。

2.3.5　声卡与音箱

1．声卡

声卡主要用于娱乐、学习、编辑声音等，如图 2-56 所示。有了声卡，微型机能够“说话”，利用微型机听 CD、看 VCD 或玩游戏都少不了声卡。

目前声卡主要集成在主板上，是一块能够实现音频和数字信号相互转换的硬件电路板，声卡可以把来自光盘、磁带、话筒的载有原始声音信息信号加以转换，输出到耳机、音响、扩音机及录音机等音响设备，或者通过音乐设备数字接口（MIDI）发出美妙的声音。

不管是集成在主板上的声卡还是独立式的声卡，常见的输入/输出端口通常是“Speaker Out”，“Line Out”，“Line In”，“Mic In”等，其外形与名称如图 2-56 所示，不同声卡上下顺序不尽相同。如果是 3 个插孔，则 Speaker Out 与 Line Out 共用一个端口，一般可通过声卡上的跳线来定义该插孔有何功能。

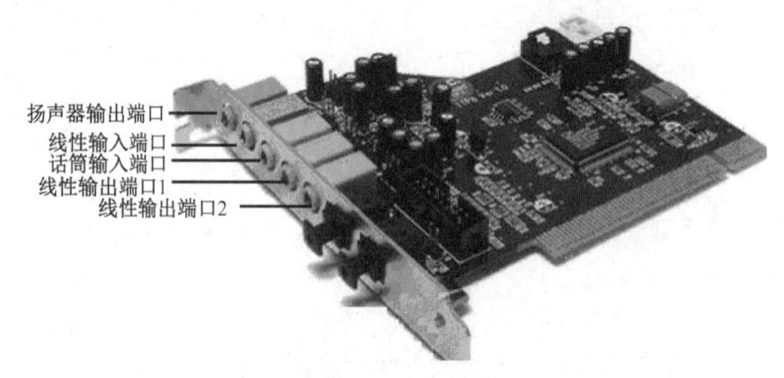

图 2-56　声卡的接口

① 线性输入端口，标记为“Line In”，将品质较好的声音、音乐信号输入，通过计算机的

控制将该信号录制成一个文件。通常该端口用于外接辅助音源，如影碟机、收音机、录像机及 VCD 回放卡的音频输出。

② 线性输出端口 1，标记为“Line Out”，用于外接音响功放或带功放的音箱。

③ 线性输出端口 2，一般用于连接四声道以上的后端音箱。

④ 话筒输入端口，标记为“Mic In”，用于连接麦克风（话筒），可以将自己的歌声录下来实现基本的“卡拉 OK 功能”。

⑤ 扬声器输出端口，标记为“Speaker 或 SPK”，用于连接外接音箱的音频线插头。

⑥ MIDI 及游戏摇杆接口，标记为“MIDI”。几乎所有的声卡上均带有一个游戏摇杆接口来配合模拟飞行、模拟驾驶等游戏软件，这个接口与 MIDI 乐器接口共用一个 15 针的 D 形连接器（高档声卡的 MIDI 接口可能有其他形式）。该接口可以配接游戏摇杆、模拟方向盘，也可以连接电子乐器上的 MIDI 接口，实现 MIDI 音乐信号的直接传输。

⑦ CD 音频连接器，位于声卡的中上部，在集成式主板上，通常是 3 针或 4 针的小插座，与 CD-ROM 的相应端口连接实现 CD 音频信号的直接播放。不同 CD-ROM 上的音频连接器也不一样，因此大多数声卡有 2 个以上的 CD 音频连接器。

2．音箱

微机少不了音箱，否则声音无从发出。微机应配一对有源音箱或一台功放加一对无源音箱，目前微型机所配的音箱大多是有源音箱。

音箱是将音频信号还原成声音信号的一种装置，音箱包括箱体、喇叭单元、分频器、吸音材料 4 个部分，并有调节的按键，如图 2-57 和图 2-58 所示。

图 2-57 音箱的外观

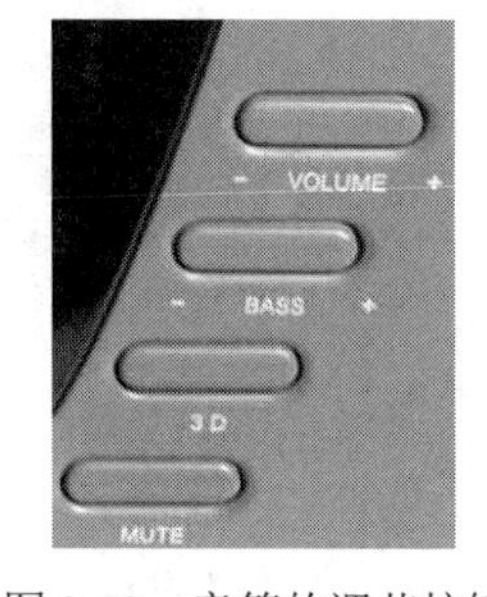

图 2-58 音箱的调节按键

（1）音箱的分类

① 音箱按箱体材质，可分为塑料箱和木质箱。

② 音箱按声道数量，可分为 2.1 式（双声道另加一超重低音声道）、4.1 式（四声道加一超重低音声道）、5.1 式（五声道加一超重低音声道）、7.1 式（七声道加一超重低音声道）等。

③ 音箱按喇叭单元的结构，可分为普通喇叭单元、平面喇叭单元、铝带喇叭单元等。

④ 音箱按计算机输出口，可分为普通接口（声卡输出）音箱和 USB 接口音箱。

⑤ 音箱按功率放大器的内外置，可分为有源音箱（放大器内置，最常见）和无源音箱（放大器外置，非常高档的或特别要求的计算机才采用）。

（2）音箱的主要性能指标

① 防磁。微型机所配的有源音箱与普通有源音箱有些不同，微型机所配的应是磁屏蔽音箱，通常称为防磁音箱。这种音箱可以屏蔽喇叭自身向外辐射的磁场，使周围的电器不受干扰和磁化。这对 CRT 显示器来说非常重要，即使音箱靠近显示器，也不会使显像管磁化导致屏

幕颜色不正。

② 频响范围。频响范围是指音箱在音频信号播放时，在额定功率状态下，在指定的幅度变化范围内，音箱能重放音频信号的频响宽度。音箱的频响范围越宽越好，一般为 20Hz～20kHz。

③ 灵敏度。灵敏度是指在给音箱输入端输入 1W/1kHz 的信号时，在距音箱喇叭平面垂直中轴前方 1m 的地方测试得到的声压级。灵敏度的单位为分贝（dB）。音箱的灵敏度越高，需要放大器的功率越小，普通音箱的灵敏度为 85～90dB。

④ 失真度。失真度是指由放大器传来的电信号经过音箱转换为声音信号后，输入的电信号和输出的声音信号之比的差别，一般单位为百分比。当然，失真度越少越好，音箱声音的失真允许在 10%以内。

⑤ 输出功率。输出功率是音箱能发出的最大声强，对于微型机为 30～80W 时较为合适。若房间较大，且经常用其欣赏音乐，可适当选功率大一点的音箱。输出功率分为标准功率和峰值功率。标准功率是指音箱谐波失真在标准范围内变化时，音箱长时间工作输出功率的最大值；峰值功率是在不损坏音箱的前提下，瞬间功率的最大值。

⑥ 信噪比。信噪比是指音箱回放的正常声音信号强度与噪声信号强度的比值。信噪比低，小信号输入时噪声严重，整个音域的声音明显变得混浊不清，听不出发出的声音，影响音质。信噪比一般不低于 70dB。

本章主要学习内容

① 微型机的主板、CPU、内存条、机箱和电源盒的结构、性能和作用。

② 微型机的硬盘驱动器、光盘驱动器和外置式存储设备的类型、结构和性能指标。

③ 基本输入设备中键盘、鼠标的结构和工作原理。

④ 基本输出设备中显卡、显示器的结构和性能。

实践 2

1．实践目的

① 了解主板、CPU、内存条、机箱和电源各部件的结构、作用和特点。

② 了解磁盘驱动器、光盘驱动器、键盘、鼠标、显卡和显示器的结构、性能和特点。

2．实践内容

① 掌握主板各个部分的布局，主板上各种插槽、插座和接口的名称、作用。

② 认识各种 CPU、内存条的外观特点、接口名称。

③ 了解机箱外形、内部结构及电源盒输出电压的情况。

④ 掌握硬盘驱动器的结构、接口和作用。

⑤ 了解 DVD-ROM 和 DVD 刻录机的类型、结构、接口和使用方法。

⑥ 认识各种键盘和鼠标的结构、接口和使用方法。

⑦ 掌握显卡和显示器的类型、接口和使用方法。

练习 2

一、填空题

1．（　　　　）称为基本输入/输出系统，其本身就是一段程序，负责实现主板的一些基本功能并提供系统信息。

2．硬盘的内部结构是（　　　　）结构、（　　　　）结构，高精度、轻型的磁头驱动、定位系统。

3．硬盘几个盘片的相同位置的磁道上下一起形成一道道（　　　　），是盘片上具有相同编号的（　　　　）。

4．光驱的速度与数据传输技术、数据传输模式有关。目前传输技术有 CLV、CAV、（　　　　）；传输模式主要是（　　　　）模式。

5．蓝光光盘采用波长（　　　　）nm 的蓝色激光光束来进行读写，DVD 采用了波长（　　　　）nm 的红光进行读写。

6．Combo 驱动器是集 CD-ROM、DVD-ROM 驱动器和（　　　　）驱动器于一身的光盘驱动器。

7．显示器采用三基色原理做成了彩色 CRT，应用较广的有（　　　　）荫罩式、单枪三束管式和自动汇聚管 3 种。

二、选择题

1．微型机主板上的一块芯片，用来保存当前系统的硬件配置和用户对某些参数的设定，可由主板的电池供电，该芯片称为（　　）。

A．BIOS　　B．ROM　　C．CMOS　　D．Flash　ROM

2．主板的（　　）芯片主要负责管理 CPU、内存、显示插槽这些高速部分。

A．南桥　　B．北桥　　C．BIOS　　D．I/O

3．Intel 推出了 AGP 3.0 规范（AGP 8X），它的数据传输带宽达到了（　　）。

A．2100MB/s　　B．2132MB/s　　C．2700MB/s　　D．2132MB/s

4．PCI-E 有 X1、X2 以及（　　），这 3 种规格是为普通计算机设计的。

A．X3　　B．X8　　C．X16　　D．X12

5．SATA 2.0 的数据传输率将达到（　　），SATA 3.0 实现了 600Mb/s 的最高数据传输速率。

A．150Mb/s　　B．200Mb/s　　C．300Mb/s　　D．350Mb/s

6．给音箱输入端输入 1W/1kHz 信号时，在距音箱喇叭平面垂直中轴前方 1m 的地方测试得到的声压级，称为（　　）。

A．灵敏度　　B．失真度　　C．精度　　D．效率

三、简答题

1．Socket 型插座的主要类型有哪些？

2．CPU 的内部主要由哪几个部分组成？

3．什么是超线程技术？

4．SSE3 指令集有何含义？

5．假设有一内存条 DDR3 1800，请标出其工作频率、内存传输带宽。

6．微机电源盒提供的主要电压有哪些？

7．DVD-ROM 的存储容量主要有哪些？

8．显示器行扫描电路和场扫描电路有何作用？

9．点间距和栅距有何不同？

微型机的基本系统组装

随着计算机的普及，如何购买到称心如意的微型机，如何亲手由散件一步一步地组装并调试自己的微型机，逐渐成为广大计算机爱好者关注的焦点。本章将介绍如何选购微型机的常用部件，以及如何组装一台自己的微型机。

3.1 基本系统硬件的组装

组装微型机首先要考虑如何选购部件，微型机的各部件选购好后，要做的就是将各部件组装成一台完整的微型机。

3.1.1 安装前的准备工作

在进行微型机的组装操作之前，必须准备好配置的各种部件及所需的工具，以组装微型机系统。

通常，根据微型机的部件类型和性能价格比的原则，按照市面信息情况，以及配置微型机的用途，综合考虑选定配置方案，根据配置的方案采购部件。

1．选购部件

装机时首先考虑选择部件，下面介绍选购部件时需要考虑的问题。

① CPU 的选购。微处理器的等级是计算机性能的重要指标。微处理器的频率对整部计算机的性能有一定程度的影响，但是如果单靠提升微处理器的频率，而不考虑其他相关零部件的情况，想要整机系统有明显的性能提升，也是相当有限的。

选购 CPU 时，主要考虑 CPU 的频率（内频、外频）、厂商、核心数量、数据宽度、内核类型、Cache 的容量和速率、支持扩展指令集等，还应考虑 CPU 与其他部件的搭配、微处理器采用的架构。由于不同的架构平台是不能彼此互换的，这关系着未来微型机需要升级时的兼容性问题。根据当前市场情况，若需要高档的 CPU，要选择酷睿 i7 或酷睿 i5 以上档次的 CPU。若需要低档的 CPU，则要选择酷睿 i3 或羿龙 II 四核 CPU。

② 主板的选购。选购主板与选购 CPU 的插座、内存条的线数、显卡总线接口类型、硬盘数据线的接口等有关，所以要考虑其他部件的情况。目前，主板的品牌很多，每种品牌又有许多不同的型号，这样用户在购买主板时经常无从选择。选择一个好的主板不仅可以提高整个微型机系统的性能，还有利于系统的维护和升级。选择主板主要考虑以下因素。

a．品质。品质是主板的质量及稳定可靠性指标。品质不仅和主板的设计结构、生产工艺有关，也和生产厂家选用的零部件有很大关系。用户在购买时，可以从产品外观、生产厂家背景及返修率等方面考虑。一般来说，知名公司在设计及生产工艺和原材料选用等方面比较严格，品质都很好，但价格也略微贵一些。

b．兼容性。主板由于要和各种各样的周边设备配合并运行各种操作系统及应用程序，所以兼容性是非常重要的。硬件方面包括对 CPU 的支持，是否支持 Intel、AMD、VIA 处理器，支持的内存，支持各种常见品牌的显卡、声卡、网卡、SCSI 卡、Modem 卡等，以及对即插即用功能的支持等。软件方面包括各种操作系统和应用软件能否运行，如 MS-DOS、 Windows 2000、Windows XP、Windows 7、Windows 8、Windows 10、OS/2、UNIX、Novell 等。一般厂家会有兼容性方面的测试报告供用户参考。

c．速度。速度指标也是大家购买计算机时普遍关心的一个性能指标。各厂家生产的主板速度有差异，这主要是因为采用的芯片组不同；线路设计与 BIOS 设计最佳化不同；原配件或材料选用品质不同。速度指标主要指的是前端总线频率或系统总线频率，可以用测试方法得到，一般取相同配置的主板（如芯片组相同），在相同配置（同样的 CPU、内存、显卡、硬盘等）下用专业的测试软件测得。

d．升级扩展性。计算机技术日新月异，选购时要考虑主板升级扩展性。其主要包括 CPU 升级余地，支持哪几家公司的产品等；内存升级能力，有多少个内存插槽，最大内存容量是多少；有几个 SATA 插座；BIOS 可否升级等。

此外，选购主板还要观察主板的产品标记、检验标记、说明书、包装情况、售后服务等。

③ 内存条的选购。在实际应用中，内存容量的选择与运行软件的复杂程度和主板的内存插槽有关。

由于多媒体微型机系统需要处理声音、动态图像等信息，因此，内存选择 DDR3，其容量不少于 4096MB，有条件的用户最好安装 6GB 及以上的内存，以提高系统的运行效率。

对于专门处理三维立体图形、影像、动画等需要大存储量的微型机而言，需要配置 4096MB 以上的内存容量。

不同类型的 CPU、不同的主板及不同的操作系统，要配备不同的速度和容量的内存条，一般根据 CPU 的前端总线配置内存条的速度。例如，CPU 的前端总线频率为 2000MHz，一般选用 DDR3 2000 的内存条。

选购内存要考虑品牌、印制电路板加工的质量等。

④ 硬盘的选购。选购硬盘主要应考虑以下因素。

a．品牌。组装一台微型机，其硬盘是关键部件之一，选用什么样的硬盘会直接影响整机的性能和价格。

市场上的硬盘很多，如常见的 Quantum（昆腾）、Maxtor（钻石）、Seagate（西捷）、Western Digital（西部数据）、Samsung（三星）、IBM 等。除了品牌之外，还要考虑质量、价格、容量、速度和其他指标。

b．质量。质量是选购硬盘的重要因素，目前国内市场的硬盘质量都还可以，一般是较大公司或较大组装厂生产的，而且有 3 年或 3 年以上保修或更换的保证。

c．容量。容量是选择硬盘的主要参数，一般容量与价格是成正比的，要根据年代的不同选择不同的容量。目前容量为 300GB～3TB 的硬盘的价格适当，也足够用。若有特殊需要（如需安装大量的游戏或安装大量图像信息），则硬盘容量应略大些。目前市场上硬盘的最大容量已经超过 3TB。

d．接口。接口的不同，其硬盘的速度、价格也不同，如果不是用做图形处理或网络服务器，则应选 SATA3.0 的硬盘。

e．速度。不同接口的速度是不同的，一般用户使用不必追求高速度。若所选的主板提供了高速的接口，则在价格差不多的情况下，应考虑高速硬盘。

目前的主板大都支持 SATA 硬盘，SATA 硬盘接口也成为大多数主板的标准接口，SATA 1.0 理论值就达到 150Mb/s，SATA 2.0/3.0 可提升到 300Mb/s 甚至 600Mb/s。

除了以上几项关键性能外，在选择时还要注意硬盘 Cache 的容量和硬盘转速。较大的 Cache 硬盘可大大发挥硬盘的性能。

硬盘转速目前有 7200PRM、10000PRM 和 15000PRM 等几种，比较常见的为 10000PRM。

⑤ 显卡的选购。显卡厂商很多，但显卡的主要芯片的生产厂商只有几家，如著名的 NVIDIA、ATI 等。显卡主要芯片如同主机的 CPU 一样决定着显卡的档次。选择显卡时应注意以下几点。

a．性能。显卡的性能主要由显示主芯片决定，应先对目前流行的显示主芯片有所了解，并按其技术特性进行选购。因为一台微型机的性能如何，与显卡的技术特性是密切相关的。在 CPU、主机板相同的情况下，不同的显卡对整机的性能有较大的影响。

b．依据需要。需要是关键，自己组装或为他人组装的微型机，一定要弄清楚这台微型机主要用来做什么。因为不同的用途可以选择不同档次的配件。现在市面上常见的显卡种类有几十种之多，价格从百元到几千元不等，其性能自然不同。所以要根据自己的需要选择相关档次的显卡。

c．显存。显卡上的内存的类型、大小、位数、频率对整机的性能有较大的影响，在某一方面也决定着显卡的档次。更关键的是显卡内存直接影响着显示色彩的数量。所以，在选购显卡时，要注意了解其本身所配的显存有多大，速度是多少，最大可扩充容量是多少。

最好选择 2GB 的显卡内存，显卡内存芯片为 GDDR5 以上，接口类型为 PCI-E X16 显卡。总之，选择时要根据自己的经济实力和需要等综合考虑。

⑥ 显示器的选购。显示器的选择，应从实际需要出发，首先考虑选择 CRT 显示器还是 LCD。目前主要考虑选购 LCD。

LCD 的选购：屏幕尺寸一般为 21～27in，亮度为 450cd/m^2 以上，对比度在 700∶1 以上，响应时间为 5ms 以下，色彩支持 24 位以上等。

⑦ 光驱的选购。选择光驱时应优先考虑 DVD-RW。

a．接口类型的选择依据。常见的 DVD-RW 接口有 E-IDE 和 SATA，如果没有特殊要求，则应尽量选择 SATA 接口的 DVD-RW。

b．选择何种数据传输率的 DVD-RW。数据传输率要考虑 CD 的读写速度和 DVD 的读写速度。

c．品牌的选择。市面上出售的 DVD-RW 品牌很多，相同速度的 DVD-RW 价格千差万别。在选择 DVD-RW 时，应注意其兼容性，能支持多格式的光盘。

⑧ 声卡和音箱的选购。主板上大部分集成了符合 AC′ 97 标准的软声卡，这对于日常的工作已经足够。若没有特别要求，选择集成在主板上的声卡即可。

选择音箱时应主要考虑以下问题。

a．音箱外观。打开包装箱，检查音箱及其相关附属配件是否齐全，如音箱连接线、插头、音频连接线与说明书、保修卡等。

观察主体音箱的外观造型是否符合自己的喜好，颜色搭配是否合理，有无明显不足之处。对主音箱的质量与体积进行简单的估计，查看是否与标称的数值一致。若主音箱的箱体过轻，则说明在箱体所用板材、电源变压器、扬声器等处存在严重的问题。观察副音箱在设计上与主音箱是否有明显的不对称现象。

仔细检查音箱的外贴皮，是否有明显的起泡、突起、硬伤痕和边缘贴皮粗糙不整等缺陷；检查箱体各板之间结合的紧密性，是否有不齐、不严、漏胶、多胶的现象；纱罩上的商标标记是否粘贴安装的牢固；摘下前面板的纱罩，检查纱罩内外的做工是否精细、整齐；检查高低音单元材质、大小与说明书上的是否一致；检查高低音单元与箱体是否固定牢固、后面板与箱体是否黏接牢固。

对箱体的后部也应同样重视：检查后面板的设计布局是否合理，利于开关、调节与旋钮；检查后面板与箱体是否固定结合得紧密。

b．音箱性能的评价标准。这是对音箱的音质、音色进行主观的听评。音箱是用于对声音信号进行声音还原的，所以它重现声源声音的准确性（即高保真度）就是衡量音箱性能的第一标准。

对多媒体音箱进行听评，不是要求有多优美的声音，而是要有能反映出音箱品质和其在某方面能力的高精度、高音质的特色声音，如游戏中的 MIDI 音乐、CD 音源的歌唱、流行音乐、爵士乐和从中高档声卡中输出的人声、流水声、鸣叫声、破裂声、爆炸声、风声等环境音效的表现力。在音箱位置的摆放上，也应在几种不同位置进行放音、听音，最后得出总体评价。

c．价格及售后服务。产品的价格是消费者最为敏感的因素，对于普通家庭用户而言，建议购买的音箱价格不要低于声卡的价格。厂家提供的售后服务期限也是消费者应该关注的重要环节，正常情况下音箱厂家会提供一年的质量保证期。

⑨ 电源盒的选购。一个优质的电源对稳定系统起了重要的作用，质量差的电源不仅容易造成系统不稳定，有时甚至会造成主板烧毁、硬盘损坏。购买时最好购买品牌电源，购买功率大于 400W 以上并有认证的电源盒。

⑩ 鼠标的选购。购买鼠标应注意其塑料外壳的外观与形态，据此可大体判断出制作工艺的好坏。鼠标器的外形曲线要符合手掌弧度，手持时感觉要柔和、舒适；在桌面上移动时要轻快，橡胶球的滚动灵活、流畅，按键反应灵敏、有弹性；连接导线要柔软。建议优先选用光电 USB 接口的鼠标。

⑪ 键盘的选购。各键的弹性要好，由于经常要敲打键盘上的键，因此手感是非常重要的，手感主要是指键盘上各键的弹性，因此在购买时应多敲打几下，以自己感觉轻快为准；注意键盘的背后，查看键盘的背后是否有厂商的名称和质量检验合格标签等，确保质量；一般应选购 104 键以上的键盘。自然键盘带有手托，可以减少因击键时间长而带来的疲惫，只是价格稍贵，有条件的用户应该购买这种键盘。

通常，应根据微型机的部件类型和性能价格比的原则，按照市面信息情况进行采购。

2．组装时的注意事项

① 从外观上检查各配件是否有损，特别是盒装产品，一定要查看是否已拆封，对于散装部件则应注意有否拆卸、拼装痕迹，对于表面有划痕的部件要特别小心，它们极可能是不合格的部件，是微型机工作的不稳定因素。

对于电子元器件来说，一点小小的损伤都会使它失效。若印制电路板上有划痕、碰伤、焊点松动等问题，则最好不要使用。另外，如果一个产品的外包装被打开了，则一定要注意查看相应的配件是否齐全，如硬盘与光盘驱动器的排线（即数据信号线），各种用途的螺钉、螺栓、螺母、螺帽是否齐全，这些可以向商家多要一些，以备后用。

② 准备好安装场地。安装场地要宽敞、明亮，桌面要平整，电源电压要稳定。在组装多台微型机时，最好一台微型机使用一个场地，以免拿错配件。其主要的工具有十字和一字螺钉旋具各一把（最好选择带有磁性的）、剪刀一把、尖嘴钳一把、平夹子（镊子）一把。此外，还应配备电工笔、万用表等电子仪表工具。

③ 消除静电。静电如果不消除，可能会带来麻烦。在空气湿度较大的地方，静电现象不严重，装机或拿板卡前碰触接地导体即可；在较干燥的地方，尤其在冬天穿了多层不同质地的衣物时，操作过程中可能因摩擦而产生大量的静电，所以建议使用防静电腕带。

④ 查看说明书。装微型机前仔细阅读每个配件的说明书是很有必要的。

首先，要阅读主板的说明书，并根据其说明设定主板上的跳线和连接面板连线。当遇到需要复原 BIOS 设置的情况时，也需要查阅跳线的设置，所以说明书要保存好。

其次，要阅读光驱和声卡说明书。EIDE 光驱有主、从盘之分，需要根据实际情况设置。此外，光驱和声卡之间有一条音频线，说明书上会写明连线的方法。多数光驱会把印有主、从设置和音频输出口信息的纸贴在光驱上。

⑤ 注意防插错设计。装机时很重要的一点是注意各接口的防插错设计。这种设计有两种好处：一是防止插错接口，二是防止插反方向。例如，显示器接口和串口的外形有些像，生手可能会对此产生疑惑。其实这两种接口的针脚不同，且主机背板上的串口是针口、显示器接口是孔口，这能防止插错。

⑥ 最小系统测试。这一步操作容易被忽视，但很有必要。即便做了防静电的工作，但依然不能保证所有的配件没有缺陷，如果微型机全部安装好后才发现无法启动，则已经做了太多的无用功。

最小系统就是一套能运行起来的最简配置，通常会用到主板、CPU、内存、显卡、显示器和电源盒。在装机过程中搭建最小系统通电，如果显示器有显示，则说明上述配件正常，这样便能在最早时间检验出这些主要配件是否正常，甚至是电源能否正常工作。由于只做显示器点亮的测试，所以键盘可以不接。

3．微型机硬件组装操作步骤

微型机的组装没有固定的步骤，主要以方便、可靠为宜。

① 在主板上安装 CPU 和 CPU 风扇并连接风扇电源。

② 在主板上安装内存条。

③ 将插好的 CPU、内存条的主板固定在机箱内。

④ 在机箱内安装电源盒，连接主板上的电源。

⑤ 安装、固定硬盘驱动器。

⑥ 安装、固定光盘驱动器。
⑦ 连接各驱动器的电源插头和数据线插头。
⑧ 安装显卡并连接显示器。
⑨ 安装声卡并连接音箱。
⑩ 安装网卡并连接网络线。
⑪ 连接机箱面板上的连线（重置开关、电源开关、电源指示灯、硬盘指示灯）。
⑫ 连接前置音频线和前置 USB 接口线。
⑬ 开机前的最后检查。
⑭ 开机观察微型机是否在正常运行。
⑮ 进入 BIOS 设置程序，查找硬盘和光驱的型号，优化设置系统的 CMOS 参数。
⑯ 保存设置的参数并进行 Windows 操作系统的安装。

3.1.2　基本系统硬件组装

在安装之前，首先应消除身体所带的静电，避免将主板或板卡上的电子元器件损坏；其次应注意爱护微型机的各个部件，轻拿轻放，切忌猛烈碰撞，尤其是对硬盘要特别注意。微型计算机的组装步骤如下。

1．打开机箱

目前市场上流行的主要是立式的 ATX 机箱，如图 3-1 所示。机箱的整个机架由金属构成，按机箱的机架结构分为普通的螺钉螺母结构和抽拉式结构。这两种结构打开机箱的方式不同。

图 3-1　机箱的内部结构

打开机箱的外包装，会看见很多附件，如螺钉、挡片等。取下机箱的外壳，机箱的整个机架由金属构成，它包括 5in 固定架（可安装光盘驱动器等）、3in 固定架（可用来安装 3in 硬盘等）、电源固定架（用来固定电源）、底板（用来安装主板）、槽口（用来安装各种插卡）、PC 喇叭（可用来发出简单的报警声音）、接线（用来连接各信号指示灯、复位开关及开关电源）和塑料垫脚等。

2．安装电源盒

把电源盒放在电源固定架上，使电源盒的螺钉孔和机箱上的螺钉孔一一对应，然后拧上螺钉，如图 3-2 所示。

(a)

(b)

图 3-2　微型机的电源盒和固定电源盒

3．**内存条的安装**

主板还没安装到机箱上时，先将内存条先安装在主板上。目前微型机使用的内存条有两种：DIMM 内存条（如 DDR、DDR2 和 DDR3）和 RIMM 内存条。

① DIMM 内存条的安装。将内存条插槽两端的白色固定卡扳开，将内存条的金手指对齐内存条插槽的沟槽，金手指的凹孔要对上插槽的凸起点。将内存条垂直放入内存插槽。稍微用力压下内存条，两侧卡条自动扣上内存条两边的凹处，如果未压紧，则可以用手指压紧。安装好的 DIMM 内存条如图 3-3 所示。

图 3-3　安装好的 DIMM 内存条

② RIMM 内存条的安装。RIMM 内存条的安装和 DIMM 的安装相同，不同之处是主机板上未使用的 RIMM 插槽都必须插上 C-RIMM，这样 RIMM 才能正常工作。

4．**CPU 的安装**

① 普通引脚式 CPU 安装。普通引脚式 CPU（如 AMD 公司的 Socket AM2 插座、Socket AM2+插座或 Socket AM3 插座的 CPU、Socket FM1 插座的 CPU、Socket FM2 插座的 CPU 或 Socket FM2+插座的 CPU）的安装：在目前引脚式 CPU 主板上，CPU 的插座通常都是 ZIP（零插拔力）插座，这种插座可以很方便地安装 CPU。应注意的是 CPU 的定位引脚位置一定要和 CPU 插座的定位位置对应，因为 CPU 的形状是正方形，可以从任何一个方向放入插座，而一旦插入的方向错误，则很可能烧坏 CPU。

首先要确定 CPU 的定位脚和 CPU 插座的定位脚的位置。CPU 的定位脚的位置非常明显，

就是CPU的缺角（斜边）的位置或者一个小白点的位置。再放入CPU，即先将ZIP拉杆向外拉，因为有一块凸起将拉杆卡在水平位置，将拉杆上拉起至垂直位置。

拉起拉杆后，按照定位脚对定位脚的方法将CPU放入插槽内，并稍用力压一下CPU，保证CPU的引脚完全到位，再将拉杆压下卡入凸起部分，如图3-4所示。

（a）

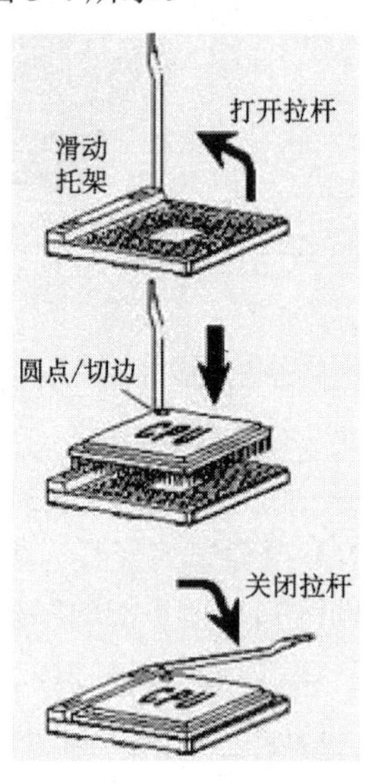

（b）

图3-4 安装CPU

在CPU表面涂一层硅胶，再装上CPU的小风扇并连接风扇电源，风扇电源有正负极，应注意方向，如图3-5所示。至此，CPU即可安装好。

主板电源有一个4孔的CPU电源供应输入端，如图3-6所示，在安装CPU时，不要忘记连接这个CPU的单独的电源接口。通常CPU电源插头在主板的外设插头附近。

图3-5 安装CPU的风扇

图3-6 CPU电源接口

② 触点式CPU的安装。触点式CPU（如Intel公司的LGA775、LGA1156、LGA1155、LGA1150和LGA1366）的底部是平的，只有775个、1156个、1155个、1150个或1366个触点，插座上也有775个、1156个、1155个、1150个或1366个触点。

a．在主板上找到CPU的插座，可以看到保护插座的一块座盖，打开座盖即可看到一个用锁杆扣住的上盖，如图3-7所示。

b．向外向上用力即可拉开锁杆，打开其上盖，如图 3-8 所示，并使它与底座成 90° 角。

图 3-7 CPU 的上盖

图 3-8 打开上盖

c．将 CPU 的两个缺口对准插座中的相应位置，如图 3-9 所示。

d．平稳地将 CPU 放入插座，如图 3-10 所示。

图 3-9 对准插座中的相应位置

图 3-10 将 CPU 放入插座

e．盖上插座上盖，并用锁杆扣好。在 CPU 表面涂上一层硅脂，如图 3-11 所示。

f．将风扇轻轻放在 CPU 上面，对准位置，将 4 个固定脚对准主板上的 4 个对应的孔，如图 3-12 所示，有些可直接用螺钉固定。

图 3-11 在 CPU 表面涂上一层硅脂

图 3-12 对准主板上的 4 个对应的孔并固定

g．稍微用力压下固定脚，CPU 风扇即可完全固定。为了保证受力均匀，使对角线固定，即第 1 个固定脚固定后，固定对角线的第 2 个固定脚，再固定其他固定脚，最后连接 CPU 风扇的电源线。要想将风扇取下，只需要按固定脚上的箭头方向旋转并向上用力即可。

5．主板的安装

在购买机箱时，会得到一个用于安装微型机各个部件所需要的零件塑料袋。该塑料袋中有十字螺钉旋具、主板固定螺钉、绝缘垫片等用于固定主板的零件，还有一些机箱背面的防尘挡片等。主板的组装步骤如下。

① 在机箱的底部有许多固定孔，相应的，在主板上通常也有 5～7 个固定孔，如图 3-13 所示。

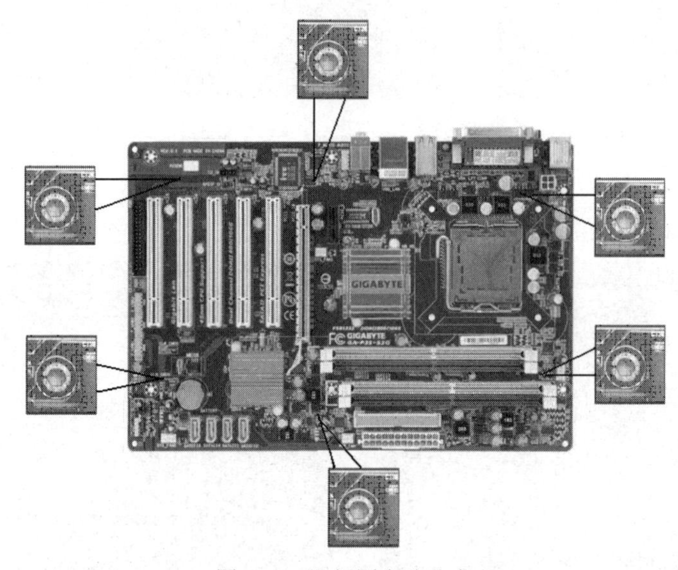

图 3-13　主板固定孔分布

有的机箱使用塑料定位卡固定孔，有的机箱使用铜质固定螺柱固定孔。使用铜质固定螺柱最好，因为这样固定的主板相当稳固，不易松动。塑料定位卡主要用于隔离底板和主板。

主板的安装方向可以通过键盘口、鼠标口、并行口和 USB 接口与机箱背面挡片的孔对齐，主板要与底板平行。要确定主板和机箱底板对应固定孔的位置。

② 确定了固定孔的位置后，将铜质固定螺柱的下面部分固定到机箱底板上。小心地将主板按固定孔的位置放在机箱底板上，此时铜质固定螺柱上端的螺纹应该在主板的孔中露出，细心地放上绝缘垫片，拧上与固定螺柱配套的金属螺钉，如图 3-14 所示。

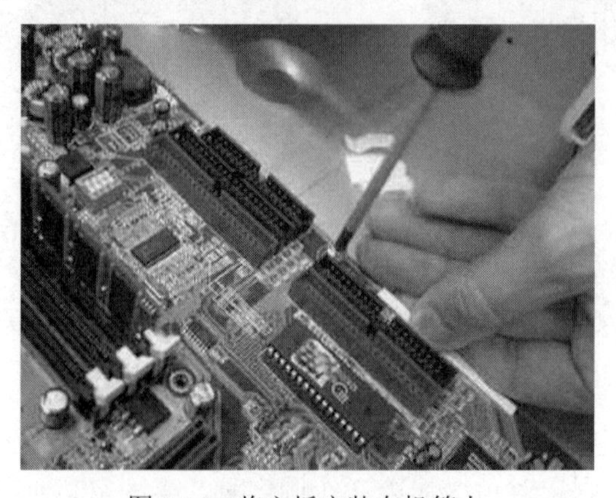

图 3-14　将主板安装在机箱上

在安装主板时，要特别注意主板不要和机箱的底部接触，以免造成短路。

③ 设置主板跳线。主板跳线一般在超频时或清除 CMOS 内容时进行，要根据安装的 CPU 频率（外频、内频）进行。在主板上（或说明书上）能找到这些跳线说明。一般跳线使用跳线帽和跳线开关，跳线柱以 2 脚、3 脚居多，通常以插上短接帽为选通。跳线帽内有一个弹性金属片，跳线帽插入时，弹性金属片将两插针短路。3 脚以上的跳线开关多用于几种不同配置的选择。跳线开关如图 3-15 所示，拨动开关可以设置不同状态。跳线还有清除 CMOS 内容的设置，BIOS 读、写状态设置等。

图 3-15 跳线开关

6. 显卡的安装

在安装显卡之前，先将机箱后面的挡片取下。取下挡片后，将显卡垂直插入扩展槽。目前比较常用的是 PCI-E 显卡，所以一般应插入 PCI-E 扩展槽。

在插入的过程中，要注意将显卡的插脚同时、均匀地插入扩展槽，用力不能太大，要避免单边插入后，再插入另一边，这样很容易损坏显卡和主板。

此时，显卡上的固定金属条的固定孔应和机箱上的固定孔相吻合。从机箱的零件塑料袋中找出十字螺钉旋具，将显卡的金属条固定在机箱上，如图 3-16 所示。至此，显卡安装完成。

图 3-16 安装显卡

7. 显示器的安装

显示器背面有两条线：一条是电源线，一条是信号线。显示器数据线插座和插头如图 3-17 所示。

电源线与机箱后面的显示器电源插座相连。由于 ATX 机箱后面大部分没有显示器电源插座，所以如果使用的机箱为ATX机箱，则显示器的电源线应直接插在电源插座上。

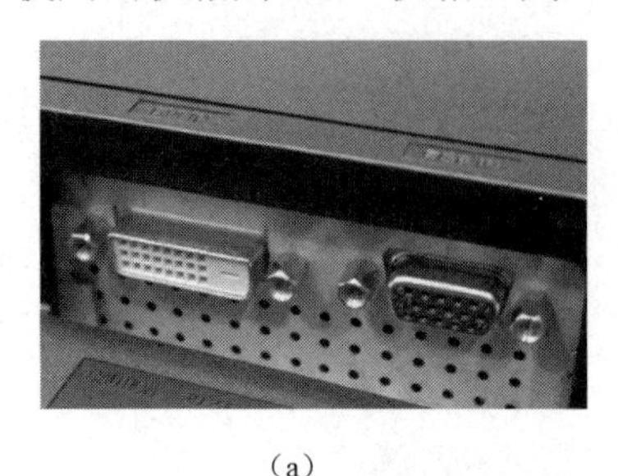

（a）

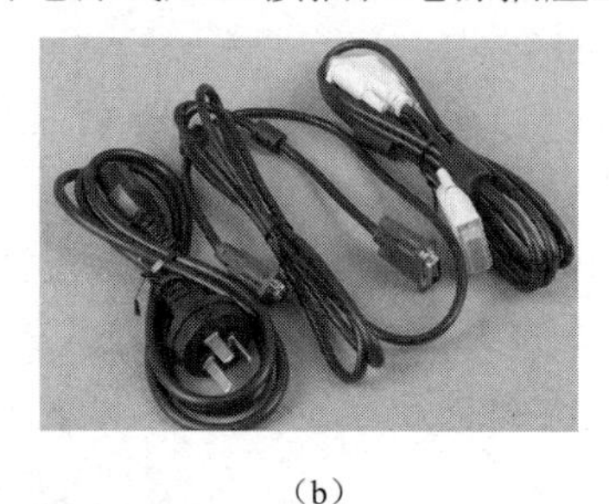

（b）

图3-17　显示器数据线插座和插头

将数据线与机箱后的显卡信号线插座连接起来，并拧上信号线接头两侧的螺钉，使信号线和显卡上的信号线插座稳固连接起来。

在电源线和信号线的连接中，可以发现两个接头与插座的形状是特定的，并且有方向性，所以能够方便地找到正确的连接方式。

8．电源插头的安装

将ATX电源盒放入机箱的固定架上，在机箱背面能看到电源盒的插口，拧上螺钉。将主板电源插头插入主板的接口，如图3-18所示。注意，头上的弹性塑料片应和插座的突起相对。

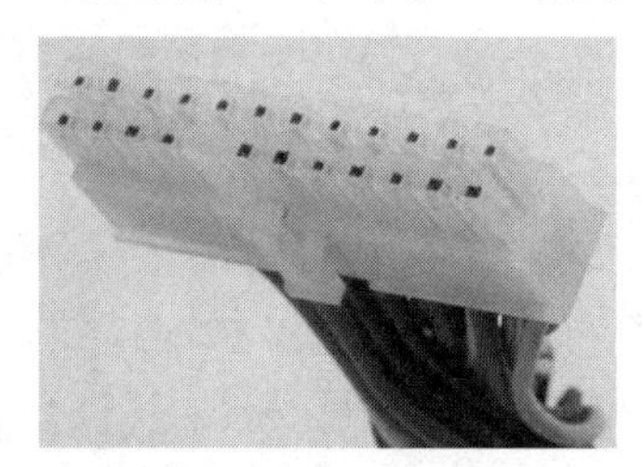

图3-18　主板电源插座和插头

另外，有3个较大的4针D形插头，即IDE硬盘和光驱电源接口，如图3-19（a）所示。大4针电源插头的一方为直角，另一方有倒角。观察硬盘等部件的后部，会找到一个4针的插座，它与大4针插头相对应，内框的一边为直角，另一边有倒角。由于插头、插针在设计制造时考虑了方位的衔接（倒角），因此一般不会插反方向。如果插错，将不能紧密结合，使部件连接不上电源，如果强行插入，会造成设备（如硬盘）的损坏。

SATA接口的硬盘电源[图3-19（b）]连接较简单，SATA接口电源插座与插头对应插入即可。

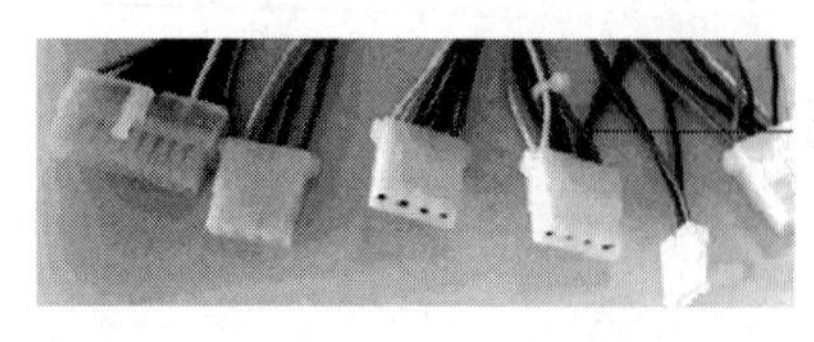

IDE硬盘、光驱电源接口

（a）

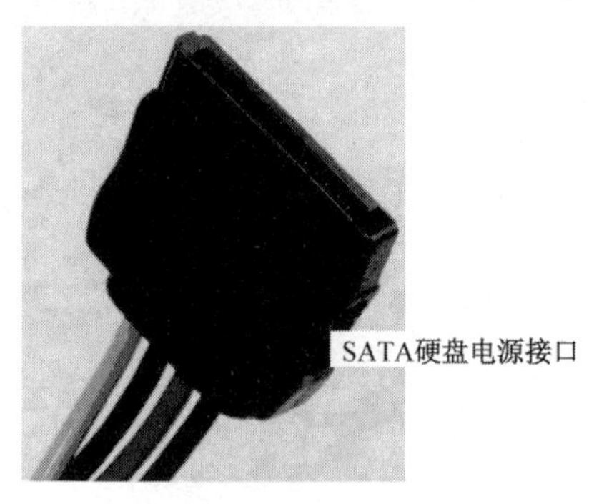

SATA硬盘电源接口

（b）

图3-19　外设电源插头

9．硬盘的安装

硬盘上有 IDE 接口和 SATA 接口。IDE 接口安装硬盘时，要选择好硬盘的安装位置。为了方便，大多数卧式机箱应竖直安装，立式机箱应水平安装，在安装时一定要轻拿轻放。

轻轻将硬盘放入固定槽，并用螺钉固定好。将扁平电缆线连接硬盘，一端插头插入硬盘后部的插座，应注意方向。

扁平电缆线的红线端应与硬盘插座的 1 号脚相对。主板上通常有硬盘的接口插座，要认准 IDE1 标志，有的主板上标志为 Primary IDE。将扁平电缆线的另一端插入主板上的 IDE1 插座，电缆线的红线端应与插座的 1 号脚相对，如图 3-20 所示。

（a）

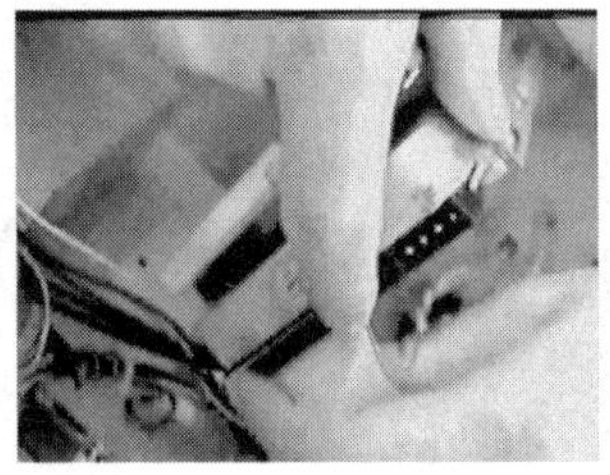

（b）

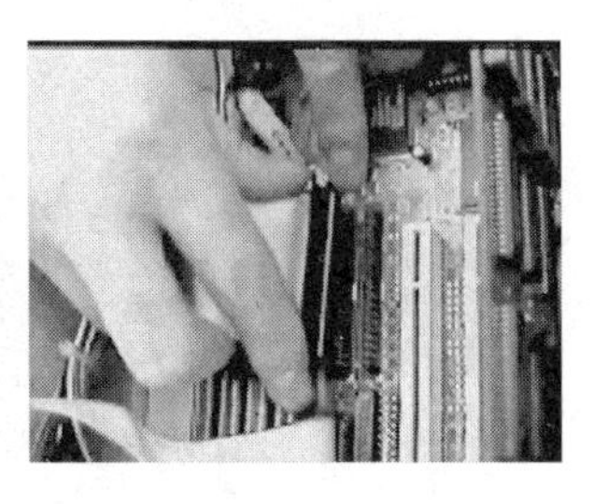

（c）

图 3-20　硬盘固定和 IDE 硬盘数据线连接起来

如果采用的是 80 芯的数据电缆（ATA66/100 接口），则必须保证设备的主从状态与电缆上的主从接口保持正确的对应关系，否则很可能导致设备无法正常工作或无法发挥其性能。

80 芯的 IDE 数据电缆虽然和 40 芯的电缆大致相同，都有 3 个形状一模一样的接口，但它们却有明确的定义：蓝色的插头（标有 SYSTEM）接主板、黑色的插头（标有 MASTER）接 IDE 主设备、灰色的插头（标有 SLAVE）接 IDE 从设备。

硬盘电源使用较大的 D 形 4 针插头，将电源插头插入硬盘后部的电源插座，如图 3-21 所示。

图 3-21　连接硬盘的电源接头

安装 SATA 接口的硬盘时，由于主板上每个 SATA 插座只能连接一台 SATA 硬盘，所以安装比较简单，只要硬盘 SATA 插头与主板 SATA 插座对应插入即可。IDE 接口和 SATA 接口的硬盘安装完毕后如图 3-22 所示。

（a）

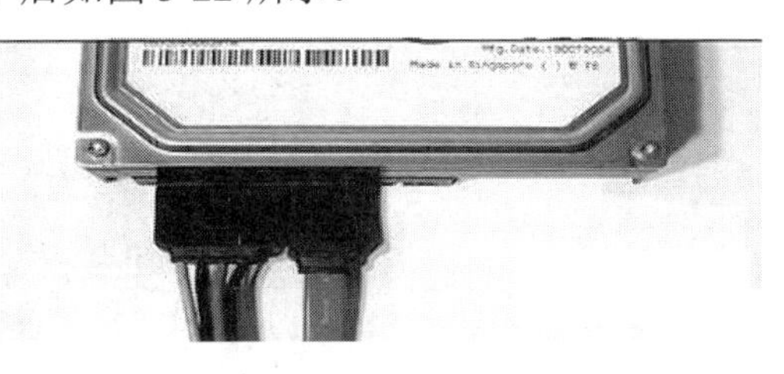

（b）

图 3-22　IDE 接口和 SATA 接口的硬盘安装完毕后

10．光驱的安装

光驱的安装与硬盘安装类似。

首先，取下机箱前面的挡板，由外向内放入光驱，调整光驱的位置，拧上固定螺钉。

其次，将扁平电缆线的插头插入光驱后面的插座。注意，扁平电缆线的红线端与插座的 1 号脚相对应。将另外一端接在主板上的 IDE2 插座上，要注意电缆线的红线端与插座上的 1 号脚对应，如图 3-23 所示。

最后，安装光驱的电源。将电源线的插头插入光驱后部的光驱电源插座。通常，电源线的红线端应靠近里面，与扁平电缆线的红线端相对。

安装结束后，连接好的光驱电源插头如图 3-24 所示。

图 3-23 光驱数据线与主板连接

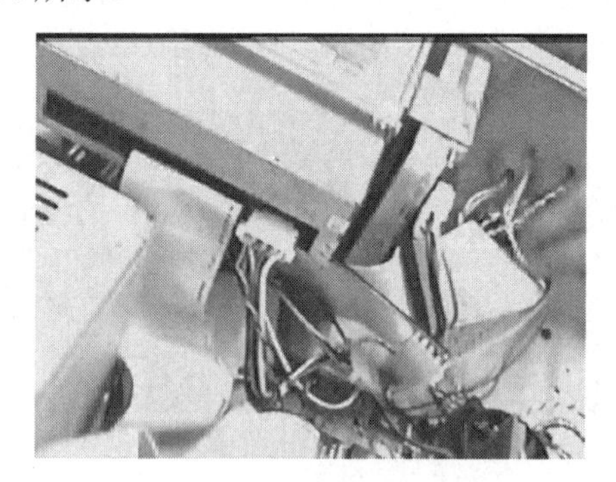

图 3-24 连接光驱电源插头

11．机箱面板控制线的安装

主板上的接线插针位于主板边缘，它配合微型机面板上的插头来达到控制微型机、指示微型机工作状态的目的，每组插头与插针均有相同的英文标识，二者应对应插入。图 3-25 上方标有的英文含意如下。

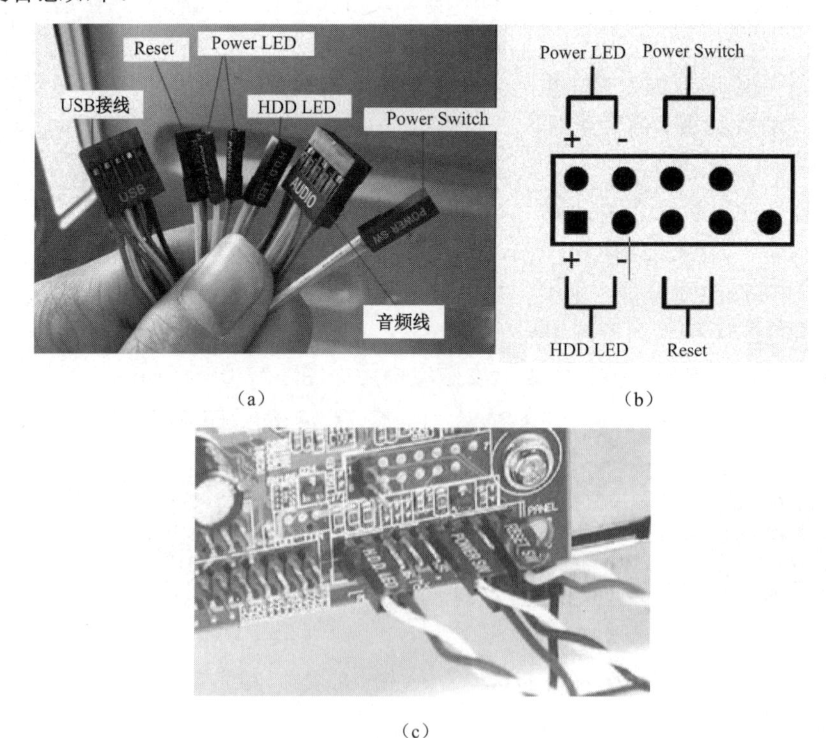

（a）（b）

（c）

图 3-25 面板控制线

Reset 插头是一个两针插头，其作用是使计算机复位，Reset 插头没有方向性，找到位置插上即可。

Power LED 是一个 3 针插头，一般中间一针是空的。系统电源指示灯的插头有方向性。

Power Switch 是一个二针插头，即 ATX 电源开关/软开机开关插头。其无方向性，一般插在主板的规定位置上。

HDD LED 是一个二针插头。它连接硬盘指示灯，可以随时告诉用户硬盘的使用情况。它有方向性。主板上硬盘指示灯接脚的位置根据不同的主板有所不同，读者可参考主板说明书。

前置 USB 插头连接，找到前置 USB 的插座并注意方向插入，一般前置 USB 插头有缺孔、插座，由缺针来确定方向。

前置音频信号插头的连接，找到前置音频信号的插座并注意方向插入，一般前置音频信号插头有缺孔、插座，由缺针来确定方向。

至此，已将一台微型机组装完毕。

12．键盘的安装

要找到机箱背面下边的 PS/2 接口，如图 3-26 所示。

键盘插孔上部有一个清晰的箭头。这个箭头的位置应和键盘的数据线接头上的凹槽对应插入。

如果在连接时没有对应，则是无法插入的。键盘一定要插紧，很多情况下键盘无法使用是由于接头松动了。

13．鼠标的安装

鼠标的接法和键盘相同，将鼠标插头插在上边的 PS/2 接口中，如图 3-26 所示。有些鼠标是接在 USB 口上的。

图 3-26　安装键盘与鼠标

14．声卡及音箱的安装

首先，根据声卡的插脚，在主板上找到一个对应的、空的扩展槽插入并固定好，这一过程与显卡的安装过程一样。

图 3-27　声卡的接口

其次，将 DVD-ROM 的音频输出线连接到声卡的音频输入插座上。该插座一般有 4 个引脚，即两条地线和左右声道的信号线，排列顺序随声卡的生产厂家的不同而不同。连接时，声卡上的左右声道分别对应 DVD-ROM 音频输出插头的左右声道，声卡的地线接 DVD-ROM 的地线。

声卡的侧面插孔的作用：SPEAKER 插孔接音箱，Mic In 插孔接话筒，Line Out 线性输出接有源扬声器，Line In 线性输入接音响设备（录音机），如图 3-27 所示。

安装和连接音箱：在多媒体微型机中音箱已成为必不可少的放音设备。PC 音箱大都使用 2.1 式、4.1 式及 5.1 式。

漫步者 R4.1 由低音炮 R401T 和 4 个无源音箱 R80NT 组成。首先，观察其主音箱（低音炮）的背面，最左端是电源线插座和电源开关，在没有将 4 个卫星音箱接好之前，电源最好不要开启。其次，连接 4 个卫星音箱，在音箱背部有输出插孔，可以发现“+ R −”、“− L +”等英文字样，它分别代表“右环绕音箱的正负极、左环绕音箱的正负极”2 个音箱的连接位置。对于卫星音箱来说，在技术指标上并没有任何区别，换言之，它们是完全一样的两个产品，之所以能产生两个声道的效果完全是声卡的功效所致。所以，在连接的时候，只需要将 4 个音箱接上即可，但是在连接的时候要注意音箱的正负极。连接时要注意线的颜色对应，并且不要使两接头之间短路，如图 3-28 所示。

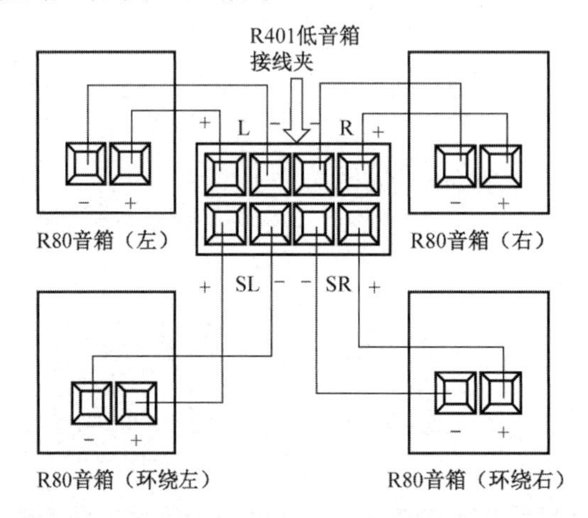

图 3-28　漫步者 R4.1 音箱连接

3.1.3　组装完成后的初步检查

计算机各部件安装完成后，要进行调试，测试安装是否正确。应先检查以下几方面安装是否正确。

① CPU 缺口标记和插座上的缺口标记是否对应。

② CPU 风扇是否接上电源。

③ 机箱面板引出线是否插接正确。

④ 前置 USB 和前置音频引出线是否插接正确。

⑤ 防插错接口是否连接正确。

当确定一切无误后，按下机箱上的电源开关。

在开机前先不要上机箱盖，通电后要注意查看是否有异常现象，如异味或冒烟等，一旦出现异常现象应立即关机检查。如果开机一切正常，则要注意 BIOS 自检是否正确通过。一般来讲，BIOS 自检无法通过有两个原因：一是板卡接触不良，重插即可；二是板卡损坏，这只能找商家更换。

BIOS 自检通过后还能在 BIOS 设置程序中正确寻找到如硬盘、光驱等型号；并对硬盘进行分区及高级格式化，安装操作系统等软件。

初调成功后，在关机状态下将机箱内的各种数据线整理好，并用塑料线扎一下，使机箱内整洁，也有利于维护和维修时对机箱内部各部件的检查；盖上机箱盖，拧上固定螺钉，微型机即可组装成功。

3.2 CMOS 设置

当计算机开机时，BIOS 首先对主板上基本的硬件做自我诊断，再设定硬件时序的参数，检测所有硬件设备，最后将系统控制权交给操作系统。

一般在以下情况下要进行 CMOS 设置：新购计算机，以便告诉计算机整个系统的配置情况；新增部件，计算机不一定能识别，必须通过 CMOS 设置通知；CMOS 数据丢失，如电池失效、病毒破坏 CMOS 数据；系统优化，为了使系统运行处于最佳状态要进行 CMOS 设置。

3.2.1 BIOS 和 CMOS

BIOS 即基本输入输出系统，是主板上的一组固化在 ROM 芯片内的设置程序，主要负责系统硬件参数的设置。

CMOS 是一种大规模应用于集成电路芯片制造的原料。在计算机主板上，CMOS 芯片是一块可读写的 RAM 芯片，主要用来保存当前计算机系统的硬件配置和操作人员对某些参数的设定。CMOS RAM 芯片是掉电易失型的芯片，它通过一块后备电池供电。对 CMOS 芯片中的各项参数的设置要通过专门的程序来完成，即 BIOS 设置程序。在开机时通过按 Delete 键或其他按键（不同品牌的主板或不同类型的 BIOS 按键不同），进入 BIOS 设置程序对系统进行设置。

综上所述，BIOS 和 CMOS 既相关又不同：BIOS 中的系统设置程序是完成 CMOS 参数设置的手段，CMOS 既是 BIOS 设定系统参数的存放场所，又是 BIOS 设定系统参数的结果，因此完整的说法应该是“通过 BIOS 设置程序对 CMOS 参数进行设置”。由于 BIOS 和 CMOS 都和系统设置密切相关，所以在实际使用过程中造成了 BIOS 设置和 CMOS 设置的说法，其实指的是同一种设置，但 BIOS 与 CMOS 是两个完全不同的概念，不可混淆。

在计算机主板上，CMOS RAM 一般被集成到南桥芯片中，BIOS 芯片如图 3-29 所示。

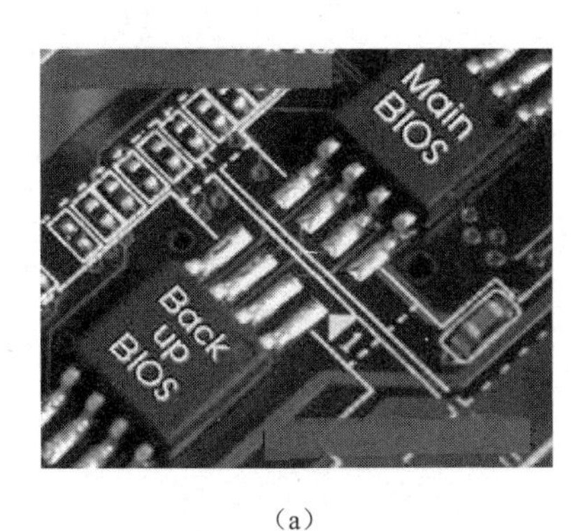

（a）

（b）

图 3-29 BIOS 芯片

进入 BIOS 设置程序后，首先看到的是 BIOS 的主界面（本节以 AMI BIOS 为例），如图 3-30 所示。

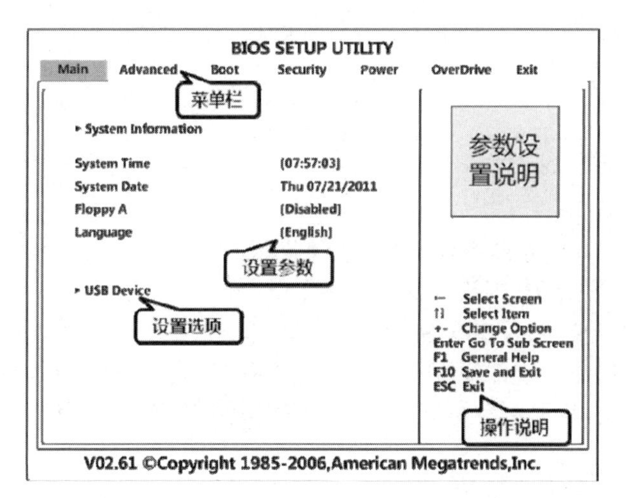

图 3-30　AMI BIOS 主界面

上部是“菜单栏”，可以看到共有 7 个菜单，分别是“Main（标准 CMOS 参数设置）”、“Advanced（高级芯片设置）”、“Boot（有关启动项的设置）”、“Security（有关用户密码的设置）”、“Power（电源管理设置）”、“Overdrive（计算机超频设置）”、“Exit（保存与退出设置）”。

设置区域分为左、右两部分，左半部是“设置选项”和“设置参数”，右半部是“参数设置说明”和“操作说明”。

设置选项左部的“▸”符号表示此选项下面有二级菜单。操作说明如表 3-1 所示。

表 3-1　AMI BIOS 操作说明

符　号	菜 单 项	符　号	菜 单 项
↑ ↓	Select Item 选择某一选项	F1	General Help 显示帮助
+ -	Change Option 修改参数	F10	Save and Exit 直接保存并退出
Enter	Go To Sub Screen 进入下一级选项	Esc	Exit 显示退出菜单

3.2.2　常见的 CMOS 设置方法

目前计算机主板上用的 BIOS 主要有 Award、AMI 和 UEFI 3 种。本节将以 AMI BIOS 为例介绍主要 CMOS 参数设置的方法及其含义。

Main 设置菜单如图 3-31 所示，在此菜单中可以设置日期、时间、软盘驱动器、BIOS 语言和 USB 设备，并可以查看计算机系统信息概览。

1．Main

（1）System Information——计算机系统信息概览

此项可以查看当前计算机的一些基本配置，如 BIOS 的版本和发布日期、BIOS ID、CPU 型号、CPU 主频、CPU 核心数和内存容量等，如图 3-31 所示。

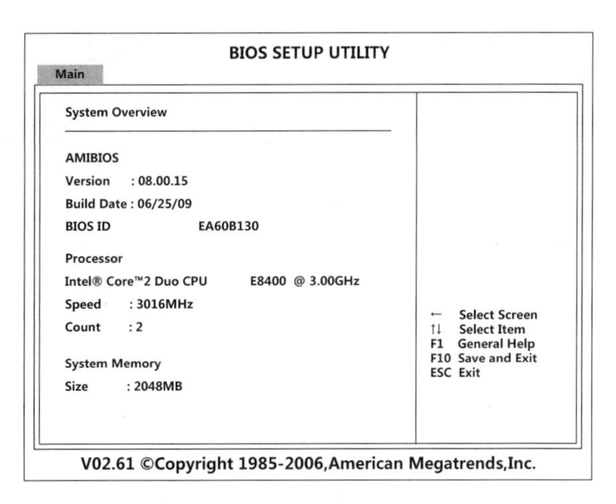
BIOS SETUP UTILITY

Main

System Overview

AMIBIOS
Version : 08.00.15
Build Date : 06/25/09
BIOS ID EA60B130

Processor
Intel® Core™2 Duo CPU E8400 @ 3.00GHz
Speed : 3016MHz
Count : 2

System Memory
Size : 2048MB

← Select Screen
↑↓ Select Item
F1 General Help
F10 Save and Exit
ESC Exit

V02.61 ©Copyright 1985-2006,American Megatrends,Inc.

图 3-31 计算机系统信息概览

（2）USB Device——USB 设备设置

此项主要对 USB 设备的传输模式、是否支持传统 USB 设备及 USB 大容量存储设备进行设置，如图 3-32 所示。

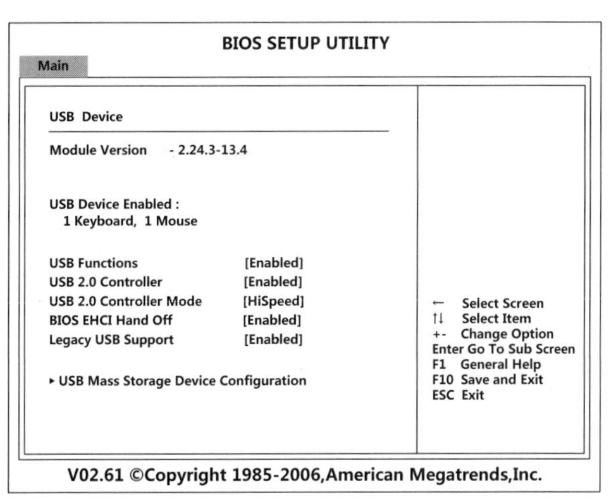
BIOS SETUP UTILITY

Main

USB Device

Module Version - 2.24.3-13.4

USB Device Enabled :
1 Keyboard, 1 Mouse

USB Functions	[Enabled]
USB 2.0 Controller	[Enabled]
USB 2.0 Controller Mode	[HiSpeed]
BIOS EHCI Hand Off	[Enabled]
Legacy USB Support	[Enabled]

▸ USB Mass Storage Device Configuration

← Select Screen
↑↓ Select Item
+- Change Option
Enter Go To Sub Screen
F1 General Help
F10 Save and Exit
ESC Exit

V02.61 ©Copyright 1985-2006,American Megatrends,Inc.

图 3-32 USB 设备设置

① USB Functions：“是否开启 USB 功能”设置，有[Enabled]和[Disabled]两个选项。若要开启 USB 功能，则应选择[Enabled]选项。

② USB 2.0 Controller：“是否开启 USB 2.0 控制器”设置，有[Enabled]和[Disabled]两个选项，一般建议选择[Enabled]选项，开启并提高 USB 设备的传输速率。

③ USB 2.0 Controller Mode：“USB 2.0 传输模式”设置，有[HiSpeed]和[FullSpeed]两个选项，一般建议选择[HiSpeed]模式。

④ BIOS EHCI Hand-Off：本项目可使用户开启当作业系统没有 EHCI Hand-Off 功能时，针对该功能的支援。设定值有 [Enabled]、[Disabled]。其含义是若在 Windows 操作系统下使用 USB 装置，则勿关闭 BIOS EHCI Hand-Off 选项。

⑤ Legacy USB Support：“是否开启传统 USB 设备支持”设置，一般建议设置为[Enabled]，以增强计算机系统对 USB 设备的兼容性。

⑥ USB Mass Storage Device Configuration：“USB 大容量存储设备”设置，当计算机接入 USB 闪存盘或 USB 接口的移动硬盘时会显示此选项，可进入二级菜单进行相关设置。

（3）System Time 和 System Date——设置系统日期和时间

这两个选项用于设置系统的日期和时间。

（4）Floppy A——设置软盘驱动器

此项可以设置软盘驱动器的类型，如 1.44MB、3.5in。由于软盘驱动器已经被淘汰，因此一般建议设置为[Disabled]，关闭软驱检测。

（5）Language——设置 BIOS 语言

此项设置有两个选项：[简体中文]和[English]，由于 BIOS 设置程序的汉化并不是十分准确，因此建议设置为[English]。

2．Advanced

Advanced 设置菜单如图 3-33 所示，在此菜单中可以对 CPU 的特性参数、主板芯片组、主板上各种板载设备和 PCI 适配卡的 PnP 功能等进行设置。

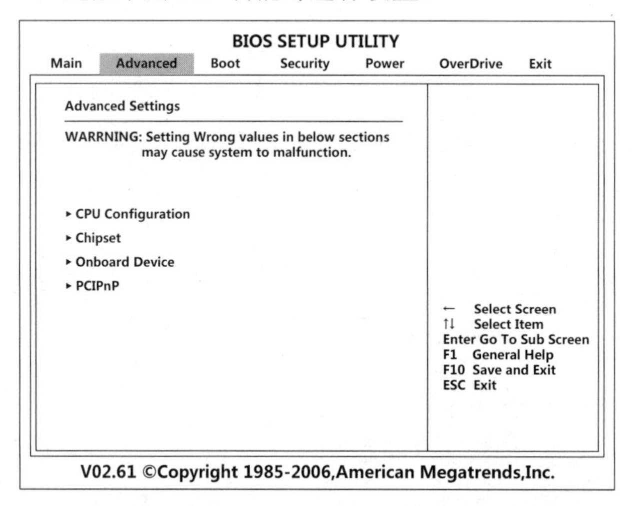

图 3-33　高级芯片设置菜单

（1）CPU Configuration——CPU 配置

此项可以查看较详细的 CPU 信息，可以对当前计算机 CPU 的一些特性进行设置，如图 3-34 所示。

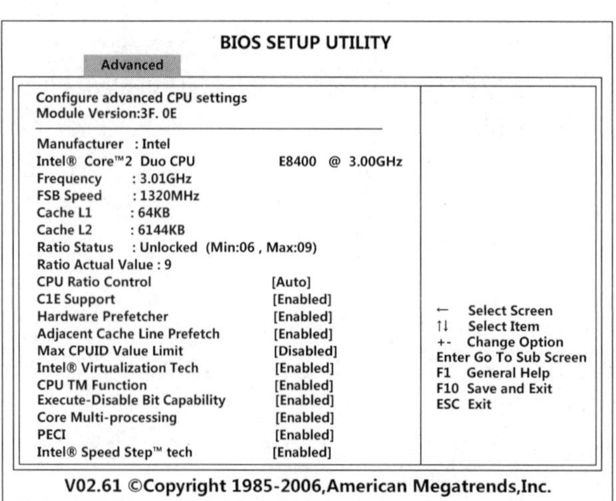

图 3-34　CPU 设置界面

① 较详细的 CPU 信息显示：可以看到当前计算机所用的 CPU 型号是 Intel 公司的 Core 2 Duo CPU E8400，其主频是 3.00GHz，前端总线 FSB 是 1333MHz，一级缓存是 64KB，二级缓存为 6144KB，倍频可调（范围为 6～9）。

② CPU Ratio Control："CPU 倍频控制"设置，有[Auto]和[Manual]两个选项。当设置为[Auto]时，它与后面的"Intel Speed Step tech（Intel CPU 的节能技术）"功能结合起来，自动检测 CPU 的负荷而实时调整 CPU 的运行频率和工作电压；设置为[Manual]时，手动将 CPU 的倍频锁死，不能自动检测 CPU 的负荷而实时调整 CPU 的运行频率和工作电压。

③ C1E Support："是否开启 CPU 支持 C1E 状态"设置。C1 是 ACPI 规定的所有 CPU 必须支持的一种节电状态，由操作系统发出 HLT 指令，使 CPU 既不取指令也不读写数据，处于空闲状态，C1E 就是增强的 C1 状态，设置项有[Disabled]和[Enabled]，一般建议设置为[Enabled]。

④ Hardware Prefetcher："是否开启硬件预取功能"设置，CPU 的硬件预取功能是指在 CPU 处理指令或数据之前，它将这些指令或数据从内存预取到高速缓存中，借此减少内存读取的时间，帮助消除潜在的瓶颈，以此提高系统效能。通常情况下建议设置为[Enabled]。

⑤ Adjacent Cache Line Prefetch："是否开启相邻的行缓存预取功能"设置，开启此功能，当预取数据的时候，相邻的两个 64 字节的 Cache Lines 被同时预取，而不管是否真的需要后一个 Cache Line 的内容。通常情况下建议设置为[Enabled]。

⑥ Max CPUID Value Limit："是否开启最大 CPUID 值限制"设置。当计算机自举之后，操作系统会执行一次 CPUID 指令以识别处理器及其性能。在此之前，它必须先向 CPU 查询以获得 CPUID 识别码的最大输入值，检测这种基本 CPUID 信息的功能由操作系统提供。当此项被设为[Enabled]时，处理器将会在操作系统查询时将输入值限制在 03H 以内，即使 CPU 支持更高的 CPUID 也如此；当此项被设为[Disabled]时，处理器将在接到查询时返回实际的 CPUID 值。通常情况下建议保持默认值[Disabled]， 只有在使用旧版操作系统或使用不支持 CPUID 扩展功能的 CPU 时，才将此项设置为[Enabled]。

⑦ Intel Virtualization Tech："是否开启 Intel CPU 虚拟化技术"设置，有[Enabled]和[Disabled]两个选项。若要安装虚拟机软件，则应开启此选项，特别是在 Windows 7 操作系统中安装 XP Mode 虚拟机时。

⑧ CPU TM Function："是否开启 CPU 温度管理功能"设置，可以通过此选项决定是否开启 CPU 温度管理功能，使 CPU 在温度过高时自动降频降压，以降低工作温度，达到保护 CPU 的效果。通常情况下建议设置为[Enabled]。

⑨ Execute-Disable Bit Capability："是否开启执行停止位功能"设置，开启此功能可以增强计算机的防护功能，它能帮助 CPU 在某些基于缓冲区溢出的恶意攻击下，实现自我保护，从而避免病毒的恶意攻击。通常情况下建议设置为[Enabled]。

⑩ Core Multi-Processing："是否开启 CPU 的多核心"设置，如果不开启此项功能，则多核心 CPU 只能以单核模式运行。通常情况下建议设置为[Enabled]。

⑪ PECI："侦测 CPU 核心温度或侦测 CPU 表面温度"设置，设置项有[Disabled]和[Enabled]。"PECI"指系统平台环境控制界面，设置为[Enabled]时显示 CPU 的表面温度，设置为[Disabled]时显示 CPU 的核心温度，因此可根据实际需求进行设置。

⑫ Intel Speed Step tech ："是否开启 Intel 的 Speed Step 技术"设置，设置项有[Disabled]和[Enabled]。此功能可以让系统动态调整处理器电压和内核频率，从而降低能耗和发热量，但

系统整体性能会有所下降，因此可根据实际需求进行设置。

（2）Chipset——芯片组设置

此项可以对内存地址重新映射、内存保留区，以及主板北桥芯片组的集成显卡进行设置，设置界面如图 3-35 所示。

① Memory Remap Feature：“内存重新映射特性”设置，有[Enabled]和[Disabled]两个选项。此项设置内存的逻辑地址至物理地址的重新映射特性是否开启，一般建议设置为[Enabled]。

② Memory Hole：“是否启用内存保留区”设置，有[Enabled]和[Disabled]两个选项。当设置为[Enabled]时，该选项全称为“Memory Hole at 15～16MB”，表示将系统内存的 15～16MB 内存地址作为 ISA 扩展卡内存进行数据交换的缓冲区，而系统不再使用这段内存空间。由于目前 ISA 扩展插槽已经很少使用，因此一般建议设置为[Disabled]。

③ Initiate Graphic Adapter：“系统启动显卡选择”设置。若测试所用主板为集成显卡主板，有[PEG/IGD]和[IGD/PEG]两个选项，其中“PEG”代表 PCI-E 插槽上的独立显卡，“IGD”代表主板集成显卡。用户可根据实际情况设置是先从独立显卡引导还是从集成显卡引导（对于不具备集成显卡的主板来说，两个选项则可能是[PEG/PCI]和[PCI/PEG]，即设置先从 PCI-E 显卡引导还是从 PCI 显卡引导）。

④ IGD Graphic Mode Select：“集成显卡工作模式”设置，有[Disabled]、[Enabled，128MB]、[Enabled，64MB]和[Enabled，32MB]4 个选项，可设置集成显卡的显存大小及是否禁用集成显卡，用户可根据实际情况进行设置。

⑤ PEG Port：“是否激活或关闭 PCI Express 端口”设置，有[Auto]和[Disabled]两个选项，建议保持默认选项[Auto]即可。

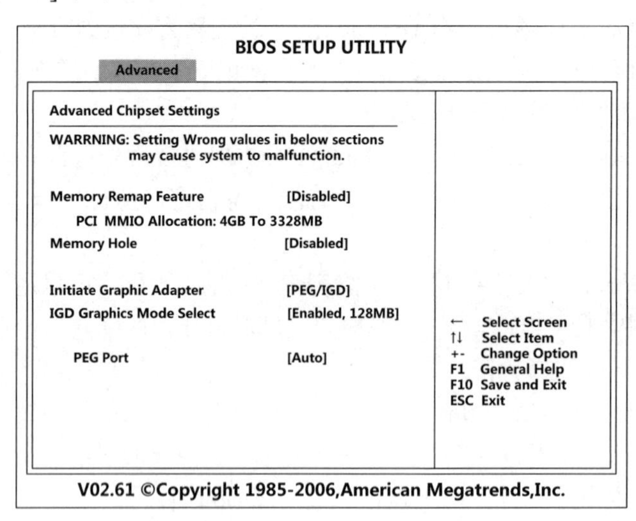

图 3-35　芯片组设置界面

（3）Onboard Device——板载设备配置

此项可以对主板上各种板载设备进行配置，如软盘驱动器、串并口地址和中断号、板载网卡驱动器、板载音频驱动器、USB 口的个数、SATA 工作模式及其是否支持热插拔功能等，设置界面如图 3-36 所示。

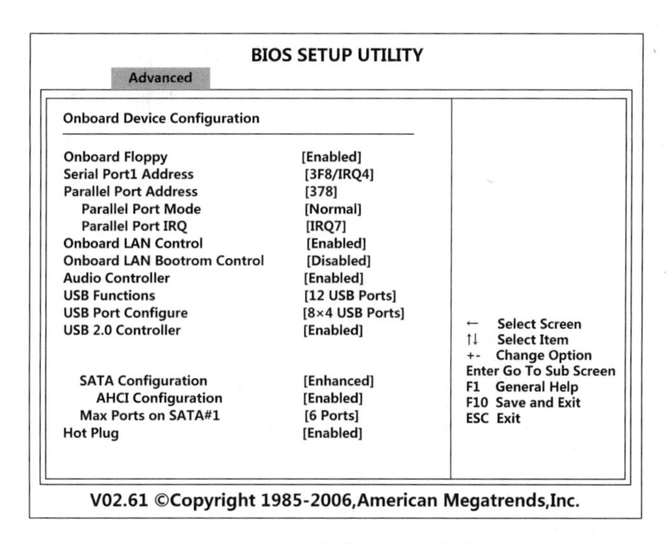

图 3-36 板载设备配置菜单

① Onboard Floppy：“是否启用软盘驱动器”设置，有[Enabled]和[Disabled]两个选项，一般建议设置为[Disabled]以禁用软盘驱动器。

② Serial Port1 Address：“串口地址和中断号”设置，保持默认即可。

③ Parallel Port Address：“并口地址”设置，保持默认即可。

④ Parallel Port Mode：“并口传输模式”设置，保持默认即可。

⑤ Parallel Port IRQ：“并口中断号”设置，保持默认即可。

⑥ Onboard LAN Control：“是否启用板载网卡驱动器”设置，有[Enabled]和[Disabled]两个选项，如果要使用板载网卡驱动器，则设置为[Enabled]。

⑦ Onboard LAN Bootrom Control：“是否从网卡 Rom 启动”设置，有[Enabled]和[Disabled]两个选项，只有从网络启动时才设置为[Enabled]。

⑧ Audio Controller：“是否启用板载音频控制器”设置，有[Enabled]和[Disabled]两个选项，如果要使用板载声卡，则设置为[Enabled]。

⑨ USB Functions：“USB 口个数”设置，保持默认即可，启用所有的 USB 口。

⑩ USB Port Configure：“USB 口分配”设置，保持默认即可。

⑪ USB 2.0 Controller：“是否开启 USB 2.0 控制器”设置，建议保持默认[Enabled]，开启此项功能。

⑫ SATA Configuration：“SATA 工作模式”设置，有[Disabled]、[Compatible]和[Enhanced] 3 个选项。当设置为[Disabled]时，关闭 SATA 接口；当设置为[Compatible]兼容模式时，SATA 接口可以直接映射到 IDE 通道，即 SATA 硬盘被识别成 IDE 硬盘，一般用于安装一些比较老的、对 SATA 硬盘支持度较低的操作系统，如 Windows 98、Windows Me 等；当设置为[Enhanced]模式时，每一个设备都拥有自己的 SATA 通道，不占用 IDE 通道，适合 Windows XP 以上的操作系统。

⑬ AHCI Configuration：“是否启用 AHCI 传输方式”设置，有[Enabled]和[Disabled]两个选项。AHCI 即为串行 ATA 高级主控接口，是在 Intel 的指导下，由多家公司联合研发的接口标准。若想开启 SATA 3.0 硬盘的 NCQ 功能，以提高硬盘的顺序读取和写入速度，此项应设置为[Enabled]。

⑭ Max Ports on SATA#1：“最大 SATA 端口数量”设置，保持默认即可。

⑮ Hot Plug：“是否启用 SATA 硬盘热插拔功能”设置，有[Enabled]和[Disabled]两个选项，保持默认的[Enabled]即可。

（4）PCI PnP——PCI 适配卡的 PnP 功能设置

此项可以对主板上 PCI 适配卡的 PnP 功能进行设置，也可以解决一些资源冲突问题。设置界面如图 3-37 所示。

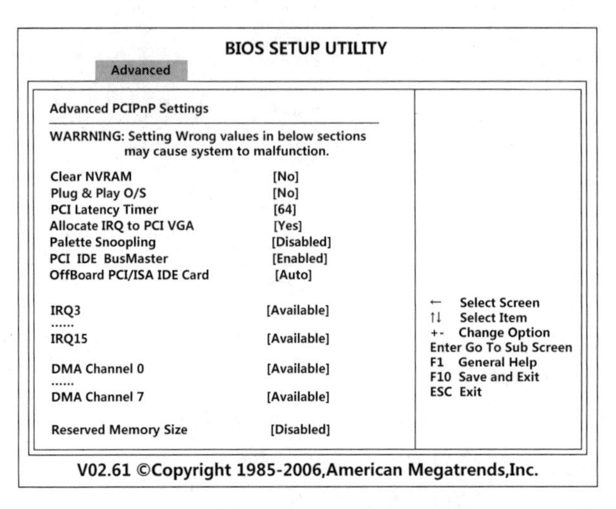

图 3-37 PCI PnP 设置界面

① Clear NVRAM：“是否开启在 NVRAM（CMOS）清除数据功能”设置，保持默认设置即可。

② Plug & Play O/S：“操作系统支持 PnP 即插即用功能”设置，有[Yes]和[No]两个选项。当使用的操作系统支持 PnP 功能时，如使用 Windows XP 和 Windows 7 时，可设置为[Yes]；当使用的操作系统不支持 PnP 功能时，如使用 NetWare 和 Linux 时，可设置为[No]。

③ PCI Latency Timer：“PCI 延迟计时器设定”设置，数值越小速度越快，一般建议保持为默认值“64”。

④ Allocate IRQ to PCI VGA：“分配 IRQ 中断号给 PCI VGA 卡”设置，有[Yes]和[No]两个选项。如果有 PCI 接口的 VGA 卡，则可进行此项设置。当设置为[Yes]时，给 PCI VGA 卡分配一个中断号；当设置为[No]时，不分配中断号给 PCI VGA 卡。

⑤ Palette Snooping：“显卡调色板”设置，有[Enabled]和[Disabled]两个选项。此项主要针对老式的 VGA 显卡，当使用 MPEG 解压卡出现调色板错乱不能正常显示时，设置为[Enabled]可以解决这一问题。

⑥ PCI IDE BusMaster：“是否允许板载 IDE 控制器执行 DMA 传输功能”设置，保持默认的[Enabled]即可。

⑦ OffBoard PCI/ISA IDE Card：“保留给 PCI/ISA IDE 卡的扩展卡插槽号”设置，保持默认的[Enabled]即可。

⑧ IRQ3-IRQ15：“中断分配”设置，此项可以将各个可用中断分配给即插即用设备，建议保持默认值。

⑨ DMA Channel 0-7：“DMA 通道号分配”设置，此项可以将各个可用的 DMA 通道号分

配给即插即用设备，建议保持默认值。

⑩ Reserved Memory Size：保留内存的大小，是留给集成显卡做显存的一部分内存，建议保持默认值。

4．Boot

Boot 设置菜单如图 3-38 所示，在此菜单中可以设置启动项、启动顺序，而且可以查看当前计算机连接的硬盘驱动器、光盘驱动器和移动存储设备信息。

（1）Boot Settings Configuration——启动项设置配置

此项可以对计算机启动相关项进行配置，如是否启用快速启动、启动后小键盘数字锁 LED 灯亮灭、是否开启全屏 Logo 等。设置界面如图 3-39 所示。

① Quick Boot："启用快速启动"设置，有[Enabled]和[Disabled]两个选项。快速启动就是让 BIOS 跳过一些详细的检测，缩短开机进入系统的时间，默认是[Enabled]。

② Addon ROM Display Mode："可选 ROM 显示模式"设置，保持默认[Force BIOS]选项即可。

③ Bootup Num-Lock："启动后小键盘数字锁 LED 亮灭"设置，有[On]和[Off]两个选项。当设置为[On]时，计算机系统启动后自动锁定小键盘为数字键。

④ Wait For'F1'If Error："系统引导时检测到错误，是否等待 F1 按键按下"设置，建议设置为[Enabled]开启此功能。

⑤ Hit'Del'Message Display：此项设置在启动界面是否显示"Press Del to run Setup"的信息，有[Enabled]和[Disabled]两个选项，默认是[Enabled]。

⑥ Interrupt 19 Capture："是否允许通过中断 19 来加载某些 PCI 扩展卡的 Option ROM"设置，建议保持为默认[Disabled]。

⑦ Full Screen Logo Display:"是否开启全屏 Logo"设置，有[Enabled]和[Disabled]两个选项。[Enabled]表示开启全屏 Logo，[Disabled]表示关闭全屏 Logo。

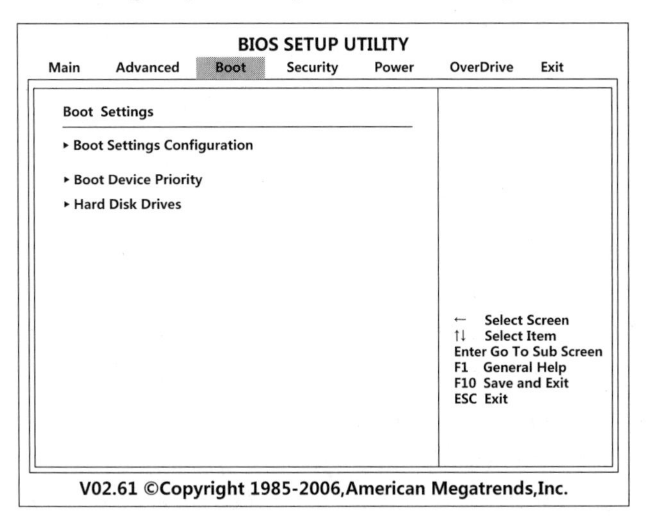

图 3-38　启动项设置菜单

BIOS SETUP UTILITY

Boot

Boot Settings Configuration

Quick Boot	[Enabled]
Addon ROM Display Mode	[Force BIOS]
Bootup Num-Lock	[On]
Wait For 'F1' If Error	[Enabled]
Hide 'Del' Message Display	[Enabled]
Interrupt 19 Capture	[Disabled]
Full Screen Logo Display	[Disabled]

← Select Screen
↑↓ Select Item
+- Change Option
F1 General Help
F10 Save and Exit
ESC Exit

V02.61 ©Copyright 1985-2006,American Megatrends,Inc.

图 3-39　启动项设置配置界面

（2）Boot Device Priority——启动设备优先级设置

此项可以设置计算机系统优先从哪个设备启动，设置界面如图 3-40 所示。

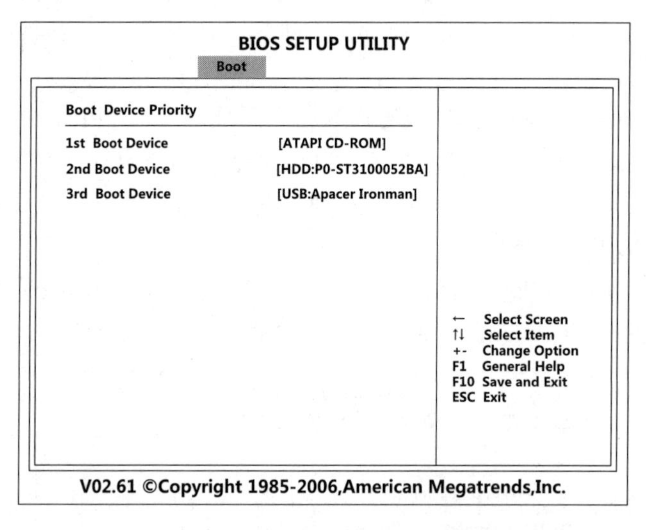

图 3-40　启动设备优先级设置界面

① 1st Boot Device："第一启动设备"设置，图中设置为[ATAPI CD-ROM]，即光驱。

② 2nd Boot Device："第二启动设备"设置，图中设置为[HDD:P0-ST310052BA]，即硬盘。

③ 3rd Boot Device："第三启动设备"设置，图中设置为[USB:Apacer]，即 U 盘。

如果要使用光盘安装操作系统，则需要将"1st Boot Device"设置为光驱；如果要从硬盘启动安装好的操作系统，则可将"1st Boot Device"设置为硬盘。

（3）Hard Disk Drives——存储设备信息概览

此项可以查看当前计算机连接的硬盘驱动器、光盘驱动器和移动存储设备信息，如图 3-41 所示。

BIOS SETUP UTILITY
Boot
Hard Disk Drives
1st Drives [HDD:P0-ST3100052BA]
Removeable Drives
1st Drives [USB:Apacer IronMan]
CD/DVD Drives
1st Drives [Pioneer 217CH]
2nd Drives [USB:CDROM]
Specifies the boot sequence from the available devices.
← Select Screen
↑↓ Select Item
+- Change Option
F1 General Help
F10 Save and Exit
ESC Exit
V02.61 ©Copyright 1985-2006,American Megatrends,Inc.

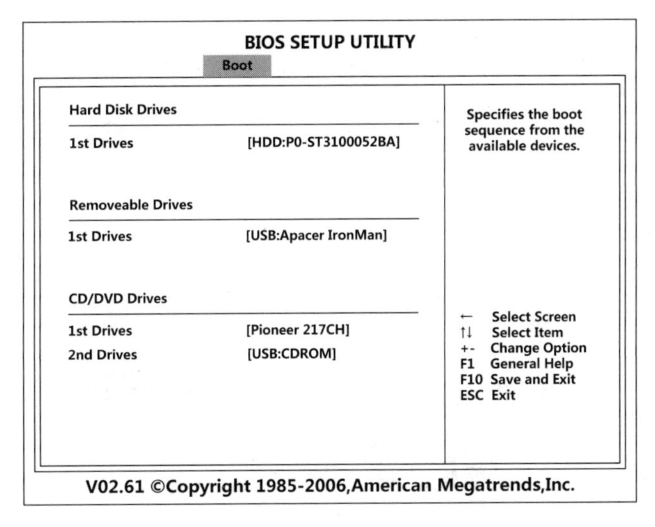

图 3-41　查看存储设备信息

5．Security

Security（安全性）设置界面如图 3-42 所示，在此菜单中可以对超级用户密码、一般用户密码和硬盘引导扇区病毒入侵警告功能进行设置。

① Change Supervisor Password：“修改超级用户密码”设置。

② Change User Password：“修改一般用户密码”设置。

③ Boot Sector Virus Protection：“是否开启硬盘引导扇区病毒入侵警告功能”设置，有[Enabled]和[Disabled]两个选项。当设置为[Enabled]时，如果有程序企图在此区中写入信息，BIOS 会在屏幕上显示警告信息，并发出蜂鸣警报声。

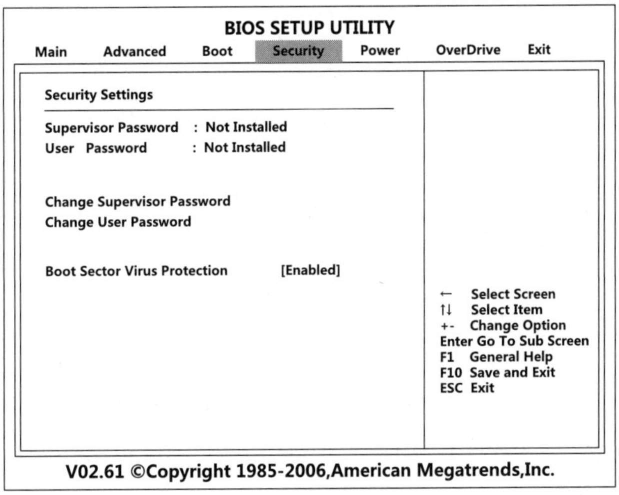

BIOS SETUP UTILITY
Main Advanced Boot Security Power OverDrive Exit
Security Settings
Supervisor Password : Not Installed
User Password : Not Installed
Change Supervisor Password
Change User Password
Boot Sector Virus Protection [Enabled]
← Select Screen
↑↓ Select Item
+- Change Option
Enter Go To Sub Screen
F1 General Help
F10 Save and Exit
ESC Exit
V02.61 ©Copyright 1985-2006,American Megatrends,Inc.

图 3-42　安全性设置

6．Power

Power（电源管理）设置界面如图 3-43 所示，在此菜单中可以对“ACPI Configuration（高级配置和电源管理接口）”、“APM Configuration（高级电源管理）”进行设置，并且可以查看“PC Health（计算机健康）”状态。

BIOS SETUP UTILITY

Main　Advanced　Boot　Security　Power　OverDrive　Exit

Security Settings

▸ ACPI Configuration
▸ APM Configuration
▸ PC Health

Section for Advanced ACPI Configuration.

← Select Screen
↑↓ Select Item
+- Change Option
Enter Go To Sub Screen
F1 General Help
F10 Save and Exit
ESC Exit

V02.61 ©Copyright 1985-2006,American Megatrends,Inc.

图 3-43　电源管理设置界面

（1）ACPI Configuration——高级配置和电源管理接口设置

此项可以对计算机挂起模式、是否支持 APIC 等功能进行设置，设置界面如图 3-44 所示。

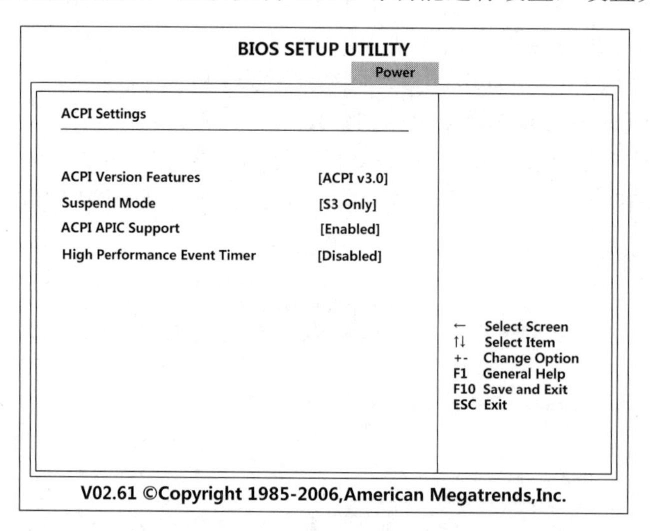

图 3-44　ACPI 设置界面

ACPI 是 1997 年提出的新型电源管理规范，意图是让系统而不是 BIOS 来全面控制电源管理，使系统更加省电。其特点主要如下：提供立刻开机功能，即开机后可立即恢复到上次关机时的状态，光驱、软驱和硬盘在未使用时会自动关掉电源，使用时再打开；支持光驱、软驱和硬盘在开机状态下即插即用、随时更换的功能。Windows 2000 以后的操作系统开始支持 ACPI，Windows 98 不支持此功能。

ACPI 共有 S0～S5 六种状态，S0 表示平常的工作状态，所有设备全开；S1 表示 CPU 关闭，其他的部件仍然正常工作；S2 表示 CPU 停止，总线时钟关闭，其余的设备仍然运转；S3 表示睡眠到内存，除了内存供电保持现场外，所有设备都停止；S4 表示休眠到硬盘，系统主电源关闭，硬盘存储现场信息；S5 表示关机。

① ACPI Version Features：“ACPI 电源管理规范版本”设置，有[ACPI v3.0]和[ACPI v2.0]两个选项，默认是[ACPI v3.0]。

② Suspend Mode:“计算机挂起模式”设置，有[S3 Only]、[Auto]和[S1 Only] 3 个选项。一般建议 PC 选择[S3 Only]或[Auto]，POS 选择[S1 Only]。

③ ACPI APIC Support:“是否启用主板 APIC（高级可编程中断控制器）功能”设置，有[Enabled]和[Disabled]两个选项。此项用于使 Windows 操作系统控制电源的开关，即系统关机后自动关闭电源，无需再按下电源按钮，一般建议设置为[Enabled]。

④ High Performance Event Timer:“是否启用高精度事件定时器”设置，有[Enabled]和[Disabled]两个选项。

（2）APM Configuration——高级电源管理设置

此项可以对计算机电源管理方面的选项进行设置，设置界面如图 3-45 所示。目前最新的 APM 标准是 1.2，它提供了 CPU 和设备电源管理。但是由于这种电源管理方式主要是由 BIOS 实现的，存在一些缺陷，如对 BIOS 的过度依赖、新旧 BIOS 之间的不兼容、无法判断电源管理命令是由用户发起的还是由 BIOS 发起的，以及对某些新硬件（如 USB 和 1394）不支持等。

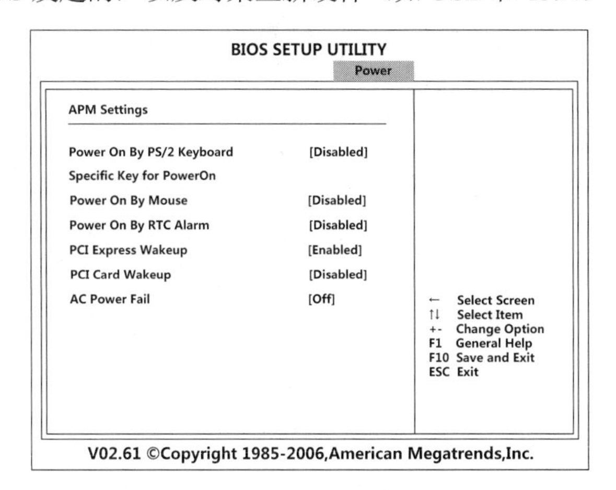

图 3-45 APM 设置界面

① Power On By PS/2 Keyboard:“是否启用键盘开机”设置，可设置为[Enabled]和[Disabled]。当设置为[Enabled]时，可通过“Specific Key for PowerOn”选项设置键盘开机的按键。

② Power On By Mouse:“是否启用鼠标开机”设置，可设置为[Enabled]和[Disabled]，默认是[Disabled]。

③ Power On By RTC Alarm:“是否启用实时时钟开机”设置，可设置为[Enabled]和[Disabled]。当设置为[Enabled]时，需要设置日期和时间。

④ PCI Express Wakeup:“是否启用 PCI-E 设备唤醒”设置，可设置为[Enabled]和[Disabled]，默认是[Disabled]。

⑤ PCI Card Wakeup:“是否启用 PCI 设备唤醒”设置，可设置为[Enabled]和[Disabled]，默认是[Disabled]。

⑥ AC Power Fail：此项设置当计算机非正常断电之后，恢复供电时计算机恢复到什么状态。其有[Off]（关机）、[On]（开机）和[Last State]（保持最后状态）3 个选项，默认是[Off]。如设置为[Last State]，恢复供电时，若非正常断电之前状态为关机，则继续保持关机，若非正常断电之前状态为开机，则恢复到开机状态。

（3）PC Health——计算机健康状态查看和相关设置

此项可以查看机箱环境温度、CPU 温度、CPU 散热风扇当前转速、主板各供电电压情况

（CPU 核心电压、内存电压、北桥电压、主板 3.3V/5V/12V 和 CMOS 电池电压等），还可以对 CPU 散热风扇进行调速，设置界面如图 3-46 所示。

① System Temperature：机箱环境温度显示，图中显示为 31℃。

② CPU Temperature：CPU 温度显示，图中显示为 47℃。

③ CFAN Speed：CPU 散热风扇转速，图中显示为 1854r/min。

④ CPUFAN Mode Setting：CPU 散热风扇工作模式，有[Auto Mode]和[Manual Mode]两个选项。当设置为[Auto Mode]时，散热风扇根据 CPU 的当前温度自动调速；当设置为[Manual Mode]时，散热风扇转速由脉冲宽度调制进行调节，可手工设置脉冲周期，图中设置为[250]。

BIOS SETUP UTILITY

Power

PC Health

System temperature	:31℃/87℉
CPU temperature	:47℃/116℉
CFAN Speed	:1854 RPM
CPUCore Voltage Detected	:1.312 V
+3.3v Voltage Detected	:3.392 V
+12v Voltage Detected	:11.827 V
DIMM Voltage Detected	:1.920 V
NBCore Voltage Detected	:1.136 V
+5v Voltage Detected	:5.120 V
VBAT Voltage Detected	:3.248 V
CPUFAN0 Mode Setting	[Manual Mode]
CPUFAN0 PWM Control	[250]

← Select Screen
↑↓ Select Item
+- Change Option
F1 General Help
F10 Save and Exit
ESC Exit

V02.61 ©Copyright 1985-2006,American Megatrends,Inc.

图 3-46　PC Health 设置界面

7．Overdrive

Overdrive（计算机超频）设置界面如图 3-47 所示，在此菜单中可以对 CPU 和内存的超频进行设置。

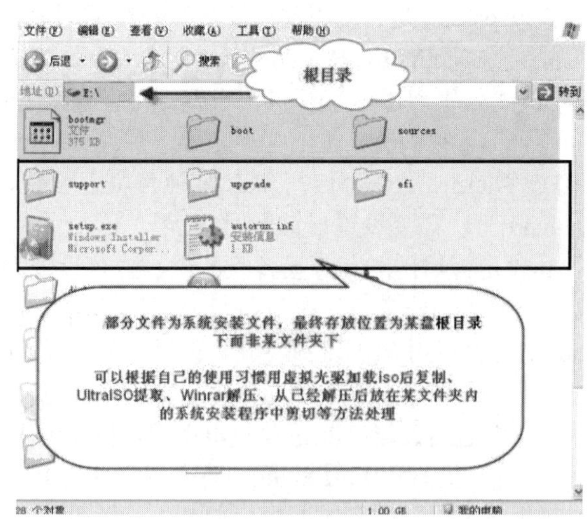

图 3-47　光盘镜像解压到非系统盘的根目录

从图 3-47 中可以看到超频可供用户调节的参数有三大类：CPU 相关参数、内存时序参数和主板各部分供电电压。

（1）CPU 相关参数设置

① O.C Control：“超频控制”设置，有[Auto]和[Manual]两个选项。设置为[Auto]时不超频，设置为[Manual]时可以手工调节参数进行超频。

② CPU Ratio Control：“CPU 倍频控制”设置，不同的 CPU 有不同的设置参数，当设置为[Auto]时，保持默认的 CPU 倍频系数。大多数 CPU 的倍频系数均被生产厂商锁定，只有少数 CPU 的倍频系数可调，如 AMD 的“黑盒系列”CPU。

③ O.PCIE Control：“PCI-E 总线超频控制”设置，有[Auto]、[Strap 200MHz]、[Strap 266MHz]、[Strap 333MHz] 3 个选项，不同的 CPU、内存和主板在超频时有不同的选项。

④ FSB Strap to NorthBridge：“外频绑定”设置，用于 CPU 超频时控制内存的分频比例。

⑤ CPU Spread Spectrum：“是否启用 CPU 展频技术”设置，有[Auto]和[Disabled]两个选项。展频技术可以降低脉冲发生器产生的电磁干扰，在没有遇到电磁干扰时，应将此类项目的值全部设为[Disabled]，这样可以优化系统性能，提高系统稳定性；如果遇到电磁干扰问题，则应将该项设为[Auto]或[Enabled]以减少电磁干扰。在处理器超频时，最好将该项设置为[Disabled]，因为即使是微小的峰值飘移也会引起时钟的短暂突发，这样会导致超频后的处理器被锁死。

⑥ PCIE Spread Spectrum：“是否启用 PCI-E 总线展频技术”设置，有[Auto]和[Disabled]两个选项，其设置同“CPU Spread Spectrum”。

（2）内存时序参数设置

① DRAM Frequency：“内存频率调节”设置，用于调节内存的等效频率，不同的内存有不同的设置参数。

② Performance Level：“内存性能级别”设置，保持默认的[Auto]即可。

③ Configure DRAM Timing By SPD：“是否启用从 SPD 芯片读取预置的内存时序参数”设置，有[Enabled]和[Disabled]两个选项。当设置为[Enabled]时，读取内存 SPD 芯片中预置的内存时序参数；当设置为[Disabled]时，由用户手工调节内存的各项时序参数以优化性能。

（3）主板各部分供电电压设置

① CPU Voltage Control：“CPU 核心电压控制”设置，此项用于超频时调节 CPU 核心供电电压大小，可以“0.0125V”为增幅进行调节，不同的 CPU 有不同的选项。

② DIMM Voltage Control：“内存供电电压控制”设置，此项用于调节内存的供电电压，不同类型（DDR、DDR2、DDR3）的内存有不同的选项。

③ NB Voltage Control：“北桥芯片供电电压控制”设置。

④ CPU VTT Voltage Control：“CPU 的 AGTL 总线终端电压控制”设置。

⑤ SBIO Voltage Control：“南桥 I/O 供电电压控制”设置。

8．Exit

Exit（保存与退出）设置界面如图 3-48 所示，在此菜单中可以对退出 BIOS 设置程序的相关参数进行设置，并且可以直接载入 BIOS 的“最优默认设置”和“安全默认设置”。

① Save Changes and Exit：“保存修改并退出”设置。

② Discard Changes and Exit：“退出而不保存”设置。

③ Discard Changes：“放弃所有修改”设置。

④ Load Optimal Defaults：“加载最优默认值”设置。一般在跳线清除 CMOS 参数后，可以通过此项加载优化值，再做各项设置。

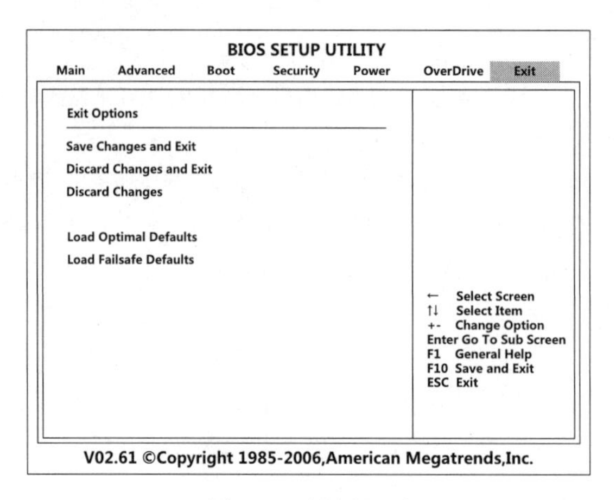

图 3-48　设置界面

⑤ Load Failsafe Defaults：“加载安全默认值”设置，如果 BIOS 设置得比较混乱，则可以用此项加载默认的安全值。

3.3　硬盘的分区

硬盘在出厂后必须经过低级格式化、分区和高级格式化（以下简称为格式化）3 个处理步骤后才能用于数据的存储。其中，硬盘的低级格式化的目的是划定磁盘可供使用的扇区和磁道并标记有问题的扇区，通常由生产厂家完成此项操作。用户则需要使用由操作系统或第三方提供的硬盘分区工具进行硬盘的分区和格式化。硬盘分区的主要目的是方便日常的使用和管理。

3.3.1　常见的硬盘分区软件

1．Fdisk

Fdisk 是操作系统自带的一条硬盘分区的命令。它在 DOS 环境下运行，运行时键入“Fdisk”命令并按 Enter 键即可。使用它可以完成创建分区、删除分区、激活主分区和查看分区信息等功能。

2．PartitionMagic

PartitionMagic（分区魔术师）是 PowerQuest 公司出品的一个高性能、高效率的磁盘分区软件，是一个优秀硬盘分区管理工具。该工具可以在不损失硬盘中已有数据的前提下对硬盘进行重新分区、格式化分区、复制分区、移动分区、隐藏/重现分区、从任意分区引导系统、转换分区结构属性（如 FAT<-->FAT32）等。

3．Partition Manager

Partition Manager 是一个类似于 Norton PartitionMagic 的磁盘分区工具集，能够优化磁盘，使应用程序和系统速度变得更快，可以对磁盘进行分区，并可以在不损失磁盘数据的前提下在不同的分区之间进行大小调整、移动、隐藏、合并、删除、格式化、搬移分区等操作；可复制整个硬盘资料到分区中，恢复丢失或者删除的分区和数据；能够管理安装多操作系统，方便地转换系统分区格式；它也有备份数据的功能，支持 Windows Vista 和 Windows 7。

4．Diskgenius

Diskgenius 是一个磁盘分区及数据恢复软件。它支持对 GPT 磁盘（使用 GUID 分区表）的分区操作。除具备基本的分区建立、删除、格式化等磁盘管理功能外，它还提供了强大的已丢失分区搜索功能、误删除文件恢复、误格式化及分区被破坏后的文件恢复功能、分区镜像备份与还原功能、分区复制、硬盘复制功能、快速分区功能、整数分区功能、分区表错误检查与修复功能、坏道检测与修复功能。它提供了基于磁盘扇区的文件读写功能，支持 VMware、Virtual PC、Virtual Box 虚拟硬盘格式，支持 IDE、SCSI、SATA 等各种类型的硬盘，支持 U 盘、移动硬盘、存储卡，支持 FAT16/FAT32/NTFS/EXT3 等文件系统。该软件有 DOS 版和 Windows 版。

5．Acronis Disk Director Suite

这是 Acronis 出品的一款功能强大的磁盘无损分区工具，支持 Windows 7 系统。使用它可以改变磁盘容量大小、复制、移动硬盘分割区并且不会遗失数据。

3.3.2　硬盘分区

若想将新硬盘分为 3 个分区，分别作为系统分区（如安装 Windows 7 32 位操作系统）、数据分区和备份分区。综合考虑磁盘的总容量和平时的使用习惯，确定系统分区为 22GB、数据分区为 80GB、备份分区为 28GB。

1．创建主分区

选中“磁盘 2”作为操作对象，单击“分区操作”选项组中的“创建分区”按钮，在弹出的“创建分区”对话框中设置分区的信息，如图 3-49 所示。创建为“主分区”、分区类型为“NTFS”、卷标为“Windows 7”、分区大小为“22GB”、簇大小保持默认、分区位于未分配空间的开始。设置完毕后单击“确定”按钮。

图 3-49　创建主分区

2．创建逻辑驱动器 1——数据分区

单击磁盘 2 中的“未分配”的空间，选中要操作的对象，单击“分区操作”选项组中的“创建分区”按钮，在弹出的“创建分区”对话框中设置分区的信息。另外，可以看到左下角“待应用的操作”中已经有 1 个操作被挂起，即创建主分区的操作，如图 3-50 所示。创建为“逻辑分区”、分区类型为“NTFS”、卷标为“数据分区”、分区大小为“80GB”、簇大小保持默认、分区位于未分配空间的开始。设置完毕后单击“确定”按钮。

注意

此处没有创建扩展分区，可直接创建逻辑分区，因为 Norton PartitionMagic 工具会自动把所有的逻辑分区容量加起来并创建扩展分区。而使用“Fdisk”命令进行硬盘分区时，应严格遵循“创建主分区”→“创建扩展分区”→“在扩展分区中创建逻辑分区”的步骤进行操作。

图 3-50　创建数据分区

3．创建逻辑驱动器 2——备份分区

单击磁盘 2 中的“未分配”的空间，选中要操作的对象，单击“分区操作”选项组中的“创建分区”按钮，在弹出的“创建分区”对话框中设置分区的信息。另外，可以看到左下角“待应用的操作”中有 1 个“在磁盘 2 上创建扩展分区”的操作，这是工具自行完成的，如图 3-51 所示。创建为“逻辑分区”、分区类型为“NTFS”、卷标为“数据分区”、分区大小为“28GB”、簇大小保持默认、分区位于未分配空间的开始。设置完毕后单击“确定”按钮。

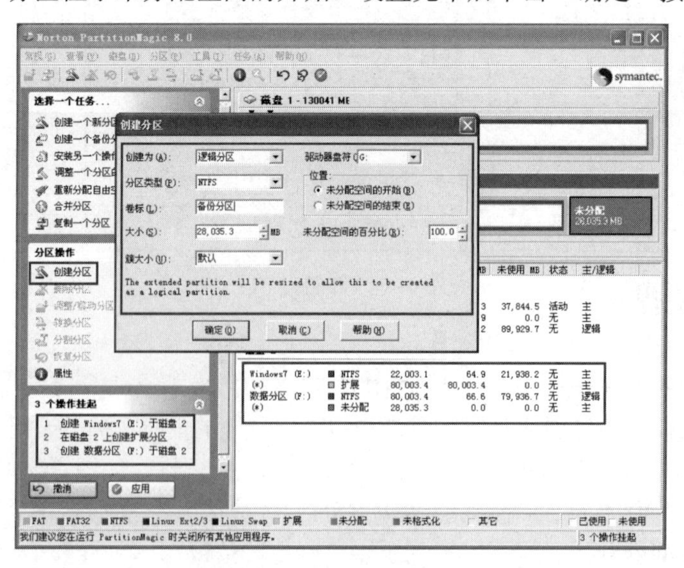

图 3-51　创建备份分区

4．激活主分区

在一个磁盘中创建主分区之后，应将主分区激活才能引导操作系统，因此必须将磁盘 2 中的“Windows7”主分区激活。右击“Windows7”主分区，在弹出的快捷菜单中选择“高级/设置激活”选项，弹出“设置活动分区”对话框，单击“确定”按钮将其激活，如图 3-52 所示。

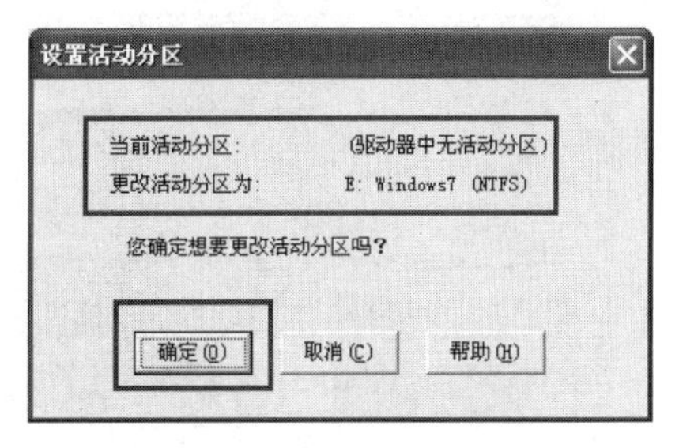

图 3-52　激活主分区

5．分区完成后的效果

操作完成后，单击“待应用的操作”中的“应用”按钮，分区工具会应用刚才所有的分区操作，分区完成后的效果如图 3-53 所示。从图中可以看到，磁盘 2 主分区的 22GB 为活动状态，扩展分区为 108GB，其中的两个逻辑分区分别为 80GB 和 28GB。

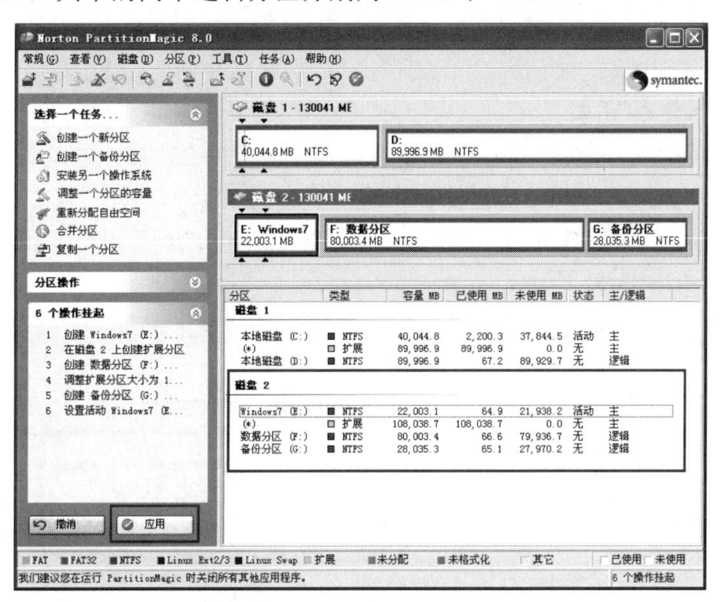

图 3-53　分区完成后的效果

3.3.3　旧硬盘分区的调整

原有硬盘有两个分区，C 盘安装了 Windows XP 操作系统，磁盘容量为 40GB。因此应对 C 盘的大小进行调整，调整为 15GB，多余的空间并入 D 盘。

1．缩小 C 盘大小为 15GB

选择“磁盘 1”中的“C 盘”选项，单击“分区操作”选项组中的“调整/移动分区”按钮，在弹出的调整容量/移动分区对话框中设置新分区的大小。由于只有相邻的空间才能合并，而且 D 盘的空间位于 C 盘之后，因此在调整 C 盘空间时应将自由空间置于其后，如图 3-54 所示。

图 3-54　调整 C 盘空间的大小

2．将自由空间并入 D 盘

调整 C 盘空间之后，可以看到 D 盘之前有一块未分配的 25GB 左右的自由空间。选择“磁盘 1”中的“D 盘”选项，单击“分区操作”选项组中的“调整/移动分区”按钮，在弹出的调整容量/移动分区对话框中设置新分区的大小。将“自由空间之前”的选项设置为 0，即可将自由空间并入 D 盘，如图 3-55 所示。

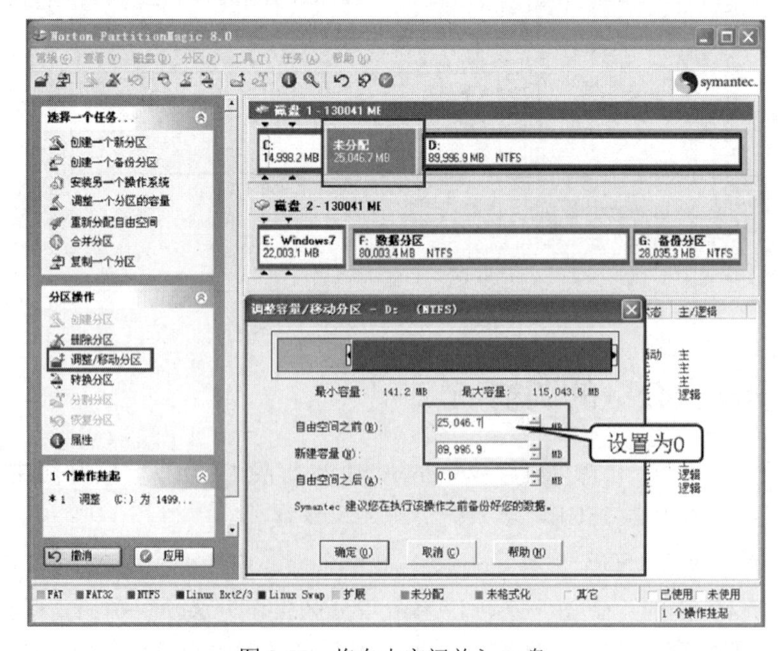

图 3-55　将自由空间并入 D 盘

3. 旧硬盘调整空间后的效果

操作完成后，单击“待应用的操作”中的“应用”按钮，分区工具会应用刚才的所有分区操作，调整空间后的效果如图 3-56 所示。从图中可以看到，磁盘 1 主分区 C 盘容量为 15GB，扩展分区容量为 115GB，其中逻辑分区 D 盘容量为 115GB。

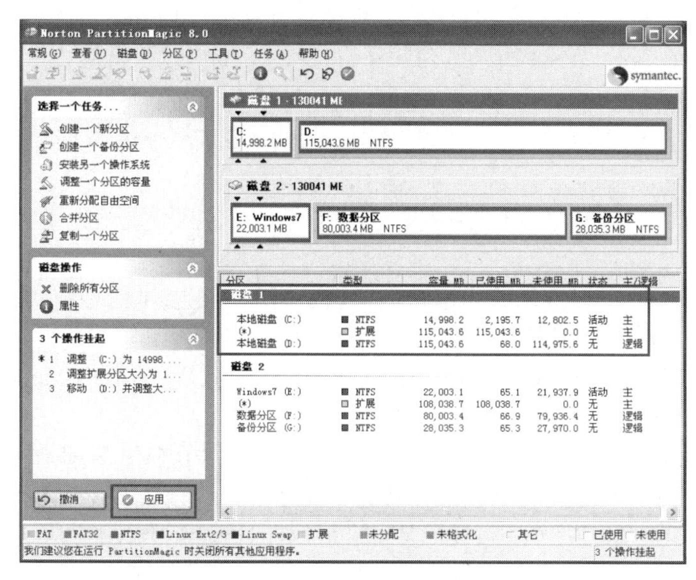

图 3-56　调整空间后的效果

3.4　Windows 的安装

当前主要使用的 Windows 操作系统是 Windows 7、Windows 8 和 Windows 10。

Windows 7 包含 6 个版本，分别为 Windows 7 Starter（初级版）、Windows 7 Home Basic（家庭普通版）、Windows 7 Home Premium（家庭高级版）、Windows 7 Professional（专业版）、Windows 7 Enterprise（企业版）及 Windows 7 Ultimate（旗舰版）。

3.4.1　Windows 8.1

微软公司官方公布的 Windows 8 有 4 个版本，其中基于 X86 硬件架构的桌面计算机版本有 Windows 8（标准版）、Windows 8 Pro（专业版）和 Windows 8 Enterprise（企业版），还有基于 ARM 架构处理器的 Windows RT（主要用于平板型计算机）。Windows 8 Pro 和普通版的系统用于商业领域，如档案系统加密、远端桌面和群组原则等。Windows 8 Enterprise 版包含 Windows 8 专业版的所有功能，还专为企业新增了 PC 管理和部署、安全、虚拟化、移动等功能。另外，有两个地区性廉价版本 Windows 8 for China（中国版）、Windows 8 Edition N（欧洲版）。

1. Windows 8.1 标准版

该系统主要面向普通用户，Windows 8.1 标准版可以满足用户日常使用的需求，是最佳选择。

Windows 8.1 带来了全新的 Windows 商店、Windows 资源管理器、任务管理器、快速安全的 IE11、文件历史备份等，还包含部分 Windows 7 企业版/旗舰版功能：支持语言包，后期可以升级至 Windows 8.1 2014 Update。

2. Windows 8.1 专业版

该系统主要面向技术爱好者和企业/技术人员，内置了一系列 Windows 8.1 的增强技术，相

比 Windows 8.1 普通功能外，还包括文件系统加密、虚拟磁盘 VHD/VHDX 启动、Hyper-V 虚拟化、域名连接等。

3．Windows 8.1 **企业版**

该版本是 Windows 8.1 系列中功能最全面的版本，但不支持 Windows 8.1 Media Center 功能。

相比普通版和专业版，Windows 8.1 企业版内置了多项专属功能，主要功能如下。

① Windows To Go：使企业用户获得“Bring Your Own PC”的体验，用户通过 USB 存储设备实现携带/运行 Windows 8 和 Windows 8.1 的功能，使系统、应用、数据等随之而动。

② DirectAccess：使企业用户可远程登录企业内网而无需 VPN，并帮助管理员维护计算机，实现软件更新等操作。

③ BranchCache：允许用户通过中央服务器缓存文件、网页和其他内容，避免频繁、重复的下载。

④ 以 RemoteFX 提供视觉体验：进一步增强桌面虚拟化技术的用户体验。

⑤ AppLocker：通过限制用户组被允许运行的文件和应用来解决问题。

⑥ 新应用程序部署：Windows 8 企业版的用户可以获得 Windows 8 Metro 应用的自动部署。

4．Windows RT 8.1

该版本主要运行在移动 ARM 平台，不单独发售，主要预装在微软 Surface 和其他厂商的平板型计算机中。Windows RT 8.1 支持触控操作，内置了专属 ARM 平台的 Word、Excel、PowerPoint 和 OneNote 的桌面版 Office 套件，不支持传统 Win32 桌面程序的安装使用，可以运行 Modern 应用。

3.4.2 Windows 8.1 的安装

光盘安装 Windows 8.1 非常简单，只要将光盘放入光驱中，启动计算机后进入 BIOS 设置，将第一启动项设置为从光驱驱动，保存设置，重启计算机即可进入 Windows 8.1 安装界面。

1．**从硬盘安装** Windows 8.1

如果当前正在使用 Windows XP 或者 Windows 7 操作系统，想更改为 Windows 8.1，那么可以使用硬盘安装方法。

这里应用 NT6 HDD Installer 软件进行安装。具体操作步骤如下。

① 在计算机中下载 NT6 HDD Installer 软件并安装。

② 将下载的 Windows 8.1 光盘镜像解压到非系统盘的根目录（不影响系统原有文件），如图 3-57 所示。

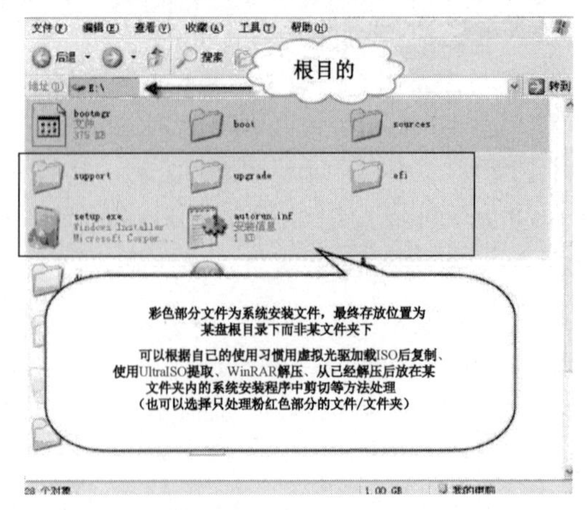

图 3-57　光盘镜像解压到非系统盘的根目录中

③ 双击软件 NT6 HDD Installer 进入操作界面，如图 3-58 所示。

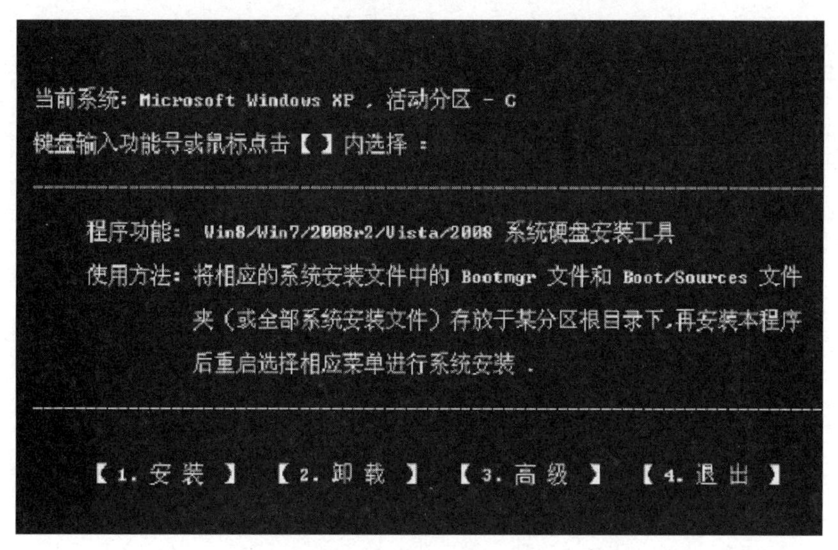

图 3-58 NT6 HDD Installer 操作界面

④ 如果已经完成了上面的系统文件的解压，则直接安装即可，按照操作选择安装模式，如图 3-59 所示。

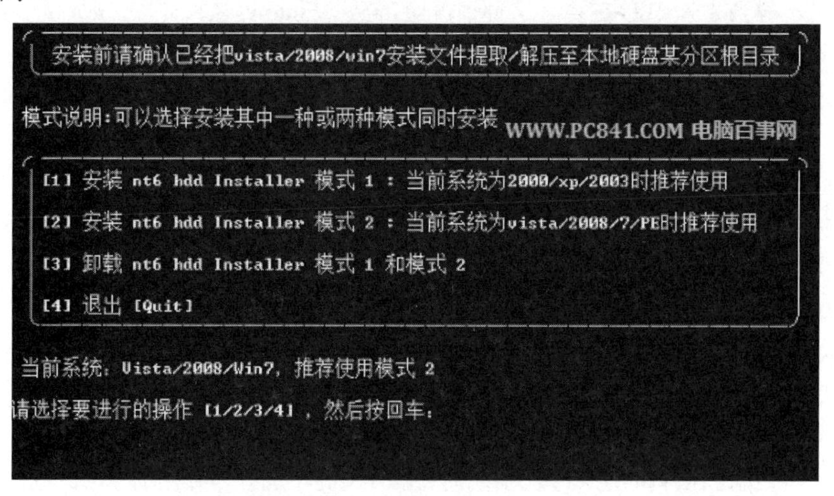

图 3-59 NT6 HDD Installer 安装模式

⑤ 重新启动计算机，选择 Mode 1 或者 Mode 2 启动，如图 3-60 所示。

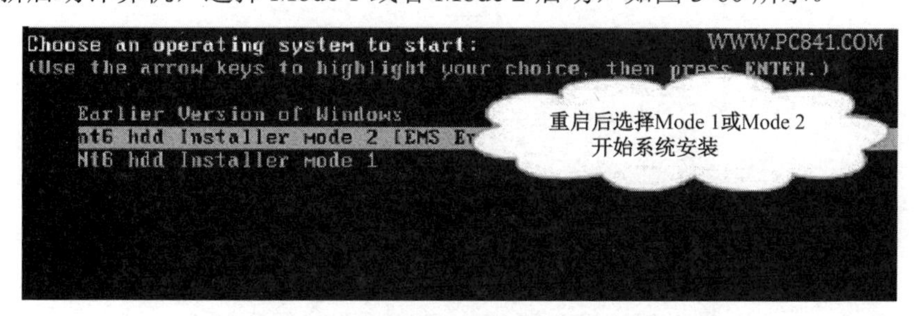

图 3-60 选择 Mode 1 或者 2 启动

⑥ 此时可看到 Windows 8.1 的安装界面，只要根据安装提示进行安装即可，如图 3-61 所示。这里需要注意的是，如果要将 Windows 8.1 安装到系统盘 C 盘中，则原来的操作系统会被替换，建议格式化 C 盘后再安装。

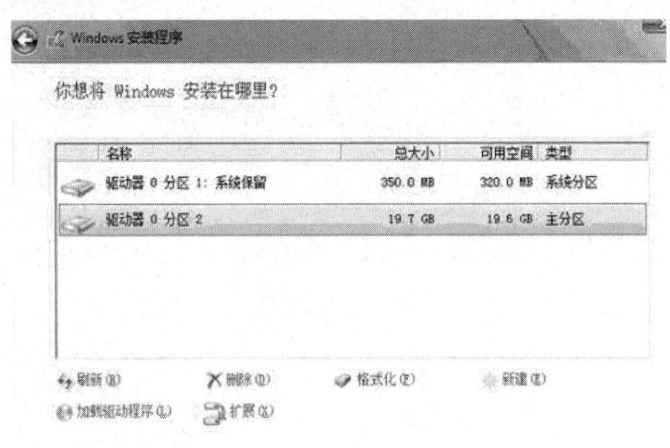

图 3-61　选择安装在 C 盘

⑦ 使用 NT6 HDD Installer 软件从硬盘安装 Windows 8.1 可能需要很长时间，而部分用户会以为已死机，导致中途中断安装，这种情况会导致 Windows 8.1 安装失败，也会导致原来的系统文件被破坏，出现无法进入系统的情况。所以在此提醒大家，由于硬件环境、驱动程序的不同，在进入 NT6 引导界面后，长时间没有反应是很正常的，需耐心等待。通常进入安装界面比较快，一般不超过半个小时。

2．Windows 7、Windows 8 双系统安装方法

如果系统是 Windows 7，那么不需要借助任何工具，也能很方便地从硬盘上安装 Windows 8.1，其方法如下。

① 下载 Windows 8.1 光盘镜像。

② 将下载的 Windows 8.1 光盘镜像文件解压到除系统盘以外的磁盘中，无需解压到磁盘根目录中，但要记住解压的路径，默认的解压文件夹名称可能比较长，建议将其改为较短的名称，如“win8-file”文件目录，解压后放置在 E 盘/win8-file 目录下。

③ 重启计算机，在开机尚未进入系统时，按 F8 键，选择“修复计算机”选项。

④ 在弹出的“系统修复选项”对话框中选择“命令提示符”选项，如图 3-62 所示。

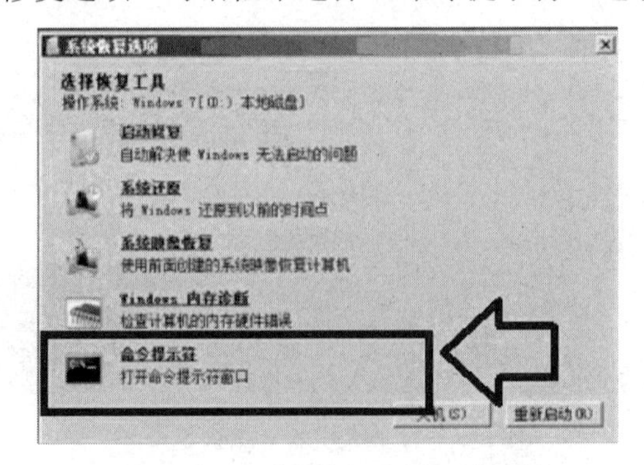

图 3-62　“系统修复选项”对话框

⑤ 在命令文本框中输入 E:\win8-file\sources\setup.exe 并进行安装。这里的 E:\win8-file\是前面解压的 Windows 8.1 光盘镜像文件所在的目录，可根据具体情况进行修改。

⑥ 进入安装界面，选择全新安装，选择 Windows 8.1 的安装磁盘，可以对原来的系统磁盘进行格式化，以便全新安装。也可选择其他磁盘进行安装，这样即可安装好 Windows 7 和 Windows 8 共存的双系统。

⑦ 装好后默认以 Windows 8 进行引导，如果想以 Windows 7 引导，则可以在 Windows 8 中通过 msconfig 修改，这样可以实现 Windows 7、Window 8 系统的双切换。

Window 7 用户使用这种方法安装非常简单，可以方便安装双系统。另外，如果不想使用 Window 7 操作系统了，还可以直接安装在 C 盘并进行覆盖。

3.4.3 常用驱动程序的安装

常用驱动程序的安装对用户安装新的硬件或部件性能更好地发挥都非常重要，在 Windows 中，需要安装主板、光驱、显卡、声卡、显示器等驱动程序。当需要连接其他硬件设备时，应安装相应的驱动程序。计算机的标准设备（如键盘、鼠标、硬盘），Windows 用自带的标准驱动程序来驱动，Windows 版本越高，自带的驱动程序越多。为了更好地发挥计算机部件的性能，也要更新驱动程序。下面主要介绍声卡、显卡、打印机驱动程序的安装。

1．声卡驱动程序的安装

内置在主板上的声卡，其驱动程序安装过程很简单，用户在安装 Windows 操作系统或系统启动时，系统会自动检测到相应的声卡并安装相应的驱动程序。系统启动后，在任务栏的右侧会看到喇叭图标，并使喇叭发声。但如果系统启动后，在任务栏的右侧没有喇叭图标，或者有喇叭图标但喇叭不发声，或者用户使用的是外置声卡，则需要用户用相应的声卡驱动程序进行重新安装，其安装过程如下。

① 安装好系统以后，会自动找硬件设备的驱动程序，如果安装光盘没有驱动程序，则会弹出如图 3-63 所示的对话框。或打开“控制面板”窗口，选择“打印机和其他设备”选项，单击“添加硬件”按钮，弹出“添加硬件向导”对话框，单击“下一步”按钮进行相关操作。在向导中，选中“安装我手动从列表选择的硬件（高级）”单选按钮，单击“下一步”按钮。

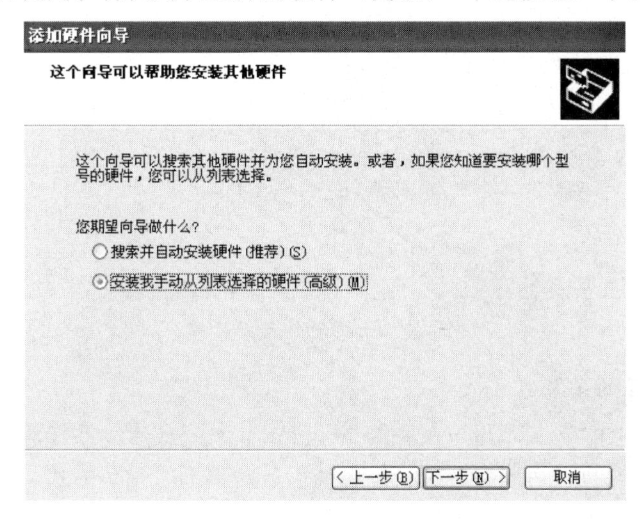

图 3-63 选择安装的硬件

② 系统会列出一个清单，包含所有常见硬件类型，如图 3-64 所示。选择“声音、视频和游戏控制器”选项，单击“下一步”按钮。

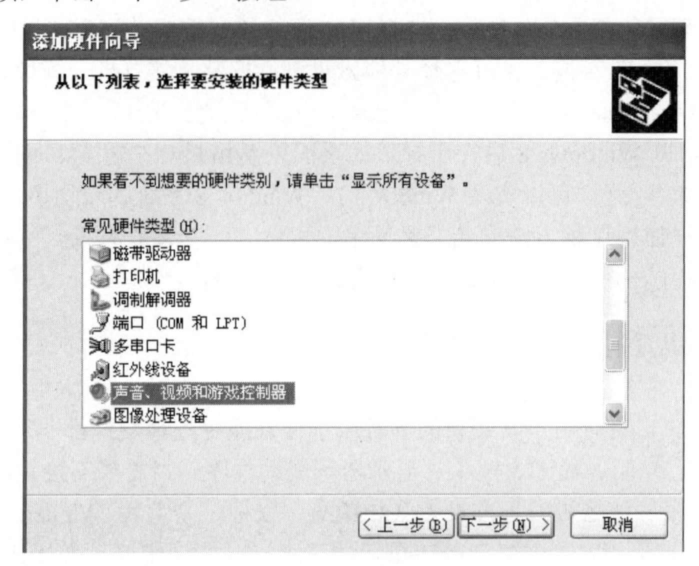

图 3-64　选择硬件类型

③ 在图 3-65 中从“厂商”列表框中选择厂商，在“型号”列表框中选择相应的型号。单击“下一步”按钮，可安装 Windows 中相应的声卡驱动程序。若单击“从磁盘安装”按钮，则此时可插入相应的驱动光盘到光驱中，输入相应的路径（或通过单击“浏览”按钮进行查找），单击“确定”按钮，即可安装相应的光盘声卡驱动程序。

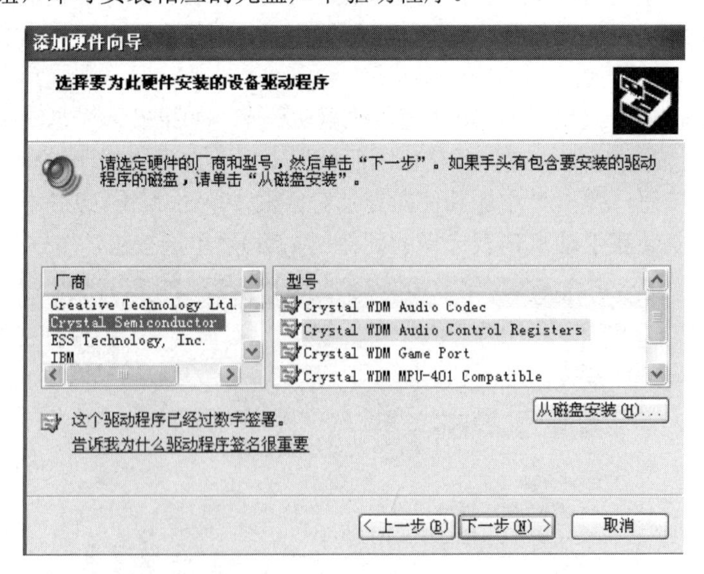

图 3-65　选择设备驱动程序

2．显卡驱动程序的安装

对于内置在主板上的显卡，用户在安装 Windows 系统或启动系统时，系统会自动检测到相应的显卡并安装相应的驱动程序。在系统启动后，在桌面空白处右击，在弹出的快捷菜单中选择“属性”选项，选择“设置”选项卡，屏幕会弹出对话框，用户可在“颜色”中调节屏幕的显示颜色。此时屏幕颜色应至少有 256 色、16 位增强色，但如果能调节的颜色只有单色和 16 色两种，则说明显卡驱动程序未安装或安装的显卡驱动程序不正确。若用户使用的是外置显卡，则用户需要用相应的显卡驱动程序重新安装，其安装过程如下。

① 打开“控制面板”窗口，选择“打印机和其他设备”选项，单击“添加硬件”按钮，弹出“添加硬件向导”对话框，单击“下一步”按钮。

② 根据添加硬件的操作步骤进行到如图 3-66 所示操作后，在列表中选择“显示”选项，单击“下一步”按钮；在图 3-67 中单击“从磁盘安装”按钮，此时可插入相应的驱动光盘到光驱中，输入相应的路径（或通过单击“浏览”按钮进行查找），单击“确定”按钮，即可安装相应的显卡驱动程序。

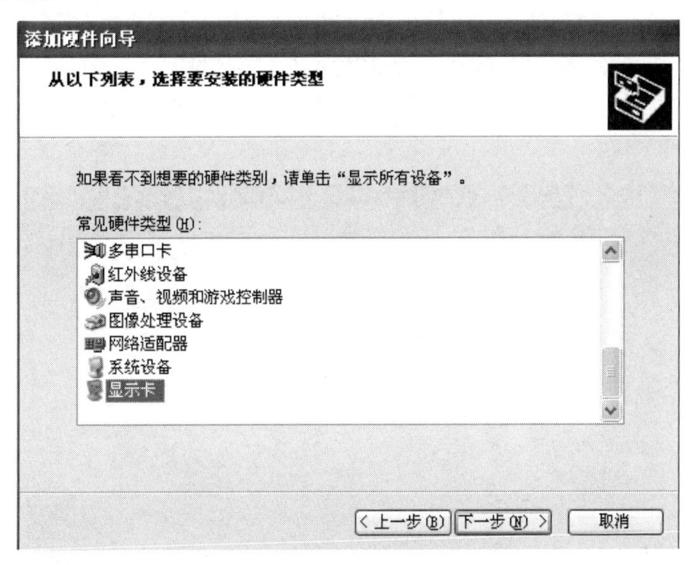

图 3-66　选择显卡

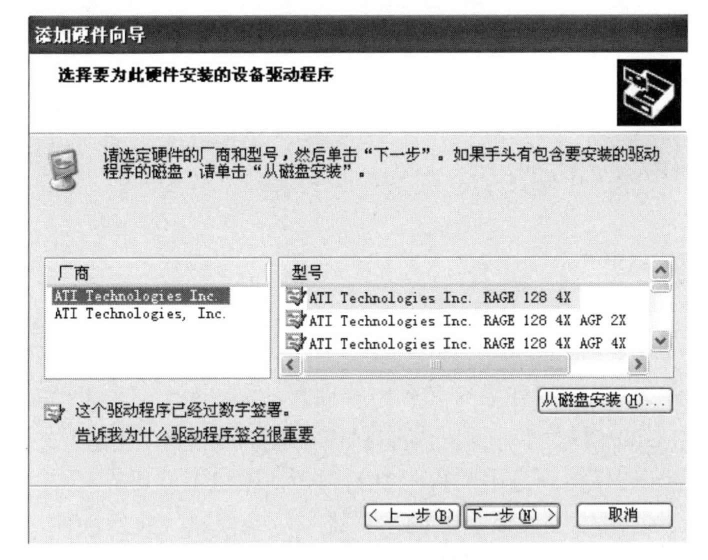

图 3-67　选择显卡的厂商和型号

3．打印机驱动程序的安装

在用户将打印机硬件连接好后，打开打印机电源，启动系统，选择“开始”→“设备和打印机”选项，在打开的窗口中双击“添加打印机”图标，单击“下一步”按钮，弹出如图 3-68 所示的“添加打印机向导”对话框，根据打印机的连接形式，选中“本地打印机”或者“网络打印机”单选按钮。单击“下一步”按钮，在“生产商”列表框中选择打印机的生产厂商，在其“打印机”列表框中选择相应的打印机型号（一般打印机都可以找到），将 Windows 操作系统光盘放入光驱。单击“下一步”按钮，根据打印机的连接情况设置好打印机使用的端口（一般为 LPT1 端口或 USB 端口）。单击“下一步”按钮，输入打印机名称或使用系统的默认名称。单击“下一步”按钮，当选择是否要打印测试页时，建议用户选择“是－建议打印”（这样可检测打印机的硬件连接是否正常），将系统光盘插入光驱。单击“完成”按钮，系统将自动从系统光盘上安装相应的打印机驱动程序，显示相应的打印机图标。另外，用户也可以通过“控制面板”窗口中的“打印机”图标和“添加新硬件”按钮完成打印机驱动程序的安装，方法与上述类似。

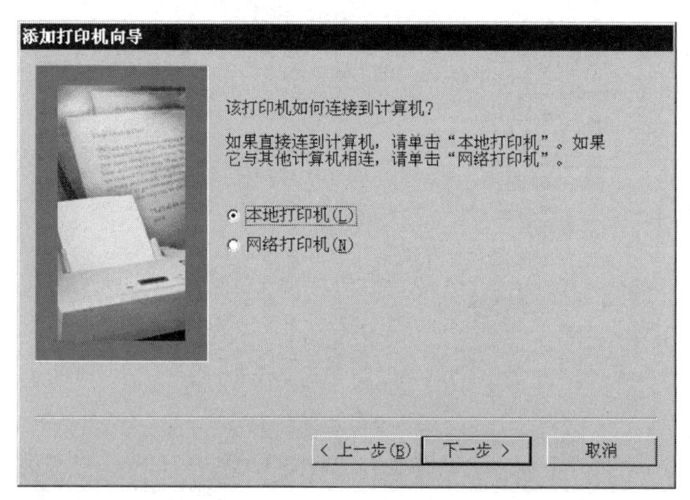

图 3-68　“添加打印机向导”对话框

3.5　复制软件的使用

3.5.1　硬盘管理

1．硬盘复制

当多台计算机安装相同的操作系统和应用软件时，需在每台计算机上重复整个安装过程，操作极为烦琐，利用 Ghost 的全盘复制功能，只需在其中一台计算机上安装操作系统及应用软件，再利用 Ghost 将该计算机硬盘中的内容复制到其他硬盘上即可。

① 在其中一台计算机中安装所需的操作系统、驱动程序、应用软件，清除系统中的“垃圾”，并进行硬盘碎片整理，做好复制前的准备工作。

② 将需要复制的目标硬盘安装到该计算机上，在纯 DOS 状态下启动 Ghost。

③ 在 Ghost 窗口中依次选择“Local”→“Disk”→“To Disk”选项，激活 Ghost 的硬盘

复制功能。

④ 在系统给出的物理硬盘列表中依次选择需要复制的源盘和目标盘。

⑤ 单击“Yes”按钮确认操作，Ghost 即可开始硬盘的复制工作。

在使用 Ghost 的硬盘复制功能时，还应注意以下几点。

a．在硬盘复制过程中，Ghost 会使源盘中的内容覆盖目标硬盘中的所有数据，用户在复制之前务必将目标硬盘上的重要数据备份。

b．用 Ghost 对硬盘进行复制时，尽量使用容量完全相同的硬盘。当使用不同容量的两个硬盘时，只能将小硬盘中的数据复制到大硬盘中。

c．由于 Ghost 在复制硬盘时完全按照簇进行，因此它会将硬盘上的“垃圾”及文件碎片复制到目标盘中，故在复制之前最好先对源盘进行清理，并对硬盘碎片进行整理，再进行复制。

d．Ghost 在复制硬盘的时候会将源盘中的坏道复制到目标盘中，因此用户在对那些包括了坏道的源盘进行复制时务必要小心。

2．硬盘备份

Ghost 在对硬盘进行备份时，将按照簇的方式将硬盘上的所有内容全部备份下来，并采用映像文件的形式保存到另外一个硬盘中，在需要的时候即可利用此映像文件进行恢复，从而真正达到对整个硬盘进行备份的目的。

用户要使用 Ghost 将整个硬盘中的内容全部备份到另外一个硬盘中（注意是备份而不是复制），故用户必须拥有一块闲置硬盘，并将其安装到计算机中，执行如下步骤。

① 启动 Ghost，在窗口中依次选择“Local”→“Disk”→“To Image”选项，激活 Ghost 的硬盘映像功能。

② 在源盘选择界面中选择需要备份的原始硬盘；选择目标硬盘，用户应分别对目标硬盘、分区、路径及映像文件的文件名等进行设置。

③ 单击“Yes”按钮，Ghost 即会将源盘中的所有内容全部采用映像文件的形式备份到目标硬盘中，从而达到对硬盘进行备份的目的。

3．硬盘恢复

按照前面的方法对硬盘进行备份之后，如果需要恢复，则应执行如下步骤。

① 启动 Ghost 后，在窗口中依次选择“Local”→“Disk”→“From Image”选项，激活 Ghost 的映像文件还原功能。

② 利用映像选择需要还原的映像文件；在弹出的目标硬盘中选择需要还原的目标硬盘。

③ 单击“OK”按钮，Ghost 即可将保存在映像文件中的数据还原到硬盘中，恢复后的目标硬盘与备份时的状态（包括分区、文件系统、用户数据等）是完全一致的。

在使用 Ghost 的硬盘备份/恢复功能时，应注意以下几点。

a．使用 Ghost 恢复之后，目标硬盘中原有的数据将全部丢失，因此在恢复之前一定要将硬盘中的有用数据备份出来。

b．对于 Ghost 生成的硬盘映像文件，除了将其保存到闲置硬盘中之外，还能利用刻录光盘、USB 闪存盘等存储媒体加以保存，降低保存成本，提高保存效率。

3.5.2 分区管理和硬盘检查

除了以硬盘为单位进行复制、备份、恢复之外，Ghost 还允许以硬盘分区为单位，对某个硬盘分区进行复制、备份和恢复，这在某些情况下更能满足用户的需要。

1．**复制分区**

如今硬盘的容量非常大，在使用的时候都要对硬盘进行分区，而操作系统及相关应用软件只占据其中的一个硬盘分区（一般是 C 盘），没有必要为了这一个分区中的内容而将整个硬盘复制一遍，单独复制特定硬盘分区的效果无疑更好。

正是基于这一原因，Ghost 特意提供了复制硬盘分区的功能，它将某个硬盘分区视为一个操作单位，将该硬盘分区复制到同一个硬盘的另外一个分区或另外一个硬盘的某个分区中，这进一步满足了用户的需要。

要使用 Ghost 对硬盘分区进行复制，应执行如下步骤。

① 启动 Ghost，在窗口中依次选择“Local”→“Partition”→“To Partition”选项，启动 Ghost 的分区复制功能，并选择复制的原始盘，如图 3-69 和图 3-70 所示。

② 在 Ghost 的分区列表中选择需要复制的原始分区，如图 3-71 所示。

③ 在 Ghost 的指导下选择需要复制的目标盘和目标分区，如图 3-72 和图 3-73 所示。

④ 单击“Yes”按钮，如图 3-74 所示，Ghost 会将原始分区中的内容复制到目标分区中。

值得注意的是，Ghost 的分区复制功能要求目标分区的大小不能小于原始分区的大小，否则目标硬盘中的后续分区将被全部删除。

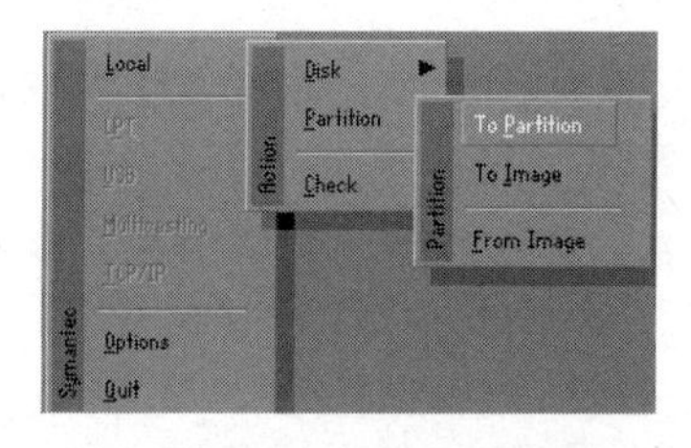

图 3-69 启动 Ghost 的分区复制功能

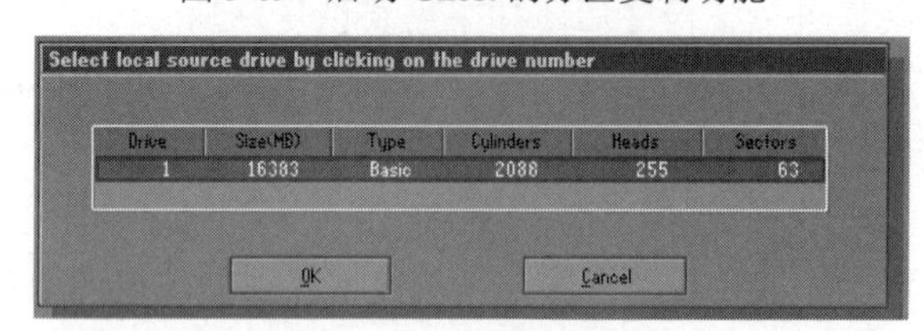

图 3-70 选择复制的原始盘

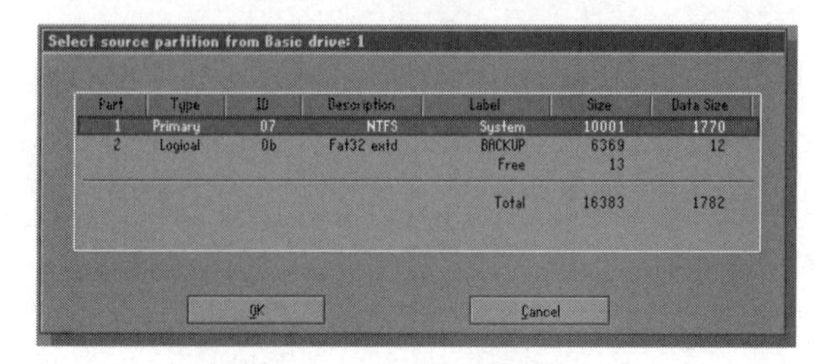

图 3-71 选择复制的原始分区

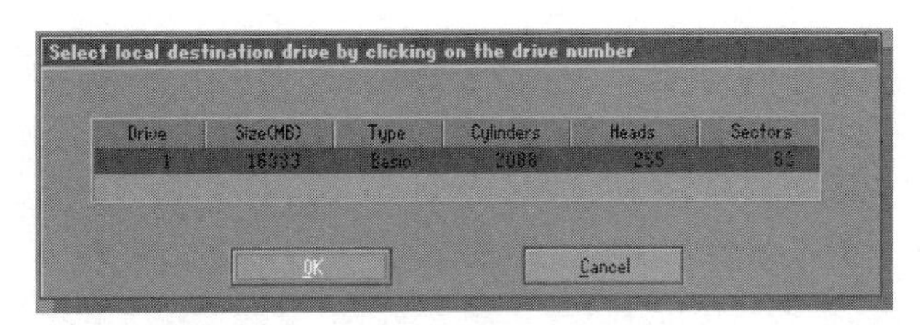

图 3-72　选择复制的目标盘

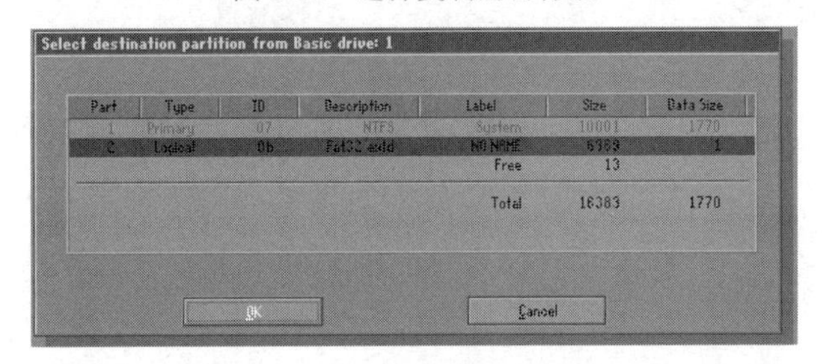

图 3-73　选择复制的目标分区

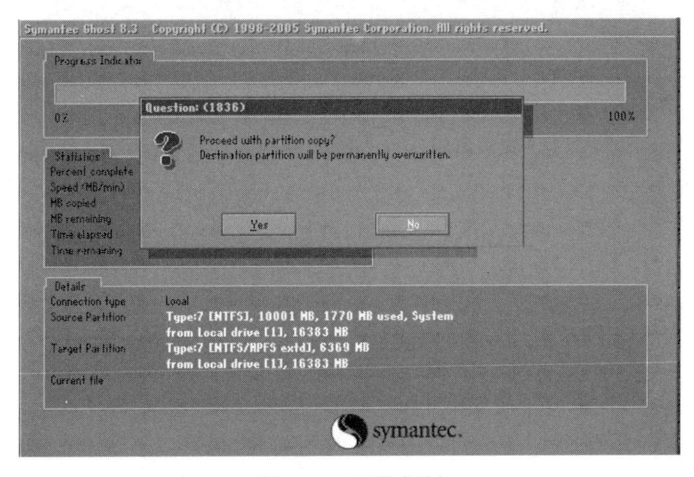

图 3-74　开始复制

2．分区备份

与分区复制功能一样，Ghost 也提供了分区备份功能。利用这一功能，将安装了操作系统（或重要数据文件）的硬盘分区采用映像文件的形式备份出来，在需要时恢复即可。分区备份的具体步骤如下。

① 启动 Ghost，在窗口中依次选择“Local”→“Partition”→“To Image”选项，打开分区备份窗口，如图 3-75 所示。

② 在 Ghost 的分区备份窗口中依次选择需要备份的硬盘及分区，如图 3-76 和图 3-77 所示。

③ 系统将弹出备份文件保存对话框，用户利用该对话框可设置分区映像文件的保存路径及文件名，如图 3-78 所示。

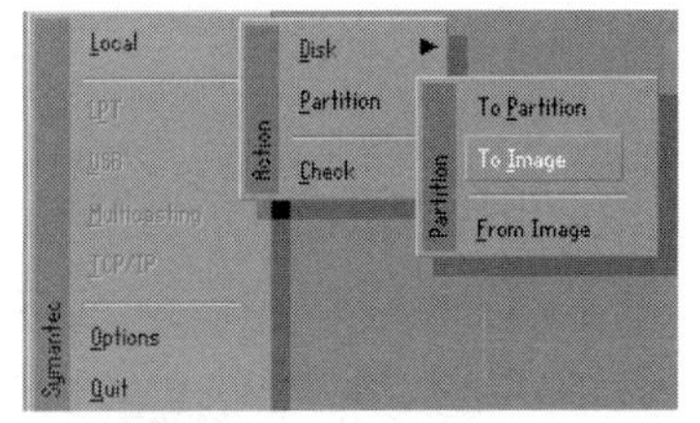

图 3-75　分区备份窗口

④ 此时 Ghost 会询问用户是否对备份的映像文件进行压缩，在弹出的提示对话框中：“NO”表示备份的时候不进行压缩处理，它占用的磁盘空间最大，但速度最快；“FAST”表示快速压缩，其压缩速度比较快，压缩效果相对来说要差一些；而“HIGH”则表示最大压缩率，

映像文件的容量最小，但压缩速度最慢。用户可根据自己的实际需要进行选择（一般选择 FAST）。

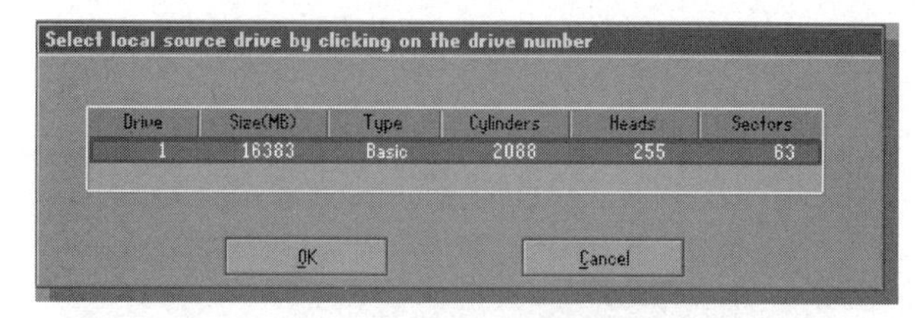

图 3-76　选择备份的硬盘

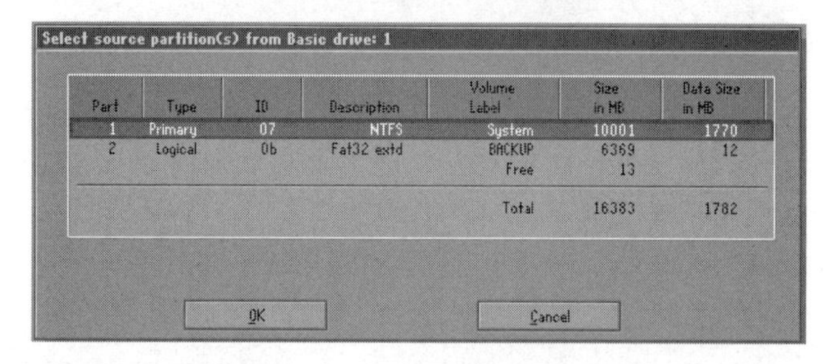

图 3-77　选择备份的分区

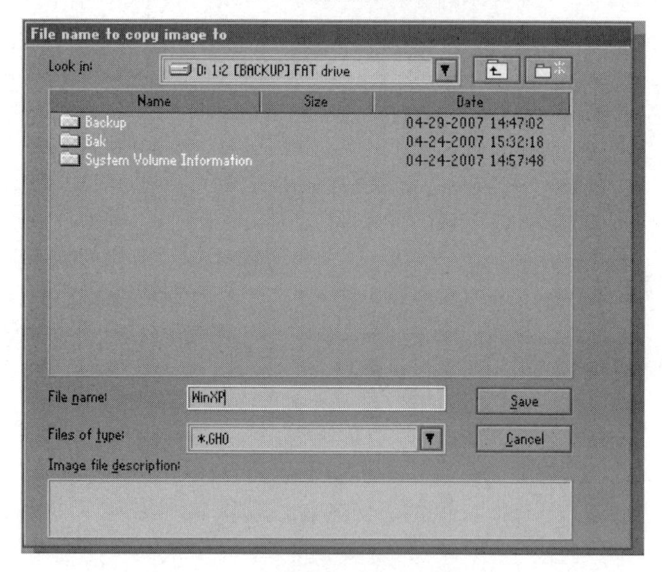

图 3-78　选择存储的路径和文件名

⑤ 单击“Yes”按钮开始备份，如图 3-79 所示，Ghost 即可按照要求将指定分区中的数据采用映像文件的形式备份出来。

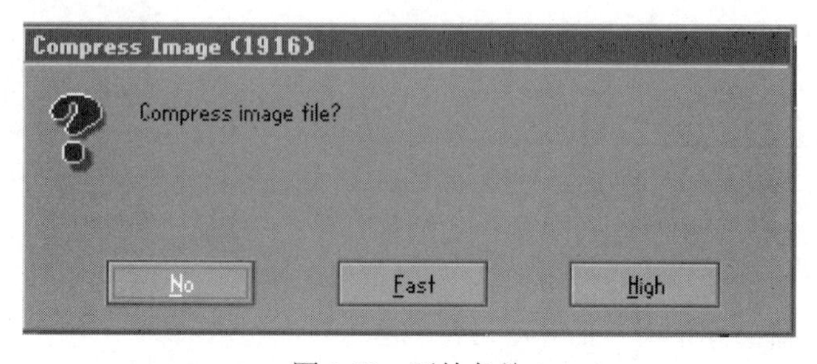

图 3-79　开始备份

3．分区恢复

利用 Ghost 对备份的映像文件进行恢复的步骤如下。

① 启动 Ghost 后，在窗口中依次选择“Local”→“Partition”→“From Image”选项，激活 Ghost 的分区还原功能，如图 3-80 所示。

② 在分区还原窗口中选择事先备份好的分区映像文件和备份的分区，如图 3-81 和图 3-82 所示。

③ 在 Ghost 的目标分区选择窗口中选择需要还原的硬盘和分区，如图 3-83 和图 3-84 所示。

④ 单击“Yes”按钮，Ghost 即可将映像文件中的数据恢复到用户指定的硬盘分区中，如图 3-85 所示。

在使用 Ghost 的分区备份/还原功能时，目标硬盘分区中的数据会全部丢失，因此在还原之前应将相应硬盘分区中的有用数据备份出来。

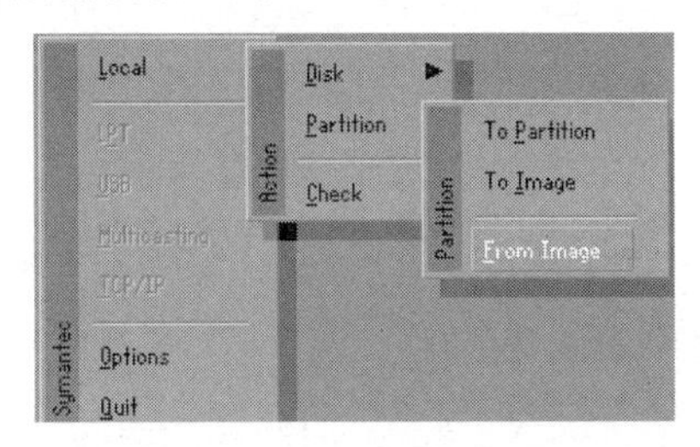

图 3-80　分区恢复功能

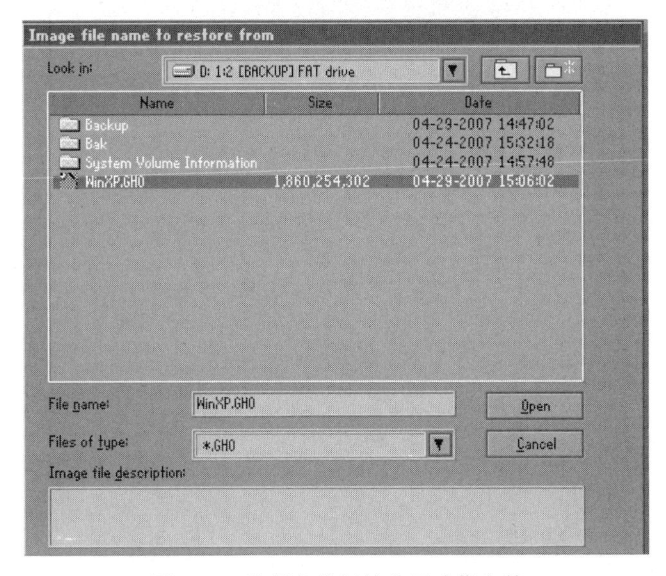

图 3-81　选择备份好的分区映像文件

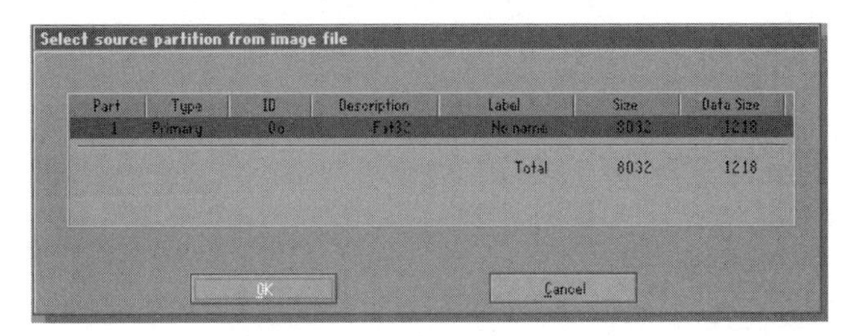

图 3-82　选择备份的分区

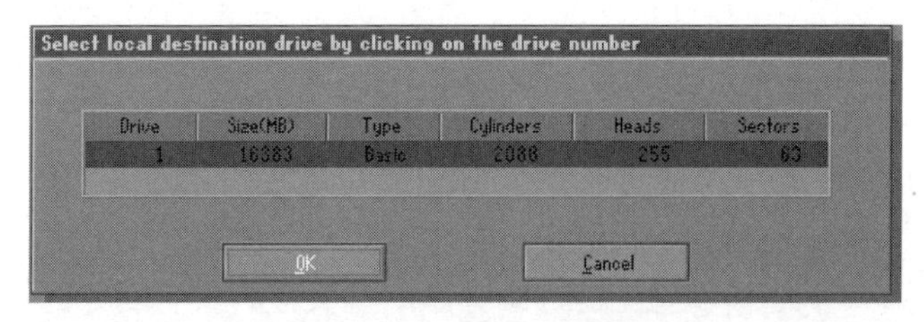

图 3-83 选择需要恢复的硬盘

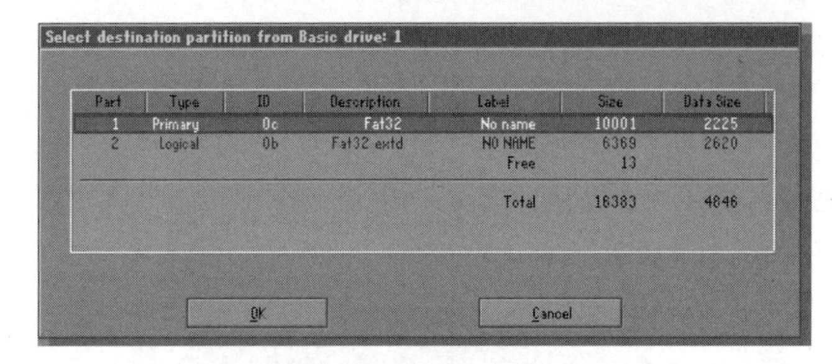

图 3-84 选择需要恢复的分区

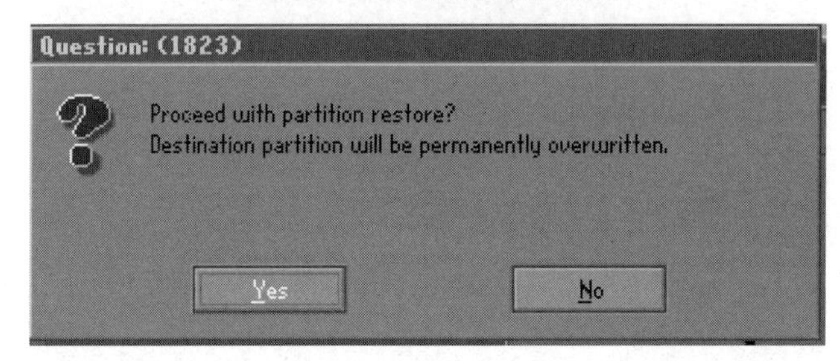

图 3-85 开始分区恢复

4．硬盘检查

除了前面介绍的硬盘及分区的复制、备份、恢复等功能之外，Ghost 还提供了硬盘的检查功能，它能检查用户的硬盘及映像文件的状态是否良好，以保证复制、备份/还原工作的顺利进行。

本章主要学习内容

① 微型机中各部件的选购方法和安装要领。

② 常见的 AMI CMOS 的设置过程。

③ 硬盘的分区方法，Windows 8.1 和常用驱动程序的安装方法。

④ 复制软件的使用。

实践 3

子实践 1

1．实践目的

① 了解微型机各部件的选购要领。

② 掌握各部件的安装方法。

③ 了解 BIOS 的设置方法。

2．实践内容

① 到计算机市场选购各种微型机部件。

② 安装一台微型机的基本部件。

③ 了解 BIOS 主菜单的含义、基本参数优化的设置方法。

子实践 2

1．实践目的

① 掌握一种分区软件的使用方法。

② 掌握一种 Windows 操作系统的安装方法。

③ 了解复制软件的使用方法。

2．实践内容

① 下载某一分区软件对硬盘进行分区操作。

② 将安装光盘放入光驱，启动计算机，进入 BIOS 设置，将第一启动项设置为从光驱启动，根据显示屏的提示安装 Windows 8.1 并安装必要的驱动程序。

③ 安装复制软件，对 C 盘进行分区备份和分区恢复操作。

练习 3

一、填空题

1．CPU 的定位脚的位置非常明显，即 CPU（　　　　）的位置或者有一个小（　　　　）的位置。

2．IDE 硬盘的数据线蓝色的插头（标有 SYSTEM）接（　　　　）、黑色的插头（标有 MASTER）接 IDE（　　　　）设备、灰色的插头（标有 SLAVE）接 IDE（　　　　）设备。

3．CMOS 是计算机主板上的一块芯片，用来保存当前系统的硬件配置和用户对某些参数的设定。CMOS 由主板的（　　　　）供电，即使关机，信息也不会丢失。

4．CMOS 设置菜单中 Boot Device Priority 称为（　　　　）设置。

5．CMOS 设置菜单中 Change Supervisor Password 称为（　　　　）设置。

6．硬盘的低级格式化的目的是划定磁盘可供使用的（　　　　）和（　　　　），并标记有问题的扇区，通常由生产厂家完成此项操作。

7．当前主要使用的 Windows 操作系统有（　　　　）、（　　　　）和（　　　　）。

二、选择题

1．安装 IDE 光驱时，扁平电缆线的红线端与插座的（　　）脚对应。

A．电源　　B．40 号　　C．1 号　　D．地

2．IDE 硬盘数据线采用的是（　　）芯的数据电缆。

A．60　　B．42　　C．40　　D．80

3．在 Ghost 中依次选择“Local”→“Disk”→“To Disk”选项，激活 Ghost 的（　　）

功能。

A．光盘复制　B．硬盘复制　C．分区复制　D．软盘复制

4．在使用 Ghost 的分区备份/还原功能时，目标硬盘分区中的数据会（　　）。

A．保存下来　B．部分丢失　C．清除干净　D．全部丢失

三、简答题

1．选购 CPU 时，主要考虑的因素有哪些？

2．最小系统是何含义？

3．计算机各部件安装完成后，应先检查哪几方面是否正确？

4．在什么情况下要进行 CMOS 设置？

5．Ghost 中硬盘备份有何含义？

6．根据微软官方公布的信息，Windows 8 有哪几个版本？

微型机主要外部设备

4.1 扫描仪

扫描仪按其操作方式和用途的不同，大体上分为以下几类。

按照扫描仪类型划分：平板式扫描仪、大幅面扫描仪、底片扫描仪、馈纸式扫描仪、文件扫描仪、便携式扫描仪、手持式扫描仪、实物扫描仪和 3D 扫描仪等。

按照扫描光源划分：冷阴极荧光灯、三色发光二极管和卤素灯光源。

按照扫描方式划分：CMOS、CIS、CCD 和 MT。

平板式扫描仪又称台式扫描仪，如图 4-1 所示。

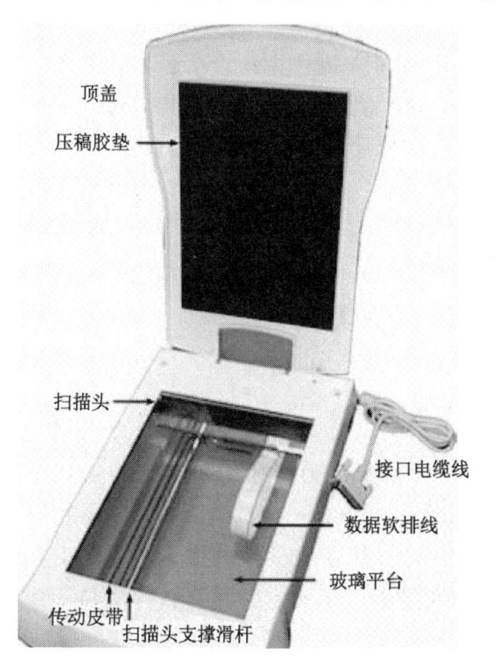

（a）

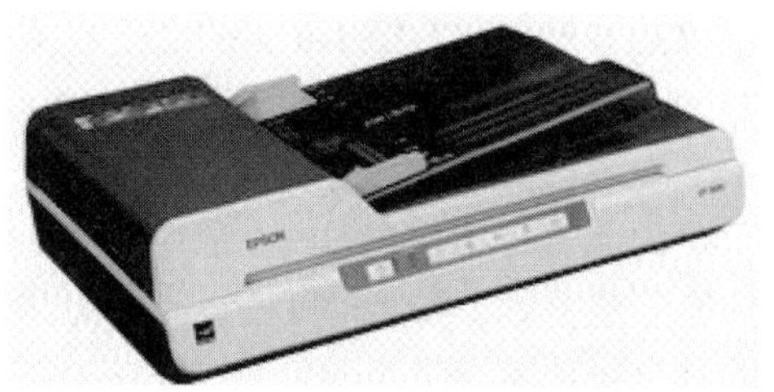

（b）

图 4-1　平板式扫描仪

4.1.1 扫描仪的工作原理

扫描仪主要由光学部分、机械传动部分和转换电路 3 部分组成。扫描仪的核心部分是完成光电转换的光电转换部件。目前大多数扫描仪采用的光电转换部件是感光器件（包括 CCD、CIS 和 CMOS）。冷阴极荧光灯具有体积小、亮度高、使用寿命长的特点，但工作前需要预热。该类光源已经广泛应用于平板式扫描仪。

扫描仪工作时，先由光源将光线照在要输入的图稿上，产生表示图像特征的反射光（反射稿）或透射光（透射稿）。光学系统采集这些光线，将其聚焦在感光器件上，由感光器件将光信号转换为电信号，由电路部分对这些信号进行模/数转换及处理，产生对应的数字信号输送给计算机，如图 4-2 所示。机械传动机构在控制电路的控制下带动装有光学系统和 CCD 的扫描头与图稿进行相对运动，将图稿扫描一遍，一幅完整的图像即可输入到计算机中。

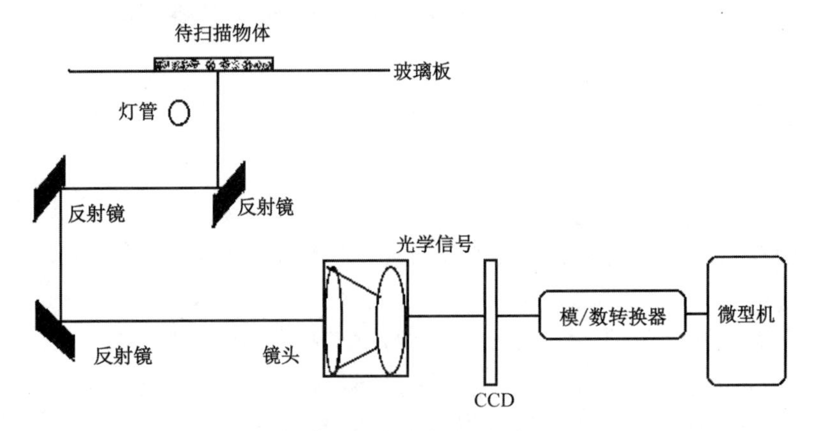

图 4-2 平板扫描仪的结构

在扫描仪获取图像的整个过程中，有两个器件起到了关键作用：一个是光电器件，它将光信号转换为电信号；另一个是模/数转换器，它将模拟电信号转换为数字电信号。这两个器件的性能直接影响了扫描仪的整体性能，也关系到选购和使用扫描仪时如何正确理解和处理某些参数及设置。

4.1.2 扫描仪的主要技术指标

影响扫描仪性能的指标主要有以下几个。

1．分辨率

扫描仪的分辨率通常指 1in 上的点数，即 DPI。市场上主流的扫描仪其光学分辨率通常有 1200×2400 DPI、2400×4800 DPI、3200×6400 DPI、4800×9600 DPI 和 9600×9600 DPI。除了光学分辨率之外，扫描仪的包装箱上通常还会标注最大分辨率，如光学分辨率为 600×1200DPI 的扫描仪最大分辨率为 9600DPI，这实际上是通过软件计算得出的额外像素，从而获得插值分辨率。插值分辨率对于图像精度的提高并无实质上的用处。事实上，只要软件支持而主机又足够快，这种分辨率完全可以做到无限大。

2．色深和灰度

色深是指扫描仪对图像进行采样的数据位数，是每个像素点能表示的颜色数量的二进制位表示，即扫描仪能辨析的色彩范围。较高的色深位数可以保证扫描仪反映的图像色彩与实物的真实色彩尽可能一致，同时使图像色彩更加丰富。扫描仪的色彩深度值一般有 36bit、42bit 和 48bit 等，一般光学分辨率为 2400×2400DPI 的色彩深度值为 48bit。

灰度是指进行灰度扫描时对图像由纯黑到纯白整个色彩区域进行划分的级数，编辑图像时一般会用到 16bit，而主流扫描仪通常为 16bit。

3．感光器件

扫描仪采用的感光器件对扫描仪的性能影响很大，扫描仪的核心部分是完成光电转换的部件——扫描元件，即感光器件。目前市场上扫描仪使用的感光器件有 4 种：电荷耦合元件（CCD，包括硅氧化物隔离 CCD 和半导体隔离 CCD）、接触式感光器件（CIS）、光电倍增管（PMT）和互补金属氧化物导体（CMOS）。

光电倍增管实际上是一种电子管，一般只用在昂贵的专业滚筒式扫描仪上；目前，CCD 已成为应用最广泛的感光器件；CIS 最大的优势在于生产成本低，仅为 CCD 的 1/3 左右，所以在一些低端扫描仪产品中得到了广泛应用。但若仅从性能上考虑，CIS 存在明显的不足，因为它不能使用镜头，只能贴近稿件扫描，实际清晰度与标称指标尚有一定差距；而且由于其没有景深，无法对立体物体进行扫描。

4．扫描速度

扫描速度可分为预扫速度和实际扫描速度。对于这两个速度，应该倾向于注重预扫速度而不是实际扫描速度。这是因为，扫描仪受接口（目前绝大多数扫描仪使用 USB 接口）带宽的影响，速度差别并不是很大。而扫描仪在开始扫描稿件时，必须通过预扫确定稿件在扫描平台上的位置，因此预扫速度反而是影响实际扫描效率的一个主要指标。在选择扫描仪时，应尽量选择预扫速度快的产品。扫描速度的表示方式一般有两种：一种是用扫描标准 A4 幅面所用的时间来表示，另一种是用扫描仪完成一行扫描的时间来表示。扫描仪扫描的速度与系统配置、扫描分辨率设置、扫描尺寸、放大倍率等有密切关系。

5．接口

扫描仪的常见接口有 SCSI、IEEE 1394 和 USB，目前的家用扫描仪以 USB 接口居多。USB 2.0 接口是最常见的接口，易于安装，支持热插拔。

SCSI 接口的扫描仪安装时需要 SCSI 卡的支持，成本较高。

采用 IEEE 1394 接口的扫描仪的价格比使用 USB 接口的扫描仪高许多。IEEE 1394 支持外设热插拔，可为外设提供电源，省去了外设自带的电源，能连接多个不同设备，支持同步数据传输，其速率可达 400 Mb/s。

6．扫描幅面

扫描幅面即为扫描的纸张的大小，台式扫描仪主要有 A4 和 A3。一般扫描仪的扫描幅面为 A4 规格。

4.1.3 扫描仪的使用

扫描仪可以扫描照片、印刷品及一些实物。扫描时通常要使用 Photoshop 或扫描仪自带的图像编辑软件。下面简单介绍扫描仪扫描图像的步骤。

安装好扫描仪后，打开扫描仪的电源，安装扫描仪的驱动程序，在 Windows 桌面上出现扫描仪图标。

将需要扫描的图放在扫描仪的台面上，单击扫描仪图标即可进入扫描仪操作界面，如图 4-3 所示。该界面有两个窗格，在右边的窗格中可以对扫描的彩色、分辨率和输出图像尺寸等进行设置。窗口下方有“新扫描”和“接受”两个按钮，扫描前，先单击“新扫描”按钮，进行预览，在预览画面上选择扫描范围，然后单击“接受”按钮进行扫描。

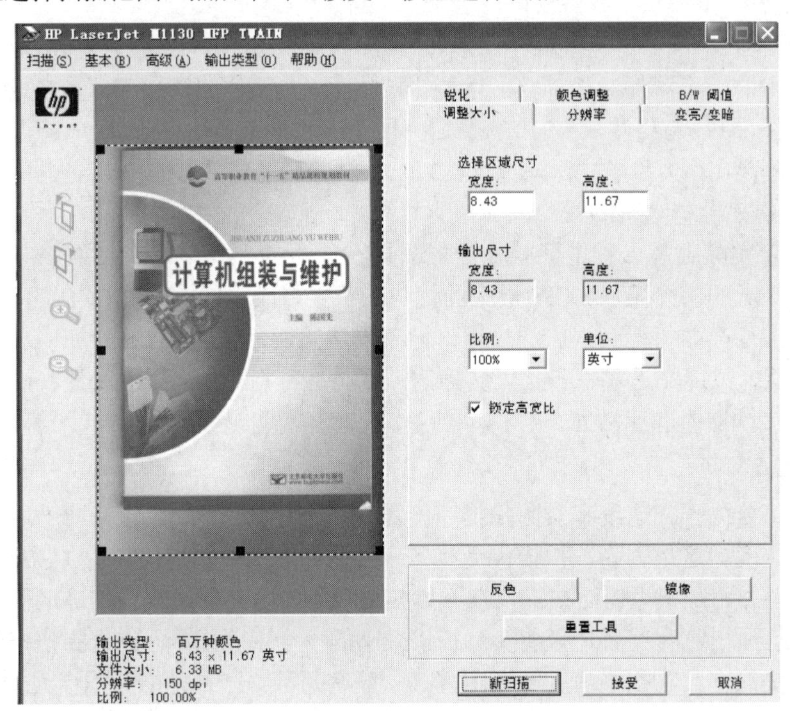

图 4-3　扫描仪操作界面

4.2 数码照相机

数码照相机主要根据像素进行分类，如图 4-4 所示，有普及型、专业型、高级型 3 种。

（a）　　　　（b）

图 4-4　数码照相机的外观

4.2.1　数码照相机的工作原理和技术指标

1．数码照相机的基本工作原理

数码照相机用 CCD 光敏器件替代胶卷感光成像，其利用了 CCD 的光电转化效应。CCD 根据镜头成像之后投射到其上的光线的光强（亮度）与频率（色彩），将光信号转换为电信号，记录到数码照相机的内存中，形成计算机可以处理的数字图像信号，因此有人将这种器件称为“电子胶卷”。数码照相机中内存记录的图像信息直接下载到计算机中进行显示或加工。对于光学成像部分的原理和装置与传统相机的基本相同。

2．数码照相机的主要技术指标

（1）有效像素数

有效像素数与最大像素不同，有效像素数是指真正参与感光成像的像素值。最高像素的数值是感光器件的真实像素，这个数据通常包含了感光器件的非成像部分，而有效像素是在镜头变焦倍率下换算出来的值。

数码图片的存储方式一般以像素为单位，每个像素是数码图片中面积最小的单位。像素越大，图片的面积越大。要增加一个图片的面积，如果没有更多的光进入感光器件，唯一的办法是把像素的面积增大，这样可能会影响图片的锐力度和清晰度。所以，在像素面积不变的情况下，数码照相机能获得最大的图片像素，即有效像素。

（2）变焦

变焦分为光学变焦和数码变焦。

数码照相机依靠光学镜头结构来实现变焦。数码照相机的光学变焦方式与传统 35mm 相机差不多，即通过镜片移动来放大与缩小需要拍摄的景物，光学变焦倍数越大，能拍摄的景物越远。如今的数码照相机的光学变焦倍数大多为 2～5 倍，即可把 10m 以外的物体拉近至 3～5m；也有一些数码照相机拥有 10 倍以上的光学变焦效果。

数码变焦通过数码照相机内的处理器，把图片内的每个像素面积增大，从而达到放大目的。这种手法如同用图像处理软件把图片的面积放大，但程序在数码照相机内进行，把原来 CCD 影像感应器上的一部分像素使用“插值”处理手段放大，将 CCD 影像感应器上的像素用插值算法使画面放大到整个画面。目前数码照相机的数码变焦一般在 6 倍左右。

（3）色彩深度

这一指标描述了数码照相机对色彩的分辨能力，它取决于“电子胶卷”的光电转换精度。目前，几乎所有数码照相机的颜色深度都达到了 36 位以上，可以生成真彩色的图像。。

（4）存储能力

数码照相机内存的存储能力及是否具有扩充功能，成为数码照相机的重要指标，它决定了在未下载信息之前相机可拍摄照片的数目。当然，同样的存储容量，所能拍摄照片的数目还与分辨率有关，分辨率越高，存储的照片数目越少。存储能力与照片的保存格式有关。使用何种分辨率拍摄，要在图像质量与拍摄数量间进行折中考虑。随机存储设备一般为 XD 卡和 SD 卡，容量可以达到 2～64GB。存储卡的种类也有很多种，如 CF 卡、SD 卡、记忆棒和 SM 卡等。

（5）光圈与快门

光圈是一个用来控制光线透过镜头，进入机身内感光面的光量的装置，它通常在镜头内。

光圈 *F* 值=镜头的焦距/镜头口径的直径。快门包括了电子快门、机械快门和 B 门。电子快门是用电路控制快门线圈磁铁的原理来控制快门时间的，齿轮与连动零件大多为塑料材质；机械快门的齿轮带动控制时间，连动与齿轮以铜与铁的材质居多；当需要超过 1s 的曝光时间时，就要使用到 B 门。使用 B 门的时候，快门释放按钮按下，快门长时间开启，直至松开释放按钮，快门才能关闭。

4.2.2 数码照相机的使用

1．数码照相机的外观

柯达数码照相机（CX7430）的最大像素数为 423 万，最高分辨率为 2304×1728DPI，是一种性能价格比较高的数码照相机。该相机的外观与名称如图 4-5（CX7430 数码照相机的前视图）、图 4-6（CX7430 数码照相机的后视图）、图 4-7（CX7430 数码照相机的侧视图）、图 4-8（CX7430 数码照相机的俯视图和仰视图）所示。

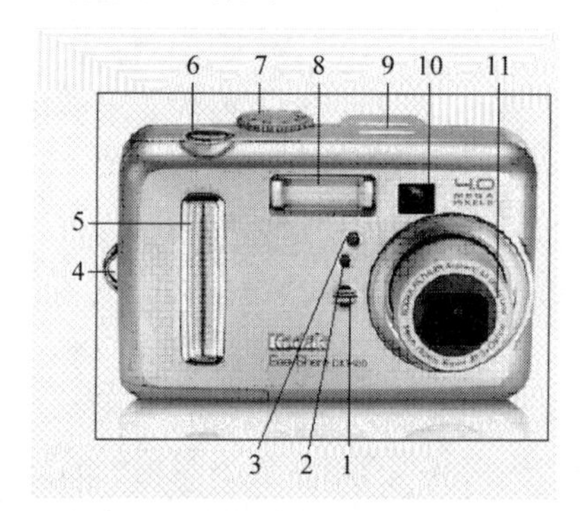

1—麦克风；2—光线传感器；3—自拍器/录像指示灯；4—腕带孔；5—防滑条；
6—快门按钮；7—模式拨盘；8—闪光装置；9—扬声器；10—取景器；11—镜头/镜头盖

图 4-5　CX7430 数码照相机的前视图

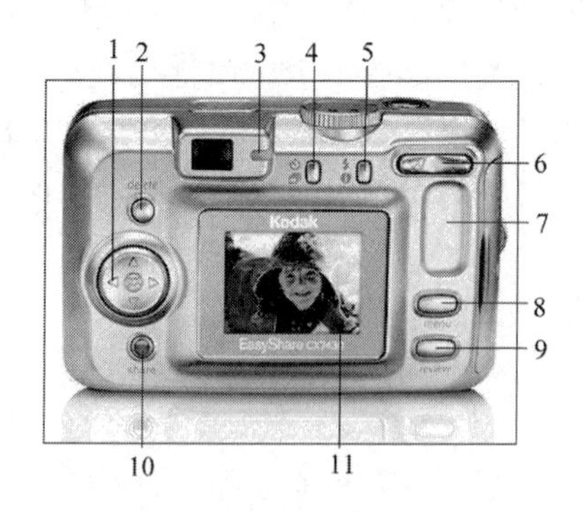

1—方向控制器，▲、▼、◄、►；2—Delete（删除）按钮；3—就绪指示灯；
4—自拍/连拍按钮；5—闪光灯/状态按钮；6—变焦（广角/远摄）；7—防滑条；
8—Menu 按钮；9—Review（查看）按钮；10—相机屏幕（LCD）；11—Share（分享）按钮

图 4-6　CX7430 数码照相机的后视图

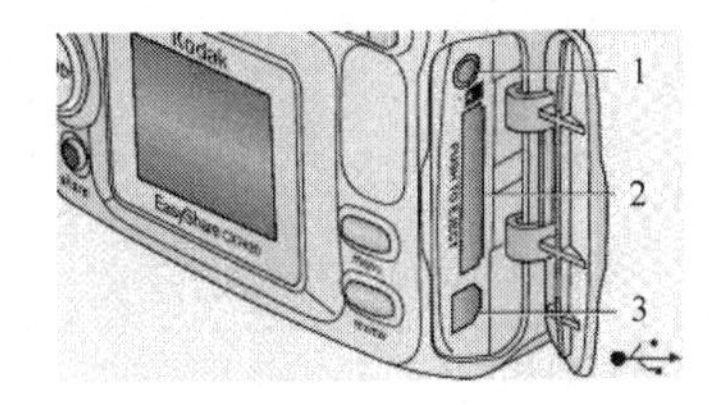

1—音频/视频输出，用于在电视上观看；2—用于 SD/MMC 存储卡插槽；3—USB 端口

图 4-7 CX7430 数码照相机的侧视图

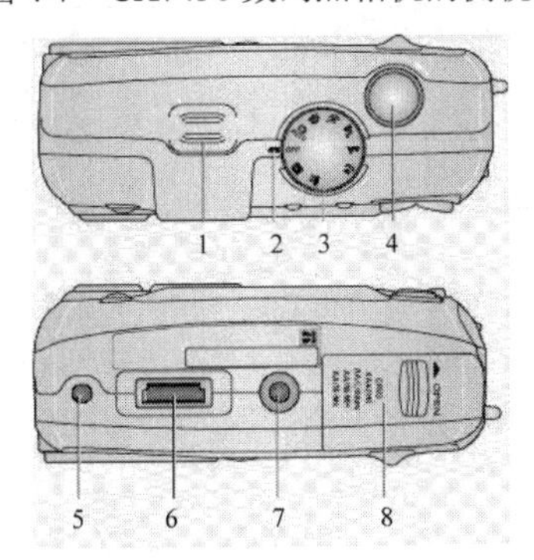

1—扬声器；2—电源指示灯；3—模式拨盘/电源；4—快门按钮；

5—EasyShare 相机底座或多功能底座打印机的定位器；6—底座接口；

7—EasyShare 相机底座或多功能底座打印机的三脚架连接孔；8—电池仓盖

图 4-8 CX7430 数码照相机的俯视图和仰视图

2．数码照相机的使用

下面以 CX7430 数码照相机为例介绍其使用方法。

（1）打开和关闭相机

① 打开相机，将模式拨盘从 Off（关闭）旋转至任何其他位置，将电源指示灯打开。相机执行自检时，就绪指示灯呈绿色闪烁，在相机就绪时关闭。

② 关闭相机，将模式拨盘旋到 Off（关闭）位置，相机将结束正在进行的操作。

（2）照相机和照片状态

照相机屏幕上的图标显示了有效的照相机和照片的设置。如果❶显示在状态区域中，则按“闪光灯/状态”按钮将显示其他图标，按▲按钮将显示默认的状态图标。

拍摄模式屏幕中各图标的含义如图 4-9 所示。

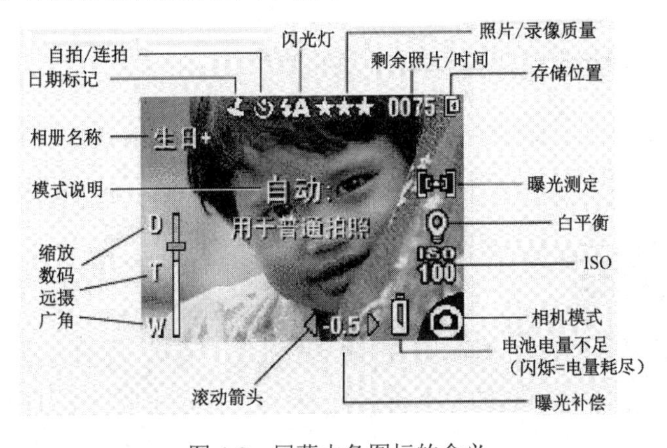

图 4-9 屏幕中各图标的含义

（3）照相机模式

数码照相机的模式（模式拨盘）含义如表 4-1 所示。

表 4-1 数码照相机的模式

使用模式	作 用
自动	用于拍摄普通照片。自动设置曝光、焦距和闪光灯
肖像	全幅人物肖像。主体清晰，背景模糊。自动使较低级别的补光闪光灯闪光。拍摄对象应处于 0.6 m 以外，且只对头部和肩部姿势进行取景
运动	用于拍摄运动中的主体。快门速度较快
夜间	用于拍摄夜景，或在弱光条件下拍摄。将照相机放置在平坦的表面上或者使用三脚架。由于快门速度低，因此建议被拍照者在闪光灯闪光之后保持几秒钟不动
风景	适用于拍摄远处的主体。除非将闪光灯打开，否则闪光灯不闪光。在风景模式下，无法使用自动对焦取景标记
特写	广角模式下，主体可距镜头 13～70cm；远摄模式下，可为 22～70cm。如有可能，可使用现场光代替闪光灯。使用照相机屏幕为主体取景

（4）拍摄照片

① 将模式拨盘转到要使用的模式上，此时照相机屏幕会显示模式名称和说明。

② 使用取景器或以照相机屏幕为主体取景（按 OK 按钮打开相机屏幕）。

③ 将快门按钮按下一半以设置曝光和焦距。

④ 就绪指示灯呈绿色闪烁时，将快门按钮完全按下以拍照。

就绪指示灯呈绿色闪烁时，表明正在保存照片，但仍可以拍照。如果就绪指示灯为红色，则要一直等到就绪指示灯变为绿色。

4.3 针式打印机

针式打印机具有结构简单、使用灵活、技术成熟、分辨率高和速度适中的优点，还具有高速跳行能力、多份复制和大幅面打印的独特功能，性能价格比高，所以目前国内使用的打印机中针式打印机仍占很大份额。

4.3.1 针式打印机的结构和工作原理

针式打印机是由单片机、精密机械和电气构成的机电一体化智能设备，如图 4-10 所示。它可以概括性地划分为打印机械装置和电路两大部分。

图 4-10 针式打印机的外观

1．打印机械装置

（1）打印头

打印头（印字机构）是成字部件，装载在字车上，用于印字，是打印机中的关键部件，一般有 24 根针，打印机的打印速度、打印质量和可靠性在很大程度上取决于打印头的性能和质量。

（2）字车机构

字车机构是打印机用来实现打印点阵字符或点阵汉字的机构。字车机构中装有字车，采用字车电动机作为动力源，在传动系统的拖动下，字车将沿导轨做左右往复直线间歇运动，从而使字车上的打印头沿字行方向、自左至右或自右至左地完成一个点阵字符或点阵汉字的打印。

（3）输纸机构

输纸机构按照打印纸有无输纸孔，可分为两种：一种是摩擦传动方式输纸机构，适用于无输纸孔的打印纸；另一种是链轮传动方式输纸机构，适用于有输纸孔的打印纸。一般针式打印机的输纸机构基本上都具有这两种机构。

（4）色带机构

色带是在带基上涂黑色或蓝色油墨染料制成的，可分为两类：薄膜色带和编织色带。

针式打印机中普遍采用单向循环色带机构。色带机构有 3 种类型：盘式结构、窄型（小型）色带盒和长型（大型）色带盒。针式打印机的色带机构如图 4-11 所示。

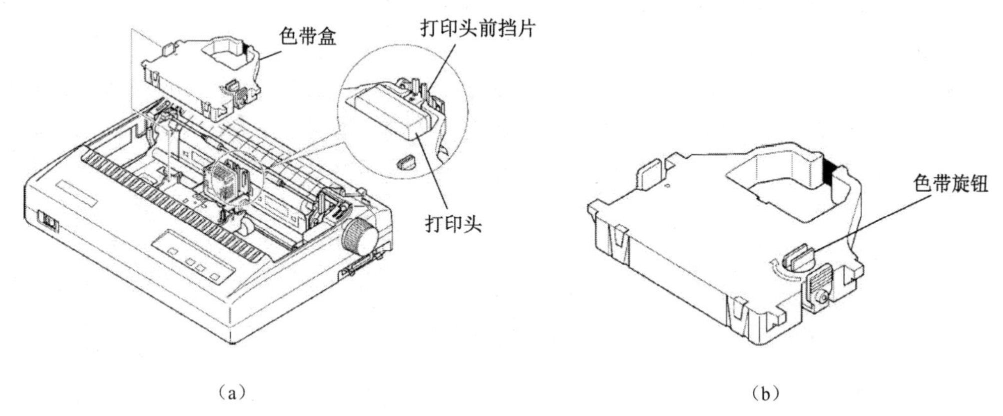

图 4-11 针式打印机的色带机构

2．控制电路

打印机的主控电路本身是一个完整的微型计算机，一般由微处理器、读写存储器（RAM）、只读存储器（ROM）、地址译码器和输入/输出（I/O）电路等组成。另外，还包括打印头控制电路、字车电动机控制电路和输纸电动机控制电路等。微处理器是控制电路的核心，由于当前微电子技术的高速发展，单片计算机已将微型计算机的主要部分（如微处理器、存储器、输入/输出电路、定时/计时器、串行接口和中断系统等）集成在一个芯片上，所以有许多打印机都用高性能的单片机替代微处理器及其外部电路。

3．检测电路

（1）字车初始位置检测电路

打印机在加电后初始化过程中，不管字车处于哪个位置，都将字车向左移动到初始位置，若打印过程中遇到回车控制码，则字车也会返回到初始位置。字车停止的位置即为打印字符（汉字）的起始位置。为了使字车每次都能回到初始位置，在打印机机架左端设置有一个初始位置检测传感器，该传感器和相应的电路组成字车初始位置检测电路。

（2）纸尽检测电路

无论哪种打印机都设置了纸尽检测电路，以检测打印机是否装有打印纸。若没有装有打印纸或打印过程中纸用尽，则打印机会停止打印。

（3）机盖状态检测电路

有的打印机设置了机盖状态检测电路，一般采用簧片开关作为传感器。机盖盖好时开关闭合；反之开关弹开，由检测电路发出信号通过 CPU，令打印机不能启动。也有使用霍尔电路作为传感器的。

（4）输纸调整杆位置检测电路

检测电路中设置了输纸调整杆位置检测电路。其传感器采用了簧片开关，用开关的打开或关闭两种状态设置输纸方式。例如，使用 AR-3200 打印机，当使用纸调整杆在摩擦输纸方式时开关闭合；当使用链轮输纸方式时开关打开。

（5）压纸杆位置检测电路

打印机有一种可选件——自动送纸器。打印机上装与未装自动送纸器，由压纸杆位置检测电路检测，所用传感器亦为簧片开关。例如，AR-4400 打印机装上自动送纸器时开关闭合，否则断开。开关闭合时为自动送纸方式，无论是连续纸还是单页纸，纸都会自动卷入打印机，开关断开时为手动或导纸器送纸方式。

（6）打印辊间隙检测电路

打印机设置了打印辊间隙检测电路，用以检测打印头调节杆的位置。它亦用簧片开关作为传感器，当打印头调节杆拨在第 1～3 挡时开关闭合，发出低电平信号给 CPU，打印方式为正常方式；当打印头调整杆拨在第 4～8 挡时开关断开，发出高电平信号给 CPU，打印方式变为复制方式（打印多份）。

（7）打印头温度检测电路

打印机在长时间连续打印过程中，打印头表面温度可达到一百摄氏度以上，其内部线圈温度更高。为了防止破坏打印头的内部结构，打印机都设置了打印头测试检测电路。检测温度的传感器普遍采用具有负温度系数的热敏电阻，安装在打印头内部。

4．电源电路

电源电路主要将交流输入电压转换成打印机正常工作时需要的直流电压。

所有打印机的电源电路都要输出+5V 的直流电压，它是打印机控制电路中各集成电路芯片工作必需的一种电源电压。有些打印机电源还要求输出±12V 的直流电压，这是提供给串行接口电路的。

电源电路还要输出一个较高值的直流电压。这个电压值因打印机的不同而不同，这种高值的直流电压在打印机中通常被称为驱动高压，它主要用于作为字车电动机、走纸电动机、针驱动电路的工作电源。

5．针式打印机的工作原理

打印机在联机状态下，通过接口接收主机发送的打印控制命令、字符打印命令或图形打印命令，通过打印机的 CPU 处理后，从字库中寻找到与该字符或图形相对应的图像编码首列地址（正向打印时）或末列地址（反向打印时），按顺序一列一列地找出字符或图形的编码，送往打印头控制与驱动电路，激励打印头出针打印。

对于无汉字字库的 24 针打印机来说，应由主机传送汉字字形编码（点阵码），一个 24×24 点阵组成的汉字，主机要传送 72 个字节字形编码给打印机；对于带有汉字库的 24 针打印机来说，主机应向打印机传送控制命令和汉字国际码（2 个字节），经打印机内的 CPU 处理后，转换成对应的汉字字形点阵码并送至打印机行缓冲存储区中，再送至打印头控制与驱动电路中，激励打印针线圈，打印针受到激励驱动后冲击打印色带，在打印纸上打印出所需的汉字。

4.3.2　针式打印机的安装

STAR AR3200+打印机是日本 STAR 精密株式会社与得实发展有限公司合作开发的普及型高速汉字打印机。以该打印机为例说明安装过程，STAR AR3200+打印机的主要结构如图 4-12 所示。

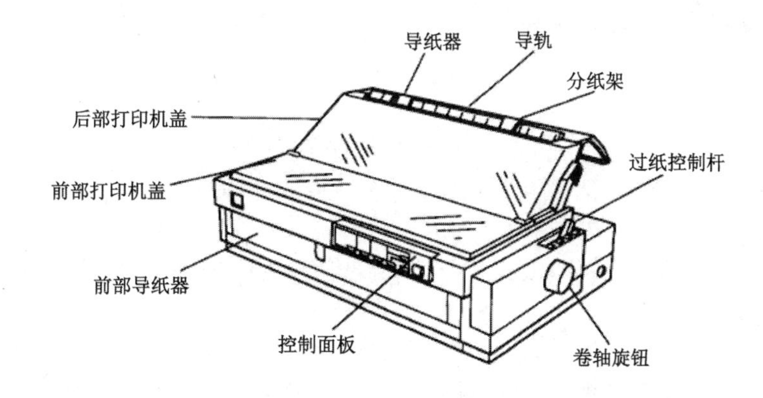

图 4-12　打印机的主要结构

1．安装色带盒

① 把面盖打开（将面盖揭起后取下）。

② 按顺时针方向转动色带盒上的旋钮，将色带拉紧。

③ 把色带夹在打印头和打印头保护片中间，并转动色带盒上的旋钮，使色带盒卡紧在字车座上。

④ 确定色带已经夹在打印头与打印头保护片中间，色带盒已固定在字车座的适当位置上。

⑤ 再次转动色带盒上的旋钮，确保色带已被拉紧。

⑥ 在面盖后端两旁凸出处插入打印机机壳并盖上，打印机正常工作时，盖上面盖可以隔灰尘，并减低打印时产生的噪声，打开面盖仅是为了更换色带及进行调整。

2．接口电缆连接

使用标准并行接口电缆连接打印机和计算机，如图 4-13 所示，使用 25 芯 D 形插头连接计算机，另一端的 36 芯 Centronics 插头与打印机相连。

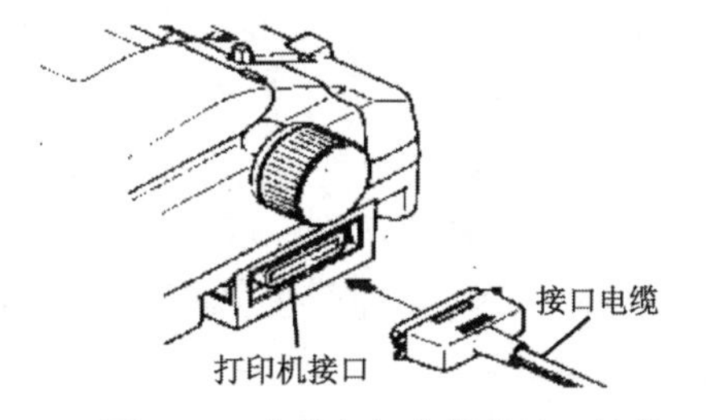

图 4-13　电缆与打印机的接口连接

按下列步骤连接接口电缆。

① 关闭打印机及计算机电源。

② 将接口电缆连接到打印机上，确定插头插紧。

③ 用接口两边的扣杆把电缆插头扣紧，直至听到接口卡紧的声音。

④ 将接口电缆另一端连接到计算机上。

3．安装打印纸

（1）穿孔打印机

① 把一叠穿孔打印纸放置在打印机后面，并使其至少低于打印机一页纸的距离。

② 切断打印机的电源。

③ 把送纸调杆向前拨，以选择链式送纸。

④ 取下导纸板并放在一边。

⑤ 取下后盖。

⑥ 打开纸夹，对齐两边纸孔并对准链齿装入打印纸。

⑦ 沿着横杆调节链轮距离，用位于每个链轮背后的锁杆释放或锁住位置。当锁杆向下时，链轮可动；当锁杆朝上时，链轮锁住。

⑧ 合上纸夹，再次检查打印纸孔是否对准了链齿，如果没有对准，则走纸时可能有问题，会导致打印纸撕开或卡住。

⑨ 盖上后盖板，并装上导纸板（以水平位置为准）以使打印纸和打印过的纸分离。

⑩ 打开打印机前端的电源开关，打印机会发出鸣响，指示没有装入打印纸，缺纸灯亮起。

⑪ 按“装纸/出纸/退纸”按钮，打印纸会自动装入至打印起始位置。

⑫ 如果要设置打印的不同位置，按“联机”按钮即可进入脱机状态，使用微量送纸功能设置打印纸位置。

（2）装入单页纸

① 将导纸板下部突出的两边插入到打印机后盖位置。

② 调节导纸边框，使其与所选纸张大小吻合，打印机起始打印时应离左边一定距离。

③ 打开电源，打印机发出鸣响，警告缺纸，缺纸灯亮。

④ 确定送纸调杆拨至打印机后方。若穿孔打印纸已经装在打印机上，则在脱机状态下，按“装纸/出纸/退纸”按钮退纸，然后把送纸调杆拨向后方。

⑤ 把要打印的一面朝着打印机后方倒转插入导纸板框内，至纸不能再向前进为止。

⑥ 按“装纸/出纸/退纸”按钮一次，压纸杆自动离开滚筒，纸张随即被送至打印头可打印的位置准备打印。

⑦ 如果要设置纸在不同位置，则可按“联机”按钮至脱机，用微量走纸功能置纸。

4．自检

如果按“联机”按钮，打开打印机的电源开关，打印机即可进入短自检。首先显示打印机ROM的版本号，随后打印出7行字符，每一行的字符将比后一行超前一个字符码。

因为自检占用整个打印宽度，所以建议装上宽行纸以防损坏打印头和打印滚筒。

如果按“跳行”按钮，打开打印机的电源开关，则进行长自检，首先打印其ROM的版本号及当前EDS（电子开关）设置，随后对每一种英文字体及宋体的所有字符进行打印。

打印的行数很多，建议使用穿孔打印纸。

4.4 喷墨打印机

喷墨打印机的外观如图4-14所示。

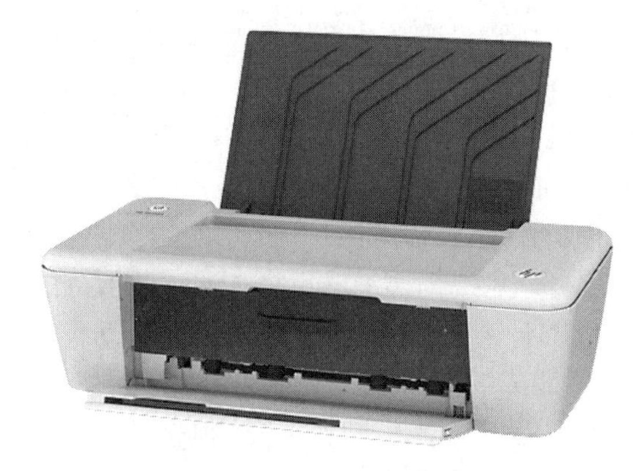

图 4-14　喷墨打印机的外观

4.4.1　喷墨打印机的分类

① 按所用墨水的性质划分，可将喷墨打印机分为水性喷墨打印机和油性喷墨打印机。水性喷墨打印机所用的墨水是水性的，因此喷墨口不容易被堵塞，打印效果较好；油性喷墨打印机所用的墨水是油性的，沾水也不会扩散开，但是喷墨口容易堵塞。

② 按墨盒类型划分，主要有采用的颜色数量、墨盒的数量和是否采用独立的墨盒等。其有黑、青、洋红、黄 4 色墨盒。中高端的产品已经普遍采用了黑、青、洋红、黄、淡青、淡洋红等 6 色墨盒。有的在 6 色的基础上增加了红色和蓝色，最后配以亮光墨从而达到了 8 色。

③ 按主要用途划分，可以分为 3 类：普通型喷墨打印机、数码照片型喷墨打印机和便携式喷墨打印机。普通型喷墨打印机是目前最为常见的打印机，它的用途广泛，可以用来打印文稿、图形图像。数码照片型产品和普通型产品相比，前者具有数码读卡器，在内置软件的支持下，它可以直接地连接数码照相机的数码存储卡或直接连接数码照相机，可以在没有计算机支持的情况下直接进行数码照片的打印。便携式喷墨打印机的体积小巧，一般质量在 1000g 以下，可以比较方便的携带，并且可以使用电池供电。

④ 按打印机的分辨率，可分为低分辨率、中分辨率和高分辨率喷墨打印机。目前，一般喷墨打印机的分辨率均在 1200×1200DPI 以上。

4.4.2　喷墨打印机的组成

气泡式喷墨打印机是目前应用最为广泛的喷墨打印机。该类打印机具有打印速度快、打印质量高及易于实现彩色打印等特点。目前，市场上已推出的很多型号的喷墨打印机都是气泡式喷墨打印机，现在以 BJ 喷墨打印机为例介绍其组成。该打印机基本上可以分成机械和电气两部分。

① 机械部分：主要由喷头和墨盒、清洁机构、字车部分和走纸部分组成。

a．喷头和墨盒。喷头和墨盒是打印机的关键部件，打印质量和速度在很大程度上取决于该部分的质量和功能。喷头和墨盒的结构分为两类：一类是喷头和墨盒在一起，墨盒内既有墨水又有喷头，墨盒本身即为消耗品，当墨水用完后，需更换整个墨盒，所以耗材成本较高；另一类是喷头和墨盒分开，当墨水用完后仅需要更换墨盒，耗材成本较低。

b．清洁机构。喷墨打印机中均设有清洁机构，它的作用就是清洁和保护喷嘴。清洗喷嘴的过程比较复杂，包括抽吸和擦拭两种方法。

c．字车部分。喷墨打印机的字车部分和针式打印机相似，字车电动机通过齿轮的传动作用，使字车引导丝杠转动，从而带动字车在丝杠的方向上移动，实现打印位置的变化。当字车归位时，引导丝杠又转动而推动清洁机构齿轮，完成清洗工作。

d．走纸部分。它是实现打印中纵向送纸的机构，通过此部分的纵向送纸和字车的横向移动，实现整张纸的打印。走纸部分的工作是走纸电动机通过传动齿轮驱动一系列胶辊的摩擦作用，将打印纸输送到喷嘴下，完成打印操作。

② 电气结构。喷墨打印机的电气部分主要由主控制电路、驱动电路、传感器检测电路、接口电路和电源部分构成。

a．主控制电路：主要由微处理器、打印机控制器、只读存储器、读写存储器组成。ROM 中固化了打印机监控程序、字库；RAM 用来暂存主机送来的打印数据；打印机控制器和接口电路、传感器检测电路、操作面板电路、驱动电路连接，用以实现接口控制、指示灯控制、面板按键控制、喷头控制、走纸电动机和字车电动机的控制。

b．驱动电路：主要包括喷头驱动电路、字车电动机驱动电路、走纸电动机驱动电路。这些驱动电路都是在控制电路的控制下工作的。喷头驱动电路把送来的串行打印数据转换成并行打印信号，传送到喷头内的热元件中，喷头内热元件的一端连接到喷头加热控制信号，作为加热电极的激励电压，另一端和打印信号相连，只有当加热控制信号和打印信号同时有效时，对应的喷嘴才能被加热；字车电动机控制与驱动电路的功能是驱动字车电动机正转和反转，通过齿轮的传动使字车在引导丝杆上左右横向移动。在 BJ-10ex 喷墨打印机中，当字车回到左边的初始位置时，把引导丝杆的齿轮推向清洁装置，字车电动机驱动清洁装置工作，走纸电动机控制与驱动电路的功能是驱动走纸电动机运转，经过齿轮的传递作用带动胶辊转动，执行走纸操作。

c．传感器检测电路：主要用于检测打印机各部分的工作状态，喷墨打印机一般有以下几种检测电路。

纸宽传感器：纸宽传感器附着在打印头上，进纸后，打印头沿着每页的上部横扫而测出纸宽，以避免打印到压纸辊上。此类传感器一般为光电传感器。

纸尽传感器：用来检测打印机是否装纸，或在打印过程中发现纸用完以后反馈给控制电路。所用传感器为光电传感器。

字车初始位置传感器：当打印机开机时，或接到主机的初始信号，或回车换行时，字车返回到左边初始位置（复位），该传感器用于检测出现上述情况时字车能否复位。其传感器也是光电传感器。

墨盒传感器：用于检测墨盒是否安装或安装是否正确。其传感器也是光电传感器。

打印头内部温度传感器：此传感器为一个热敏电阻，用于检测气泡喷头的温度，使其处于最佳温度，当温度降低时，经热敏电阻测试后，由升温加热器加热。

墨水传感器：此传感器是薄膜式压力传感器，用于检测墨盒中墨水的有无。

d．接口电路：主机和打印机是通过接口相连的。接口一般为 USB 接口。

e．电源：电源一般输出 3 种直流电压，+5V 用于逻辑电路，另外两种高压分别用于喷头加热和驱动电动机。

4.4.3　喷墨打印机的工作原理

喷墨打印机的喷墨技术有连续式和随机式两种，目前采用随机式喷墨技术的喷墨打印机逐渐在市场上占据主导地位。

随机式喷墨技术的喷墨系统供给的墨滴只在需要印字时才喷出，它的墨滴喷射速度低于连续式，但可通过增加喷嘴的数量来提高印字速度。随机式喷墨技术常采用单列、双列或多列小孔，一次扫描喷墨即可印出所需印字的字符和图像。

许多计算机外设厂家投入了大量资金，集中力量发展随机式喷墨打印机。其中气泡式喷墨技术发展较快。下面就这种喷墨技术做介绍，其喷墨过程可分为 7 步。

① 喷嘴在未接收到加热信号时，喷嘴内部的墨水表面张力与外界大气压平衡，处于平衡稳定状态。

② 当加热信号发送到喷嘴上时，喷嘴电极被加上一个高幅值的脉冲电压，加热器迅速加热，使其附近墨水温度急剧上升并汽化形成气泡。

③ 墨水汽化后，加热器表面的气泡变大形成薄蒸汽膜，以避免喷嘴内全部墨水被加热。

④ 当加热信号消失时，加热器表面温度开始下降，但其余热仍使气泡进一步膨胀，使墨水挤出喷嘴。

⑤ 加热器的表面温度继续下降，气泡开始收缩。墨水前端因挤压而喷出，后端因墨水的收缩而使喷嘴内的压力减小，并将墨水吸回喷嘴内，墨水滴开始与喷嘴分离。

⑥ 气泡进一步收缩，喷嘴内产生负压力，气泡消失，喷出的墨水滴与喷嘴完全分离。

⑦ 墨水由墨水缓存器再次供给，恢复平衡状态。

4.4.4　喷墨打印机的安装与使用

1．喷墨打印机的结构

现以 HP Officejet 7000 （E809）喷墨打印机为例，介绍它的结构、安装和使用方法。

HP Officejet 7000 （E809）喷墨打印机的前视图如图 4-15 所示。

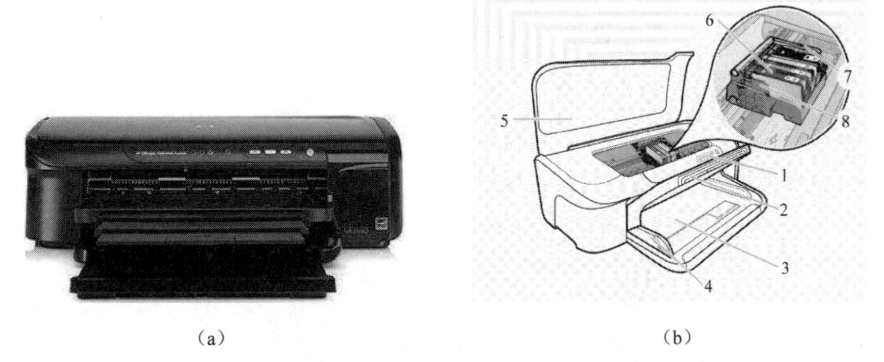

（a）　　（b）

1—控制面板；2—出纸架；3—入纸盘；4—宽度导板；5—顶盖；6—墨盒/硒鼓；7—打印头锁栓；8—打印头

图 4-15　HP Officejet 7000（E809）喷墨打印机的前视图

HP Officejet 7000 （E809）喷墨打印机的后视图如图 4-16 所示。

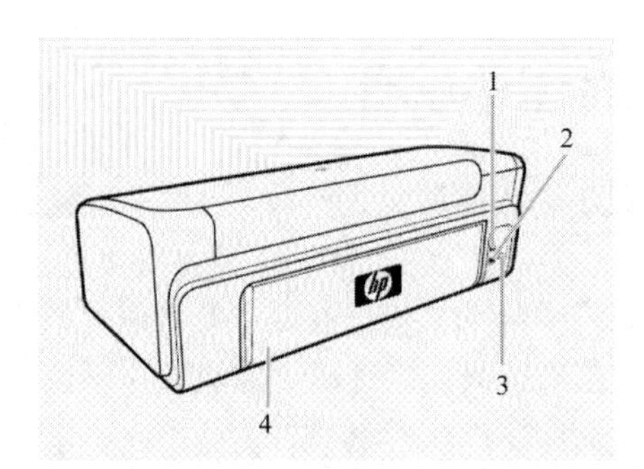

1—背面的通用串行总线 （USB）端口；2—以太网网络端口；3—电源输入；4—后检修面板

图4-16　HP Officejet 7000（E809）喷墨打印机的后视图

控制面板指示灯的详细信息如图4-17所示。

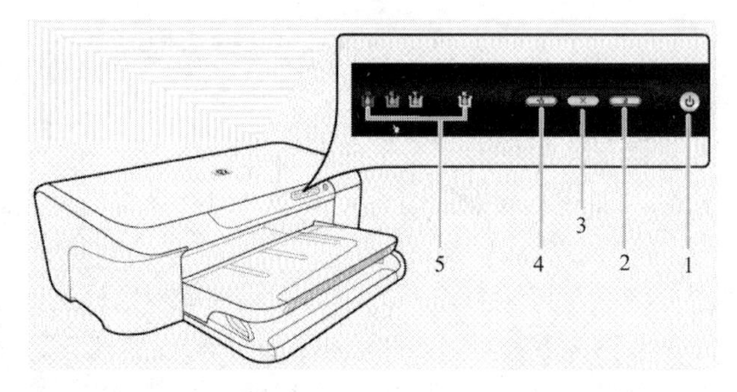

1—电源按钮和指示灯；2—恢复按钮和指示灯；3—取消按钮；4—网络按钮和指示灯；5—“墨盒”指示灯

图4-17　控制面板指示灯的详细信息

2．喷墨打印机的安装

（1）安装纸介质

安装纸介质的操作步骤如下。

① 提起纸盘。

② 将介质导板滑出到最宽位置。如果正放入较大尺寸的介质，则拉出进纸盒将其延长。

③ 沿着纸盒右侧将介质打印面朝下插入纸盒。确保此介质与纸盘的右侧和后侧对齐，高度不超出纸盘的标记线。不要在设备正在打印时装纸。

④ 滑动并调节纸盒中的介质导板，以适合装入介质，放下出纸盒。

⑤ 拉出出纸盘的延伸板，如图4-18所示。

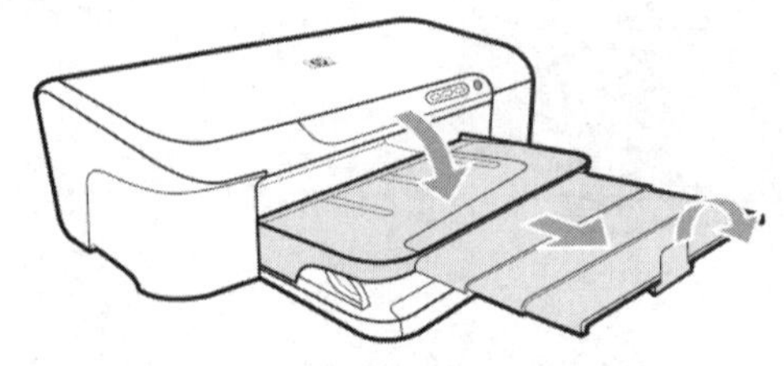

图4-18　拉出出纸盘的延伸板

（2）更换墨盒

更换墨盒的操作步骤如图 4-19 所示。

① 确保本打印机已开启。

② 打开墨盒检修门。等待墨盒停止移动，再执行下一步操作。

③ 按下墨盒前部的卡销，松开墨盒，将其从插槽中取出。

④ 将橘黄色拉环平直向后拉动，取下新墨盒的塑料包装，将其从包装中取出。

⑤ 扭转橘黄色拉环帽，将其取下。

⑥ 使用彩色有形图标获取帮助，将墨盒滑入空的墨盒槽，直到其卡入就位，牢牢地固定在墨盒槽中。确保插入的墨盒槽与正安装的墨盒具有相同的形状图标和颜色。

⑦ 对每个需要更换的墨盒重复步骤③～步骤⑥。

⑧ 关闭墨盒门。

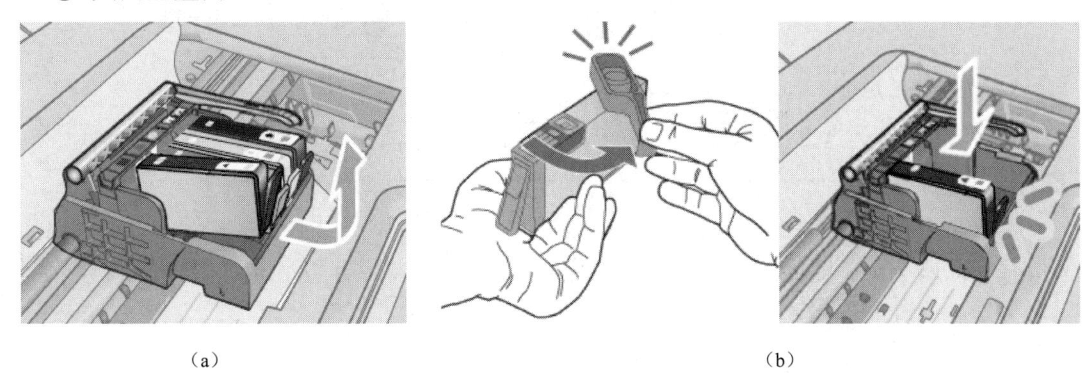

（a） （b）

图 4-19 更换墨盒

（3）安装驱动程序

可以将设备直接连接到计算机，也可以与网络上的其他用户共享设备。可以用 USB 电缆将设备直接连接到计算机上。在连接设备之前安装软件，其操作步骤如下。

① 关闭所有运行的应用程序。

② 将安装 CD 插入 CD 驱动器，CD 菜单将自动运行。如果 CD 菜单未自动启动，则可双击安装 CD 中的 Setup 图标。

③ 在 CD 菜单上选择一种安装选项，按照屏幕上的说明进行操作。如果在安装设备软件之前已将设备与计算机连接起来，则会在计算机屏幕上弹出“发现新硬件”向导，按照向导进行操作即可。

3．喷墨打印机的使用

（1）打印数据

当在应用程序中创建用于打印的数据时，需要根据打印纸的尺寸调整数据。

① 装入打印纸，选择介质后将它装入打印机。

② 运行打印机驱动程序。

③ 在主窗口菜单中进行选项设置，如图 4-20 所示。

④ 选择进纸器作为来源设置。

⑤ 进行合适的介质类型设置。

⑥ 进行合适的尺寸设置。

⑦ 单击“确定”按钮可关闭打印机驱动程序设置对话框。

图 4-20　“打印参数”对话框

完成上面所有设置以后，开始打印。在打印整个作业之前，应打印测试副本来检测打印输出。

（2）在特殊介质或自定义尺寸介质上打印

在特殊介质或自定义尺寸介质上打印的操作步骤如下。

① 装入适当的介质。

② 打开文档，选择“文件”→“打印”选项，选择“设置”、“属性”或“首选项”选项。

③ 选择“功能”选项卡。

④ 从“尺寸”下拉列表中选择介质尺寸。如果没有看到介质尺寸，则可创建一个自定义介质尺寸。从下拉列表中选择“自定义”选项，键入新的自定义尺寸的名称。在“宽度”和“高度”文本框中键入尺寸，单击“保存”按钮。单击“确定”按钮两次，关闭“属性”或“首选项”对话框。再次弹出对话框，选择新的自定义尺寸。

⑤ 从“纸张类型”下拉列表中选择纸张类型。

⑥ 从“纸张来源”下拉列表中选择介质来源。

⑦ 更改其他设置，单击“确定”按钮。

⑧ 打印文档。

（3）在本地共享网络中的共享设备

在本地共享网络中，设备直接连接到选定计算机（即服务器）的 USB 连接器上，其他计算机（客户机）可共享该设备。其操作步骤如下。

① 选择“开始”→“打印机”或“打印机和传真”选项。或者依次选择“开始”→“控制面板”选项，双击“打印机”图标。

② 右击设备图标，在弹出的快捷菜单中选择“属性”选项，弹出属性对话框，选择“共享”选项卡。

③ 单击该选项的共享设备，然后为设备指定共享名。

（4）清洁打印头

如果打印输出中出现条纹、颜色不正确或缺失等情况，则可能需要清洁打印头。清洁共分两个阶段，每个阶段持续大约两分钟，使用一页纸，并逐渐增加墨水用量。每个阶段完成后，检查打印后的页面质量。只有打印质量较差时，才应该开始清洁的下一阶段。

如果完成清洁的所有阶段之后打印质量仍然较差，则应尝试校准打印机。由于清洁打印头会耗费墨水，因此必要时才需清洁打印头。清洗过程需要数分钟。清洁过程可能会产生一些噪声。清洁打印头前，确保放入纸张。

从“控制面板”窗口中清洁打印头的操作步骤如下。

① 在主进纸盒中放入未使用的 A4 或 B5 的普通白纸。

② 按住“电源”按钮，按“取消”按钮两次，按“继续”按钮一次，松开“电源”按钮。

（5）校准打印头

在初始设置期间，产品会自动校准打印头。如果打印机状态页的色带中有条纹或白线，或者打印输出有打印质量问题，则可能要使用此功能。

从“控制面板”窗口中校准打印头的操作步骤如下。

① 在主进纸盒中放入未使用的 A4 或 B5 的普通白纸。

② 按住“电源”按钮，按“继续”按钮 3 次，松开“电源”按钮。

4.5 激光打印机

激光打印机具有高质量、速度高、噪声低、易管理等特点，现在已占据了办公领域的绝大部分市场，如图 4-21 所示。

图 4-21 激光打印机

4.5.1 激光打印机的分类

激光打印机可分为以下几类。

① 按打印输出速度分类，激光打印机可分为低速激光打印机、中速激光打印机和高速激光打印机。

低速激光打印机：其印刷速度为＜30 页/分。

中速激光打印机：其印刷速度为 30～50 页/分。

高速激光打印机：其印刷速度为＞50 页/分。

② 按色彩分类，激光打印机可分为单色激光打印机和彩色激光打印机。

单色激光打印机：只能打印一种颜色。

彩色激光打印机：可以打印逼真的彩色图案，达到印刷品的效果。

③ 按与计算机连接的接口分类，激光打印机可分为并行接口、SCSI 接口、串行接口、USB 接口、自带网卡的网络接口（连接到网络中即为网络打印机）。常用的是 USB 接口。

④ 按分辨率分类，激光打印机可分为高分辨率、中分辨率和低分辨率 3 种。

随着打印机的发展，国内激光打印机市场占据份额较多的有惠普、爱普生、佳能、利盟、柯尼卡美能达、富士施乐、联想、方正等品牌。

4.5.2 激光打印机的组成

1．机械结构

激光打印机的内部机械结构十分复杂。这里就其主要部件，即墨粉盒和纸张传送机构进行介绍。

（1）墨粉盒

激光打印机的重要部件，如墨粉、硒鼓、显影轧辊、显影磁铁、初级电晕放电极、清扫器等，都装置在墨粉盒内。惠普和佳能的激光打印机基本上都是这样的一体化结构。但其他激光打印机也有鼓粉分离的（如联想 LJ6P 和 LJ6P+等）。当盒内墨粉用完后，可以将整个墨粉盒卸下更换。其中，硒鼓是一个关键部件，一般用铝合金制成一个圆筒，鼓面上涂敷一层感光材料（硒-碲-砷合金）。

（2）纸张传送机构

激光打印机的纸张传送机构和复印机相似。纸由一系列轧辊送进机器，轧辊有些有动力驱动，有些没有。通常，有动力驱动的轧辊都是通过一系列的齿轮与电动机连在一起的。主电动机采用了步进电动机，当电动机转动时，通过齿轮离合器使某些轧辊独立地启动或停止。齿轮离合器的闭合由控制电动机的 CPU 控制。

2．激光扫描系统

激光打印机的激光扫描系统的核心部件是激光写入部件（即激光印字头）和多面转镜。高、中速激光打印机的光源采用了气体（He-Ne）激光器，用声光调制器对激光进行调制。为拓宽调制频带，由激光器发生的激光束，需经聚焦透镜进行聚焦后再射入声光调制器。根据印字信息对激光束的光强度进行调制，为使印字光束在感光体表面形成所需的光点直径，还要经扩展透镜进行放大。

3．电路

（1）控制电路

激光打印机的控制电路是一个完整的被扩展的微型计算机系统。计算机系统主要包括 CPU、ROM、RAM、定时控制、I/O 控制、并行接口、串行接口等。该计算机系统通过并行接口或串行接口接收主机输入信号；通过接口控制/接收信息；通过面板接口控制/接收操作面板信息；另外，它还控制了直流控制电路，再由直流控制电路控制定影控制、离合控制、各个驱动电动机、扫描电动机、激光发生器及各组高压电源等。

（2）电源系统

激光打印机内有多组不同的电源。例如，HP33440 型激光打印机中直流低压电源有 3 组：+5V、−5V 和+24V。

4．开关及安全装置

激光打印机设置了许多开关，控制电路利用这些开关检测并显示打印机各个部件的工作状态。许多开关还带有安全器件，以防伤害操作人员或损坏打印机。

4.5.3 激光打印机的工作原理

激光打印机是激光扫描技术和电子照相技术相结合的印字输出设备。其工作原理可用图 4-22 描述。

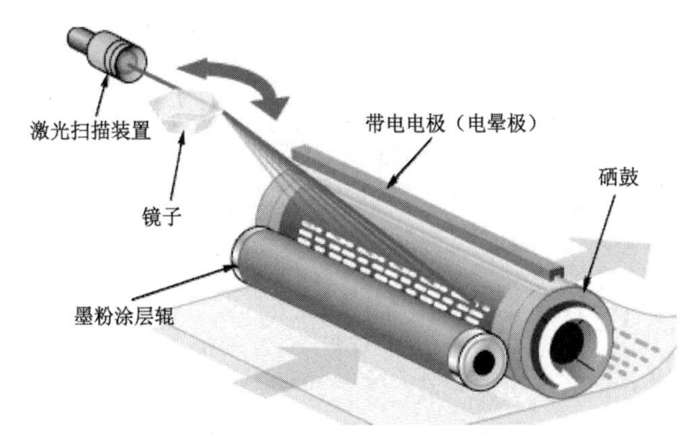

图 4-22　激光打印机的原理图

二进制数据信息来自计算机，由视频控制转换为视频信号，再由视频接口/控制系统把视频信号转换为激光驱动信号，然后由激光扫描系统产生载有字符信息的激光束，最后由电子照相系统使激光束成像并转印到纸上输出。

1．带电

在硒鼓表面的上方设有一个充电的电晕电极，其中有一条屏蔽的钨丝，当传动硒鼓的机械部件开始动作时，用高压电源对电晕电极加数千伏的高压。这样会开始电晕放电，电晕电极放电时钨丝周围的空气会被电离，变为能导电的导体，使硒鼓表面带正（负）电荷。

电晕放电就是指给导体加上一定程度的电压，使导体周围的空气（或其他气体）被电离，变为离子层。一般认为空气是非导电体，电离后变为导体。

2．曝光

随着带正（负）电荷的硒鼓表面的转动，遇有激光源照射时，鼓表面曝光部分变为良导体，正（负）电荷流向地（电荷消失）。

在文字或图像以外的地方，即未曝光的鼓表面，仍保留了电荷，这样就生成了不可见的文字或图像的静电潜像。

3．显影

显影也称显像，随着鼓表面的转动，可对静电潜像进行显像操作。显像就是用载体和着色剂（单成分或双成分墨粉）对潜像着色。载体带负（正）电荷，着色剂带正（负）电荷，这些着色剂会附着在载体周围，由于静电感应的作用，着色剂会被吸附在放电的鼓表面上（即生成潜像的地方），使潜像着色变为可视图像。

4．转印

被显像的鼓表面的转动通过转印电晕电极时，显像后的图像即可转印在普通纸上。因为转印电晕电极使记录纸带有负（正）电荷，鼓表面着色的图像带有正（负）电荷，这样，显像后的图像即可自动地转印在纸面上。

5．定影

图像从鼓面上转印在普通纸上之后，可通过定影器进行定影。定影器（或称固定器）有两种：一种采用加热固定，即烘干器；另一种利用压力固定，即压力辊。带有转印图像的记录纸，通过烘干器加热，或通过压力辊加压后使图像固定，使着色剂融化渗入纸纤维中，形成可永久保存的记录结果。

6．清除残像

转印过程中着色剂从鼓面上转印到纸面上时，鼓面上多少会残留一些着色剂。为清除这些残留的着色剂，记录纸下面装有放电灯泡，其作用是消除鼓面上的电荷，经过放电灯泡照射后，可使残留的着色剂浮在鼓面上，通过进一步清扫，这些残留的着色剂会被清除。

4.5.4　激光打印机的安装

下面以三星 ML-1430 激光打印机为例介绍激光打印机的安装。

1．激光打印机的外观

三星 ML-1430 激光打印机的主视图如图 4-23 所示，内部图如图 4-24 所示，后视图如图 4-25 所示。

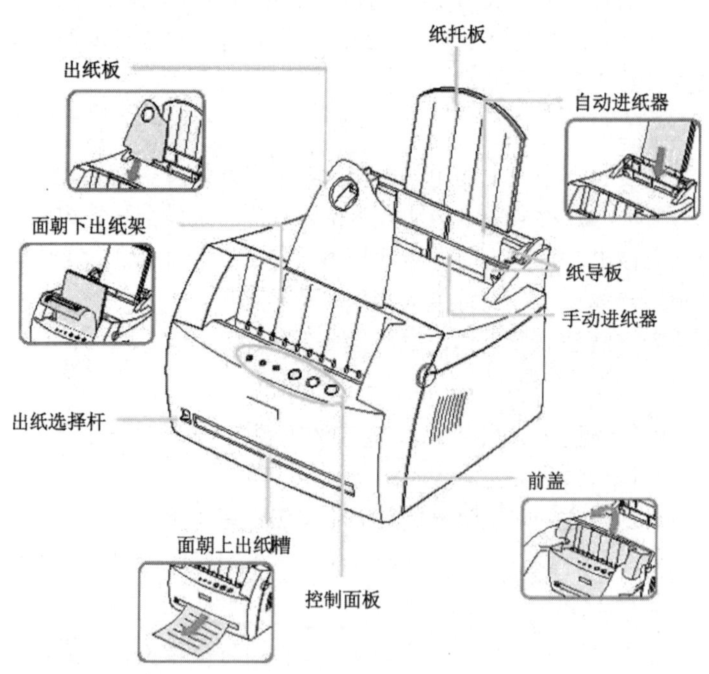

图 4-23　三星 ML-1430 激光打印机的主视图

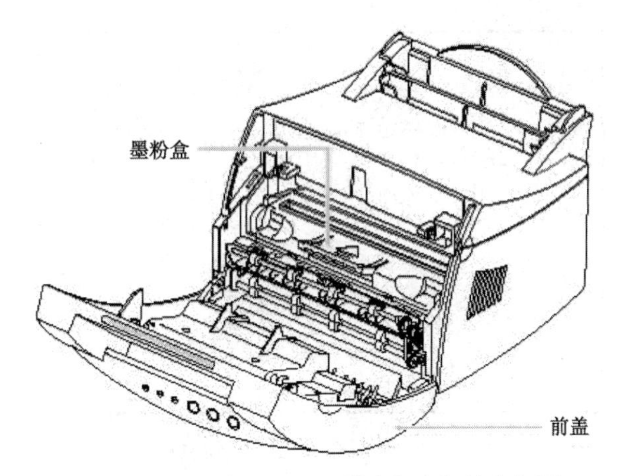

图 4-24　三星 ML-1430 激光打印机的内部图

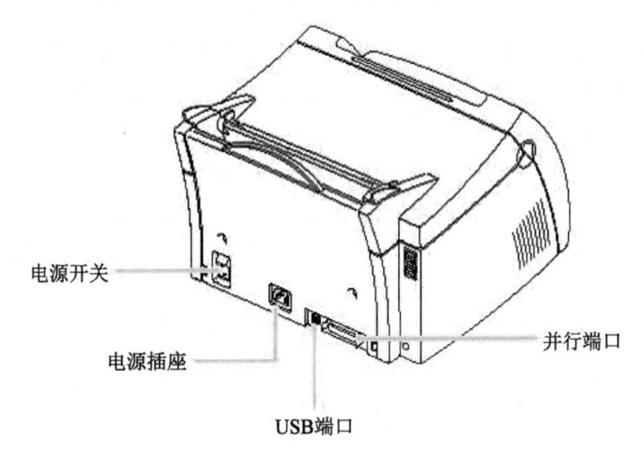

图 4-25　三星 ML-1430 激光打印机的后视图

2．安装墨粉盒

① 按住前盖的两边并向外拉，打开打印机。

② 从墨粉盒的包装袋中取出墨粉盒，去掉包住墨粉盒的纸。

③ 轻轻地摇晃墨粉盒，使盒内的墨粉分布均匀，如图 4-26 所示。为了防止损坏墨粉盒，不能将墨粉盒暴露在阳光下过长时间。

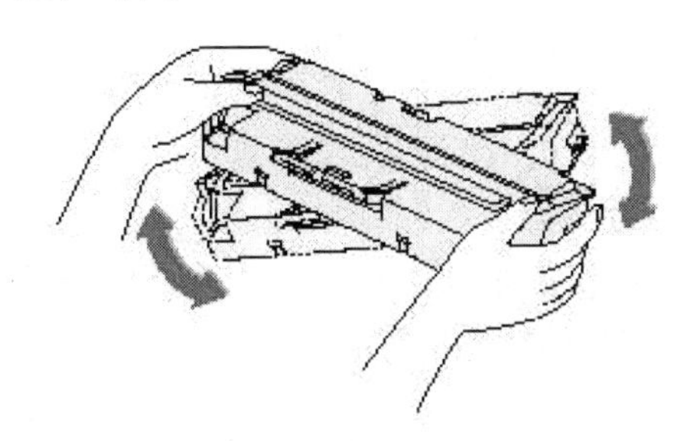

图 4-26　轻轻地摇晃墨粉盒

④ 找到打印机内的墨粉盒槽，一边一个。

⑤ 按住把手，将墨粉盒放入墨粉盒槽，直到墨粉盒安装到位，如图 4-27 所示。

⑥ 关上前盖，确保关紧前盖。

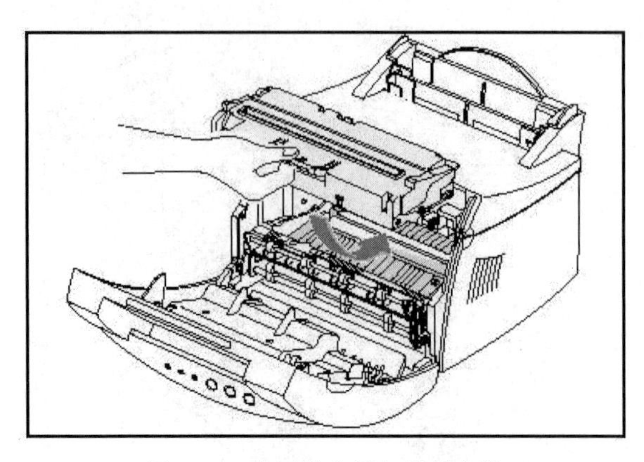

图 4-27　将墨粉盒放入墨粉盒槽

3．装纸

① 将自动进纸器上的托纸板向上拉，直到到达最高位置。

② 在装纸前，将纸来回弯曲，使纸松动，再扇动纸。在桌子上墩齐纸的边缘可有助于防止卡纸。

③ 将纸装入自动进纸器，打印面朝上，如图 4-28 所示。

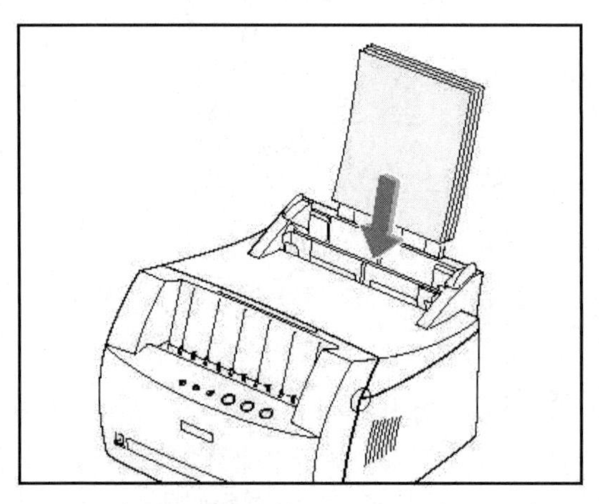

图 4-28　将纸装入自动进纸器

④ 不要装入太多的纸，自动进纸器最多可装 150 张纸。

⑤ 调整导纸板，使之适应纸的宽度。装纸时要注意以下几点。

a．不要将导纸板推得太紧，以造成纸张拱起问题。

b．如果未调整导纸板，则可能会卡纸。

c．如果需要在打印时向打印机的纸盒中加纸，则将打印机纸盒中剩余的纸张拿出来，再将它们放入新的纸张。直接在打印机纸盒中剩余的纸张上加纸，可能导致打印机卡纸或多页纸同时输送。

4．将打印机与计算机相连

① 关闭打印机和计算机的电源。

② 将打印机并行电缆（或 USB 电缆）插入到打印机后面的打印端口中，将金属卡环推入电缆插头的缺口内。

③ 将电缆的另一端与计算机并行端口（或 USB 端口）相连，拧紧螺钉，如图 4-29 所示。

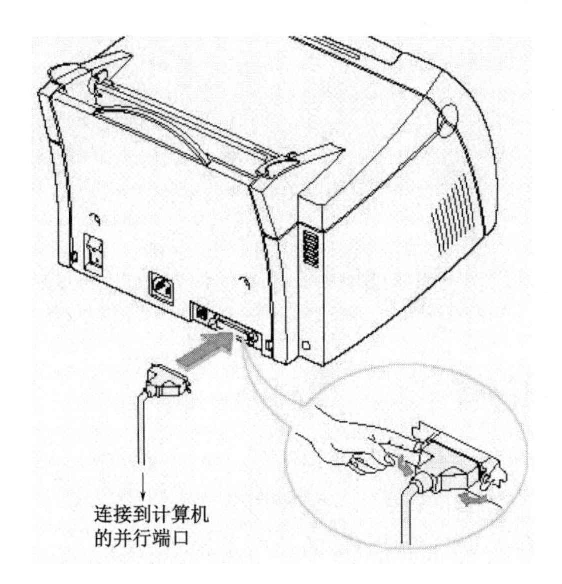

图 4-29　打印机与计算机的信号线相连

5．接通电源

① 将电源线插入到打印机后面的插座内。

② 将电源线的另一端插入到合适的接地交流电源插座内。

③ 接通交流电源，打开打印机的电源开关，如图 4-30 所示。

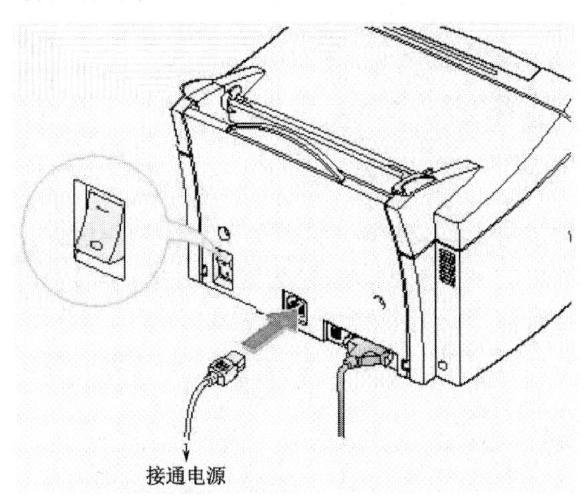

图 4-30　连接电源并打开打印机的电源开关

6．安装打印机驱动程序

打印机提供的光盘中有打印机驱动程序。为了使用打印机，必须安装打印机驱动程序。

如果使用的是一个并行接口，则可以找到用并行电缆与打印机连接的计算机，再安装打印驱动软件。

如果使用的是一个 USB 接口，则可以找到支持 USB 接口通信的计算机，再安装打印驱动软件。

从光盘上安装打印机驱动软件的步骤如下。

① 将光盘放入光盘驱动器，即可自动开始安装。

② 当进入安装程序界面时，选择所需语言。

③ 根据计算机界面上的引导完成安装操作。

7. 打印机自检

① 在打印机通电时，打印机控制面板上的所有指示灯都会短暂地闪烁一下。当只有数据灯亮时，按住演示按钮。

② 按住按钮约 2s，直到所有指示灯慢速闪烁，松开按钮，打印机即可打印自检页。

③ 自检页提供了打印质量的样张，并帮助验证了打印机能否正确打印。

本章主要学习内容

① 扫描仪的结构、工作原理和安装使用方法。

② 数码照相机的结构、工作原理和安装使用方法。

③ 针式打印机的结构、工作原理和安装使用方法。

④ 喷墨打印机的分类、组成、工作原理和安装使用方法。

⑤ 激光打印机的分类、组成、工作原理和安装使用方法。

实践 4

1. 实践目的

① 掌握扫描仪的安装使用方法。

② 掌握数码照相机的使用方法。

③ 掌握喷墨打印机的安装与使用方法。

④ 掌握激光打印机的安装与使用方法。

2. 实践内容

① 将扫描仪连接到微型机上并安装驱动程序，进行参数设置并扫描一张照片。

② 设置一台数码照相机的主要参数，掌握其使用方法。

③ 将喷墨打印机连接到微型机上并安装驱动程序，设置其主要参数并打印一份文稿。

④ 将激光打印机连接到微型机上并安装驱动程序，设置其主要参数并打印一份文稿。

练习 4

一、填空题

1. 目前市面上按照类型划分，扫描仪有（　　　　）、大幅面扫描仪、底片扫描仪、馈纸式扫描仪、文件扫描仪、便携式扫描仪、手持式扫描仪、（　　　　）和 3D 扫描仪等。

2. 扫描仪主要由光学部分、机械传动部分和（　　　　）3 部分组成。

3. 水性喷墨打印机所用的墨水是水性的，因此喷墨口不容易被（　　　　），打印效果（　　　　）。

4. 喷墨打印机按主要用途划分可以分为 3 类，普通型喷墨打印机，（　　　　）型喷墨打印机和（　　　　）型喷墨打印机。

5．喷墨打印机的喷墨技术有连续式和随机式两种，目前采用（　　　　）喷墨技术的喷墨打印机逐渐在市场上占据了主导地位。

二、选择题

1．色深指扫描仪对图像进行采样的数据位数，即扫描仪能辨析的色彩范围，单位是（　　）。

A．十进制位数　　B．二进制位数　　C．十六进制位数　　D．八进制位数

2．目前数码照相机存储照片主要使用（　　）。

A．磁盘　　B．USB 闪存盘　　C．存储卡　　D．内存

3．一个 24×24 点阵组成的汉字，微型机要传送（　　）字节字形编码给打印机。

A．24 个　　B．78 个　　C．64 个　　D．72 个

4．目前，激光打印机与计算机连接的接口有并行接口、SCSI 接口、串行接口、USB 接口，主要接口是（　　）。

A．并行接口　　B．串行接口　　C．USB 接口　　D．SCSI 接口

三、简答题

1．简述数码照相机的基本原理。

2．简述喷墨打印机的检测电路。

3．激光打印机的控制电路主要包括哪些部分？

4．简述激光打印机的打印原理。

微型机联网

5.1 联网设备

当前使用的计算机离不开网络，最常用的网络设备包括用于拨号上网的 ADSL Modem、双绞线、网卡和连接局域网的路由器、交换机。

5.1.1 网卡

网卡又称网络适配器或网络接口卡可将其插到计算机主板的扩展槽中，通过它尾部的接口与网络线缆相连。有些网卡集成到了主板上。在局域网中，计算机只有通过网卡才能与网络进行通信。

1．网卡的类型

① 按网络的类型划分，网卡分为以太网卡、令牌环网卡、ATM 网卡等。

② 按网卡与主板的接口方式划分，网卡分为 PCI-E 网卡、PCI 网卡。

③ 按网络的传输速率划分，网卡分为 10Mb/s 网卡、100Mb/s 网卡和 1000 Mb/s 网卡。

④ 按网卡与计算机或设备的连接位置划分，网卡分为插在计算机中的内插网卡、连接网络设备（如网络打印机）用的外接口袋型网卡、连接笔记本式计算机用的外接 PCM CIA 网卡，以及无线网卡。无线网卡如图 5-1 所示。

（a）

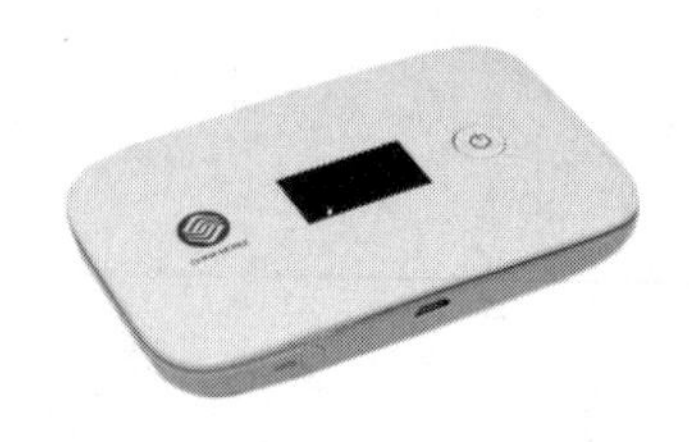

（b）

图 5-1　无线网卡

⑤ 按网卡的尾部接口划分为如下几种。

a．RJ-45 接口，用于星状网络中连接双绞线。

b．BNC 接口，用于总线状网络中连接细同轴电缆。

c．ST 接口，用于连接光纤。

一个网卡上一般有一个或多个不同的接口，如图 5-2 所示。

图 5-2 PCI-E 总线 RJ-45 接口的网卡

在一些特定的网络中，为了节省投资或出于其他目的需要可使用无盘工作站。无盘工作站就是计算机没有硬盘，它启动时需要网络服务器替它完成。这时网卡需要远程启动 ROM，远程启动 ROM 内固化的程序。当无盘工作站开机后，先完成自检，再执行远程启动 ROM 中固化的程序，该程序会自动通过网络寻找服务器。找到服务器后，把服务器上为它准备的启动程序通过网络传送到其内存中并执行，这样即可完成无盘工作站的启动。启动后的无盘工作站和其他有盘工作站一样，能在网络中享用网络资源。

远程启动 ROM 是一块独立的芯片，需要时购买一块插在网卡上即可。网卡上有一个芯片插槽就是为远程启动 ROM 准备的。

近几年来，无线局域网开始应用。要建立无线局域网，需要为每台工作站安装一个无线网卡。无线网卡实际上是在一般的网卡上配置一个天线，这样可把计算机传送的电信号数据转变为电磁波数据并在空间中传送。

2．网卡的工作原理

网卡是网络中最基本、最关键的硬件，其性能的好坏直接影响整个网络的性能。

网卡连接到计算机上，若要想网卡正常工作，则需要对网卡进行配置。配置网卡时，主要参数有 3 个：IRQ 中断号、I/O 端口地址和 DMA 通道号。它们均由系统自动处理分配。

计算机在网络上发送数据时，把相应的数据从内存中传送给网卡，网卡便对数据进行处理：其将这些数据分割成数据块，并对数据块进行校验，同时加上地址信息，这种地址信息包含了目标网卡的地址及自己的地址，以太网卡和令牌环网卡出厂时，已经把地址固化在网卡上，这种地址是全球唯一的，观察网络是否允许自己发送这些数据，如果网络允许则发出，否则等待时机发送。

反之，当网卡接收到网络上传来的数据时，其分析该数据块中的目标地址信息，如果正好是自己的地址，则将数据取出来传送到计算机的内存中，交给相应的程序处理，否则不进行处理。

5.1.2 双绞线

1．双绞线电缆

双绞线是由两条相互绝缘的导线按照一定的规格互相缠绕（一般以顺时针缠绕）在一起而制成的一种通用配线，属于信息通信网络传输介质。它是目前局域网中使用最广泛、价格最低廉的一种有线传输介质。

双绞线一般由两根 22～26 号绝缘铜导线相互缠绕而成，主要是为了抵御一部分外界电磁波干扰，并降低自身信号的对外干扰。实际使用时，双绞线是由多对双绞线包在一个绝缘电缆套管中组成的。典型的双绞线有 4 对的，也有更多对的，这些被称为双绞线电缆。

2．双绞线的结构

到目前为止，EIA/TIA 已颁布了一类线、二类线、三类线、四类线、五类线、超五类线、六类线和七类线共 8 个线缆标准。目前使用比较广泛的是五类线和超五类线。

双绞线可分为非屏蔽双绞线和屏蔽双绞线。屏蔽双绞线电缆的外层由铝铂包裹，以减小辐射，如图 5-3 所示。

（a）

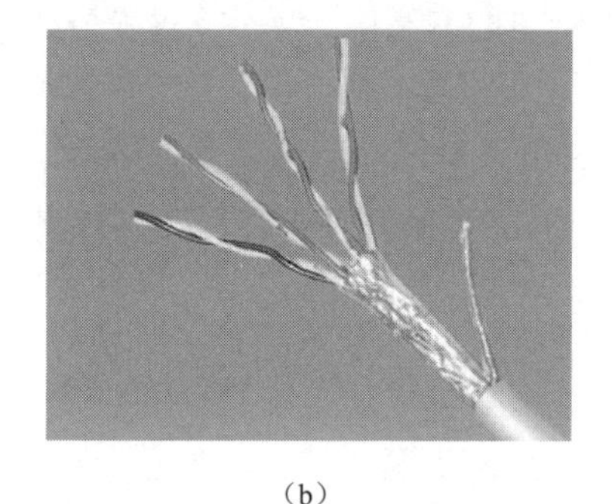

（b）

图 5-3　4 对双绞线电缆

4 对双绞线电缆中的每对线都用不同的颜色标记，分别是蓝色、橙色、绿色和棕色。4 对双绞线的颜色编码如表 5-1 所示。

表 5-1　4 对双绞线电缆颜色编码

线　对	颜 色 色 标	缩　写
线对 1	白-蓝	W-BL
	蓝	BL
线对 2	白-橙	W-O
	橙	O
线对 3	白-绿	W-G
	绿	G
线对 4	白-棕	W-BR
	棕	BR

3．连接器件

双绞线电缆的连接器件主要有电子配线架、信息模块与 RJ 连接头，如图 5-4 所示。它们主要用于端接或直接电缆，使电缆和连接器件组成信息传输通道。

（a）

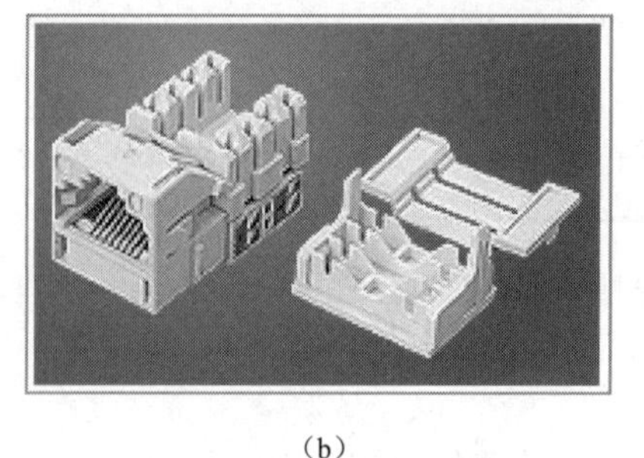

（b）

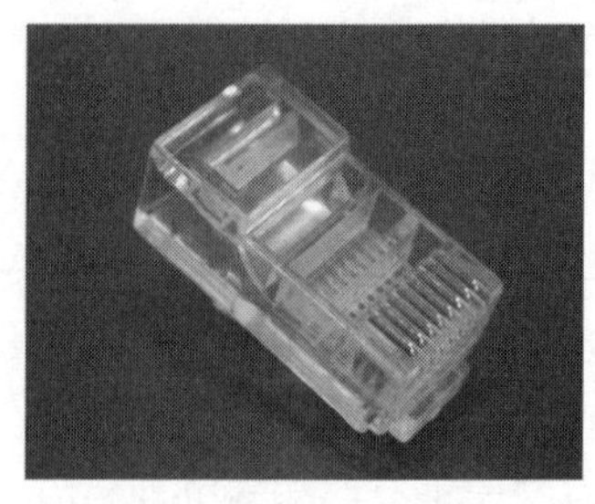

（c）

图 5-4　双绞线电缆连接器件

4．双绞线电缆的线序标准

双绞线电缆的制作主要遵循两种 EIA/TIA 国际标准：T568-A 和 T568-B。T568-A 标准线序从左到右依次如下：1—白绿、2—绿、3—白橙、4—蓝、5—白蓝、6—橙、7—白棕、8—棕。T568-B 标准线序从左到右依次如下：1—白橙、2—橙、3—白绿、4—蓝、5—白蓝、6—绿、7—白棕、8—棕。两种标准布线水晶头的 8 针与线对的分配如图 5-5 所示

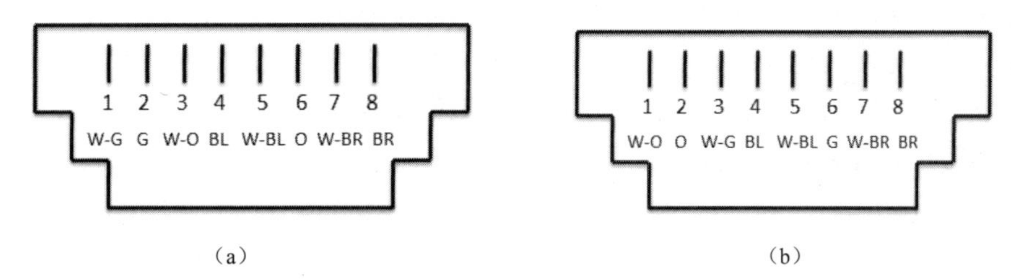

图 5-5 双绞线线序标准

根据双绞线电缆两端线序的不同，有 3 种电缆规格。

第一种是直通线，即按照 EIA/TIA T568-A 标准或者 T568-B 标准，两端线序排列一致。表 5-2 所示为两端均为 T568-B 标准的直通线线序。直通线一般用来连接两种不同类型的接口，如计算机和交换机之间的连接。

表 5-2 T568-B 标准直通线线序

端 1	白橙	橙	白绿	蓝	白蓝	绿	白棕	棕
端 2	白橙	橙	白绿	蓝	白蓝	绿	白棕	棕

第二种是交叉线，即双绞线电缆一端按 EIA/TIA T568-A 标准排列，另一端按 T568-B 标准排列，如表 5-3 所示。交叉线一般用来连接两种相同类型的接口，如两台计算机之间的直连。

表 5-3 交叉线线序

端 1	白橙	橙	白绿	蓝	白蓝	绿	白棕	棕
端 2	白绿	绿	白橙	蓝	白蓝	橙	白棕	棕

第三种是全反线，即双绞线电缆中一端的线序为另一端线序的倒序，如表 5-4 所示。全反线一般不用于以太网连接，主要用于计算机串口与路由器交换机 Console 端口的连接。

表 5-4 全反线线序

端 1	白橙	橙	白绿	蓝	白蓝	绿	白棕	棕
端 2	棕	白棕	绿	白蓝	蓝	白绿	橙	白橙

5.1.3 交换机

交换机是一种在通信系统中完成信息交换功能的设备，它能把用户线路、电信电路和其他互连的功能单元根据单个用户的请求连接起来。

1．交换机的类型

为了满足各种不同应用环境的需求，出现了各种类型的交换机。下面介绍当前交换机的一些主流分类。

① 根据网络覆盖范围划分：局域网交换机和广域网交换机。

② 根据传输介质和传输速率划分：以太网交换机、快速以太网交换机、千兆以太网交换机、10 千兆以太网交换机、ATM 交换机和 FDDI 交换机。

③ 根据应用层次划分：企业级交换机、校园网交换机、部门级交换机、工作组交换机和桌面级交换机。

④ 根据端口结构划分：固定端口交换机和模块化交换机。

⑤ 根据工作协议层划分：第二层交换机、第三层交换机和第四层交换机。

⑥ 根据是否支持网管功能划分：网管型交换机和非网管型交换机。

2．交换机的结构

交换机从外观上来看主要有“以太网接口”、“工作指示灯”、“电源接口”和“Console”口。其中，“以太网接口”用于与 PC 网卡相连；只有网管型交换机才有“Console” 口，用于交换机的配置。工作组交换机、桌面级交换机的外观和接口如图 5-6 所示。

（a）　　（b）

图 5-6　交换机的外观和接口

5.1.4　宽带路由器

1．宽带路由器概念

宽带路由器是近几年来新兴的一种网络产品，随着计算机、通信技术的发展，大多数用户家中有多台互联网终端设备，因此便产生了对宽带路由器的需求。它用于连接不同的网络（如本地局域网和 Internet），并为信号传输选择通畅、快捷的线路，可使局域网内的计算机方便地共享宽带上网。宽带路由器集成了路由器、防火墙、带宽控制和管理等功能，具备快速转发、灵活网络管理和丰富的网络状态等特点。宽带路由器可以分为有线路由器和无线路由器两种，有高、中、低档之分，可以广泛应用于不同场合、不同需求，如企业、政府、学校、家庭、办公室、网吧和小区接入等。图 5-7 所示为家用无线路由器。

（a）　　（b）　　（c）

图 5-7　家用无线路由器

2．**宽带路由器的功能**

① 内置 PPPoE 虚拟拨号。在宽带数字线上进行拨号，不同于模拟电话线上用调制解调器的拨号，其一般采用了专门的协议 PPPoE，拨号后直接由验证服务器进行检验，用户需输入用户名与密码，检验通过后可建立起一条高速的用户数字通道，并分配相应的动态 IP 地址。宽带路由器或带路由的以太网接口 ADSL 等内置了 PPPoE 虚拟拨号功能，可以方便地替代手工拨号接入宽带。

② 内置动态主机配置协议功能。宽带路由器都内置了 DHCP 服务器和交换机端口，便于用户组网。该协议允许服务器向客户端动态分配 IP 地址和配置信息，并提供安全、可靠、简单的网络设置，避免地址冲突。

③ 网络地址转换（NAT）功能。NAT 将用户的内部网络 IP 地址转换为一个外部公共 IP 地址（存储于 NAT 的地址池），从而使内部网络的每台计算机可直接与 Internet 上的其他计算机进行通信，当外部网络数据返回时，NAT 会反向将目标地址替换为初始的内部用户的地址，以便内部网络用户接收。

④ 虚拟专用网（VPN）功能。VPN 能利用 Internet 建立一个拥有自主权的私有网络，一个安全的 VPN 包括隧道、加密、认证、访问控制和审核技术。对于企业用户来说，这一功能非常重要，不仅可以节约开支，还能保证企业信息安全。

⑤ DMZ 功能。为了减少向不信任客户提供服务而引发危险，路由器有 DMZ 功能。DMZ 能将公众主机和局域网中的计算机分离开来。但大部分宽带路由器只能为单台计算机开启 DMZ 功能，也有一些功能较为完善的宽带路由器可以为多台计算机提供 DMZ 服务。

⑥ MAC 功能。目前大部分宽带运营商将 MAC 地址和用户的 ID、IP 地址捆绑在一起，以此进行用户上网认证。带有 MAC 地址功能的宽带路由器可将网卡上的 MAC 地址写入，使服务器通过接入时的 MAC 地址验证，以获取宽带接入认证。

⑦ DDNS 功能。DDNS 是动态域名服务，能将用户的动态 IP 地址映射到一个固定的域名解析服务器上，使 IP 地址与固定域名绑定，完成域名解析任务。DDNS 可以帮助用户构建虚拟主机，以自己的域名发布信息。

⑧ 防火墙功能。防火墙可以对流经它的网络数据进行扫描，从而过滤一些攻击信息。 防火墙还可以关闭不使用的端口，从而防止黑客攻击。它还能禁止特定端口流出信息，禁止来自特殊站点的访问。

5.2 对等网络的组建

利用交换机、网卡和双绞线可连接几十台计算机，进行必要的配置后，组建计算机对等网，可实现通信的目的。具体实施步骤如下。

1．**连接设备**

使用直通双绞线分别连接所有的计算机和工作组交换机。

2．**安装网卡的驱动程序**

目前，Windows 操作系统已经集成了大多数网卡的驱动程序，即网卡安装完毕后，操作系统会自动识别硬件并加载其驱动程序。

若操作系统没有集成该网卡的驱动程序，则用户需要使用网卡厂家提供的驱动程序，进行手动安装。

① 启动驱动程序安装向导，选择“浏览计算机以查找驱动程序软件”选项，如图 5-8 所示，单击“下一步”按钮。

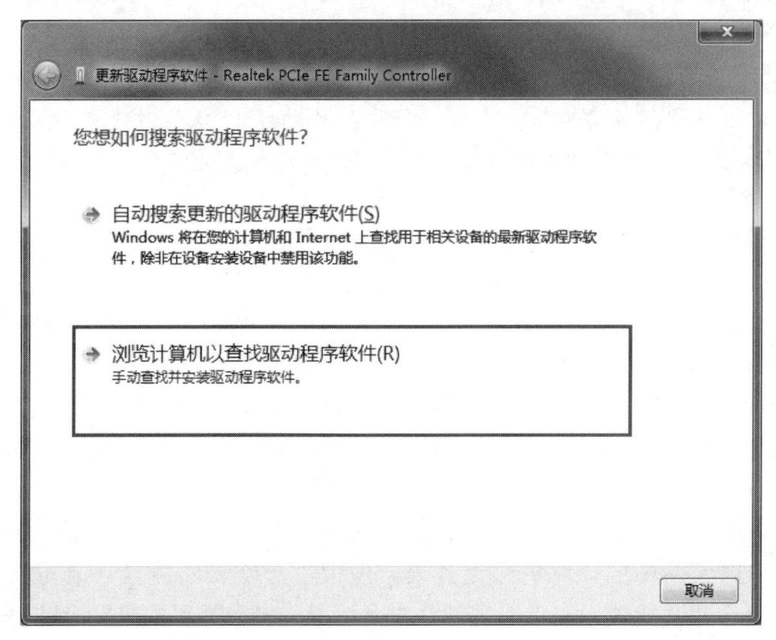

图 5-8　驱动程序安装向导（一）

② 单击“浏览”按钮，找到网卡驱动程序所在的文件夹，单击“下一步”按钮，完成网卡驱动程序的安装，并在“设备管理器”窗口中查看相关信息，如图 5-9 和图 5-10 所示。

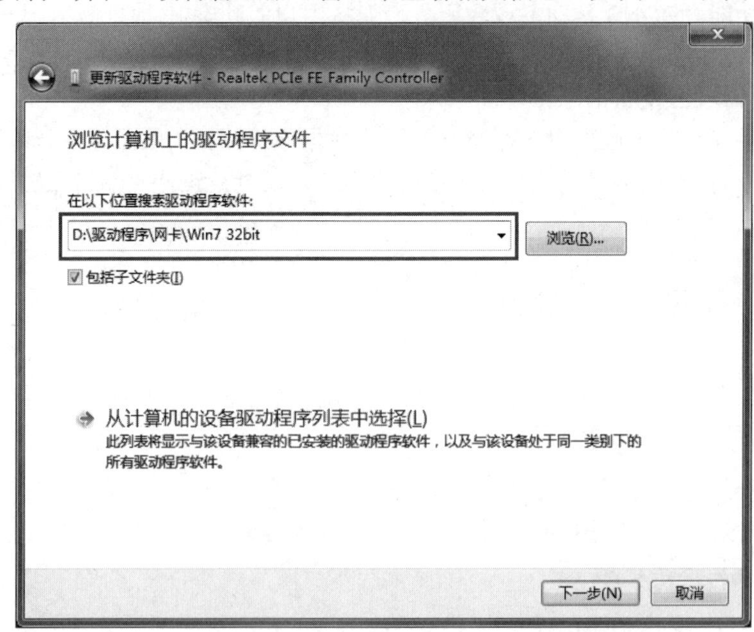

图 5-9　驱动程序安装向导（二）

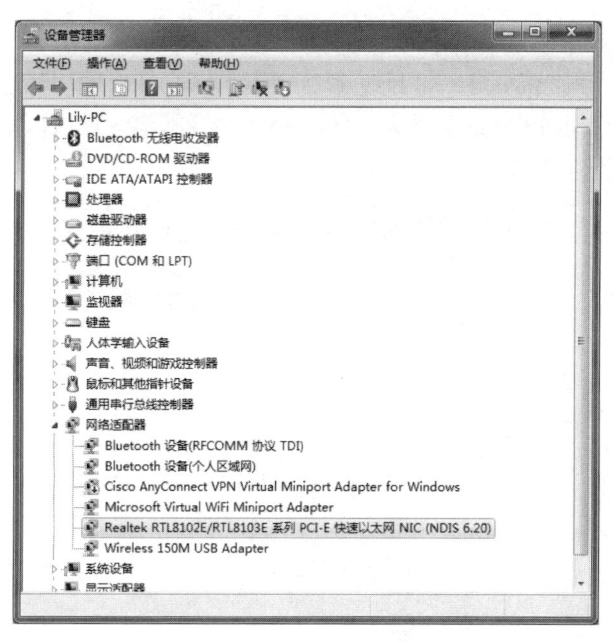

图 5-10 在设备管理器中查看网卡信息

3．网卡 IP 地址配置

分别为每台计算机配置不同的 IP 地址，以 Windows 7 操作系统为例，配置过程如下。

① 打开“控制面板”窗口，依次选择“网络和 Internet”→“网络连接”选项，打开“网络连接”窗口。

② 右击“本地连接”选项，在弹出的快捷菜单中选择“属性”选项，弹出“无线网络连接属性”对话框，如图 5-11 所示。

③ 选中“无线网络连接属性”对话框中的“Internet 协议版本 4（TCP/IPv4）”复选框，单击“属性”按钮，弹出“Internet 协议版本 4（TCP/IPv4）属性”对话框。

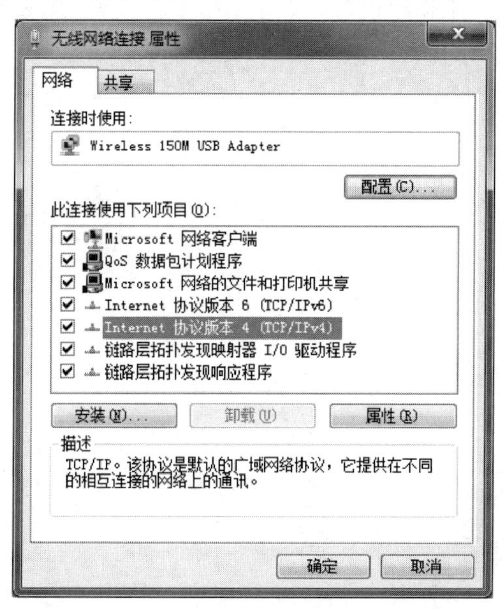

图 5-11 “无线网络连接属性”对话框

④ 分别为所有计算机配置处于同一个网段的不同的 IP 地址。例如，使用 C 类私有地址网段“192.168.1.0”，1 号计算机 IP 地址配置为“192.168.1.1”，2 号计算机 IP 地址配置为“192.168.1.2”，3 号计算机 IP 地址配置为“192.168.1.3”，其他计算机以此类推，子网掩码均为“255.255.255.0”，如图 5-12 所示。

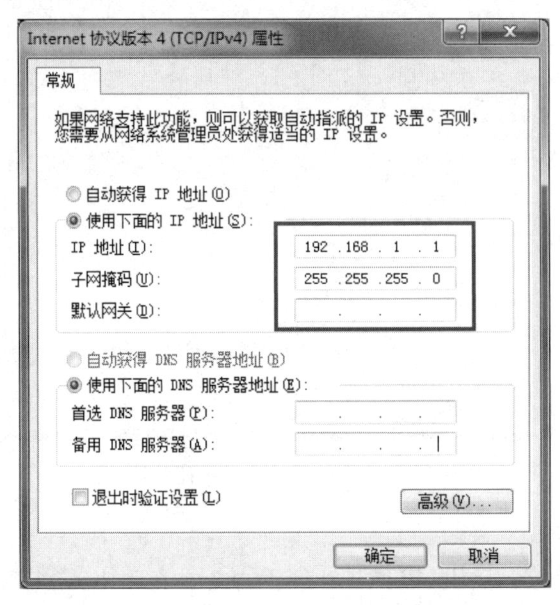

图 5-12 Internet 协议属性配置对话框

4. 修改计算机的工作组

为保证处于同一个对等网的计算机通信正常，应将所有计算机设置为同一“工作组”，步骤如下。

① 右击“计算机”选项，在弹出的快捷菜单中选择“属性”选项，打开计算机“系统”窗口，并在“计算机名称、域和工作组设置”选项组中单击“更改设置”按钮，如图 5-13 所示。

图 5-13 “系统”窗口

② 在弹出的“系统属性”对话框中单击“更改”按钮，如图 5-14 所示。

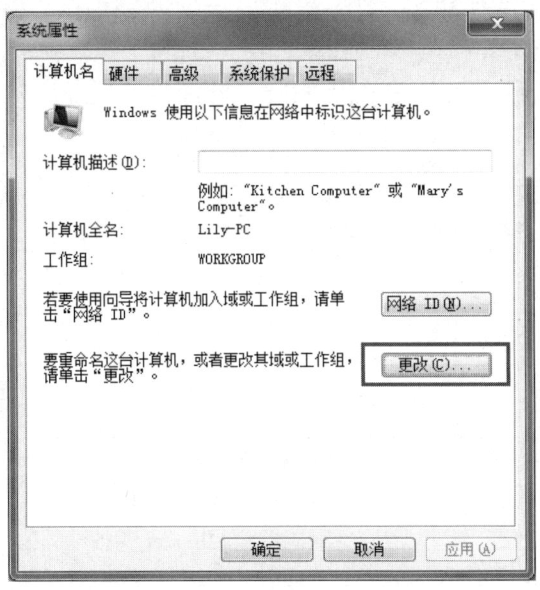

图 5-14　“系统属性”对话框

③ 在弹出的“计算机名/域更改”对话框中，修改所有计算机为同一工作组，如图 5-15 所示。工作组设置为“WORKGROUP”，按提示保存并重启计算机。

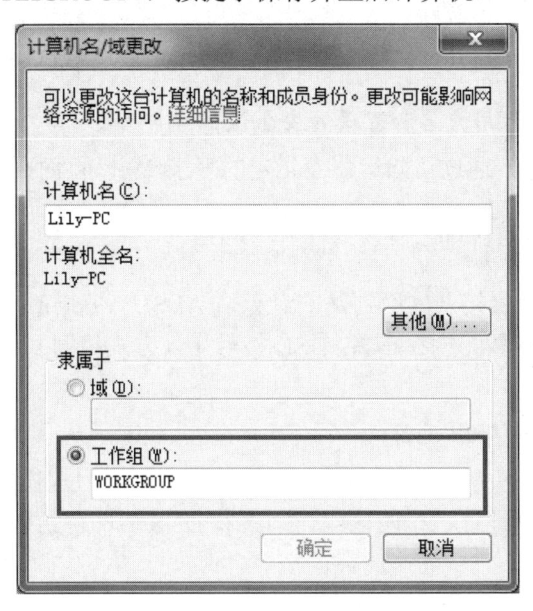

图 5-15　修改计算机工作组

5．使用“ping”命令检测任意两台计算机的连通情况

ping 命令向目标计算机连续发送 4 个回送请求报文，在连通的情况下，应收到目标主机的 4 个回送应答报文。打开命令行提示符窗口，在 1 号计算机中输入“ping 192.168.1.2”，测试与 2 号计算机的连通情况，其他计算机的测试方法以此类推。图 5-16 所示为两台 PC 连通的情况。

图 5-16　ping 命令输出信息

5.3　Internet 接入

近几年随着宽带接入网的迅速发展，用户对接入带宽的需求不断增长，现有的以 ADSL 为主的宽带接入方式已经较难满足用户对高带宽、双向传输能力及安全性的要求。因此，基于光纤入户接入方式的小区宽带正日愈兴起。对于家庭用户来说，小区宽带接入 Internet 的安全认证主要有以下几种形式。

1．通过 Web 页面进行用户名和密码的安全认证

用户在接好线路以后，通过访问运营商指定的登录 Web 页面，输入用户名和密码进行安全认证。

2．虚拟 PPPoE 拨号形式

这种形式与 ADSL 拨号接入的区别是前者无需 ADSL Modem，只需用双绞线连接接口与计算机网卡，再创建宽带拨号连接（与 ADSL 拨号接入方式相同），输入用户名和密码进行安全认证即可。

3．绑定网卡物理地址与 IP 地址

这种形式由运营商在服务器端将用户的计算机网卡物理地址与分配的 IP 地址进行一一对应，用户设置好指定的 IP 地址、子网掩码、网关和 DNS 后即可访问 Internet。

5.3.1　小型网络接入 Internet

对于家中有多台计算机的用户来说，接入方式要在单机的基础上进行扩展。现要将家庭中的两台笔记本式计算机和一台台式机同时通过 ADSL 接入 Internet，操作步骤如下。

1．准备好设备与材料

① 两台笔记本式计算机（已经安装无线网卡的驱动程序）、一台台式机（已经安装以太网卡及其驱动程序）。

② 一台 ADSL Modem、一台无线宽带路由器、一部电话机。

③ 双绞线若干、电话线若干、一个信号分离器。

④ 从电信公司申请的 ADSL 账号及密码。

2．硬件连接

按照图 5-17 搭建网络环境，并进行硬件连接。

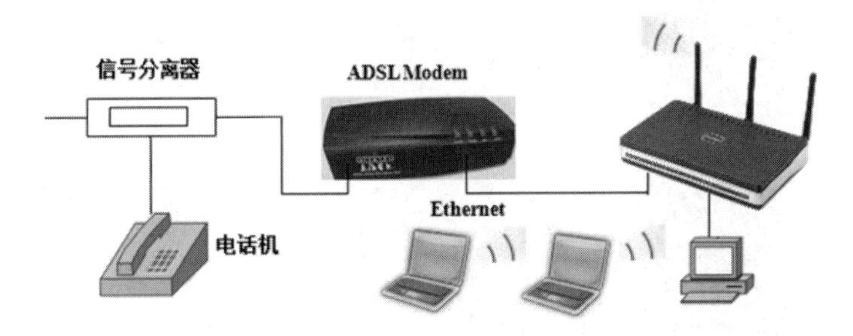

图 5-17　小型网络接入 Internet 示意图

① 用电话线连接电话插座和信号分离器的 Line 端口。

② 用电话线连接 ADSL Modem 的 DSL 端口和信号分离器的 Modem 端口。

③ 用电话线连接电话机和信号分离器的 Phone 端口。

④ 用直通双绞线连接 ADSL Modem 的 LAN 口和无线宽带路由器的 WAN 口。

⑤ 用直通双绞线连接计算机网卡和无线宽带路由器的 LAN 口。

⑥ 为 ADSL Modem 和无线宽带路由器供电。

3．无线宽带路由器设置

宽带路由器具有多种功能，此处要使用无线宽带路由器的“PPPoE 虚拟拨号”、“DHCP 服务器”等功能。

① 打开 IE 浏览器，在地址栏中输入路由器 LAN 口的 IP 地址（一般初始值为 192.168.1.1），登录路由器，如图 5-18 所示。输入说明书中的用户名和密码，即可进入路由器的设置界面，如图 5-19 所示。

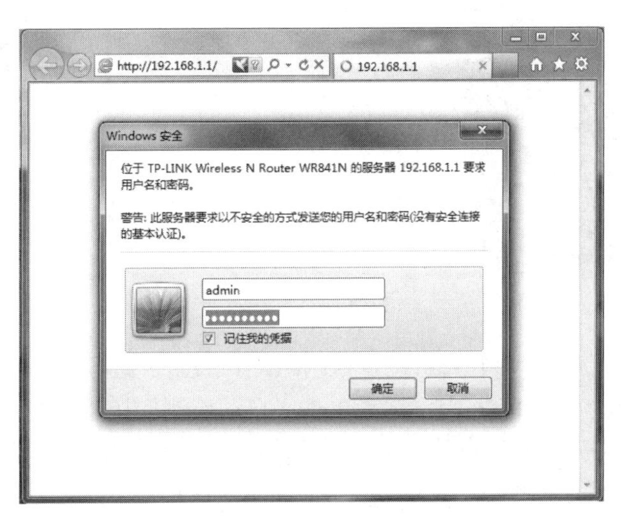

图 5-18　登录路由器

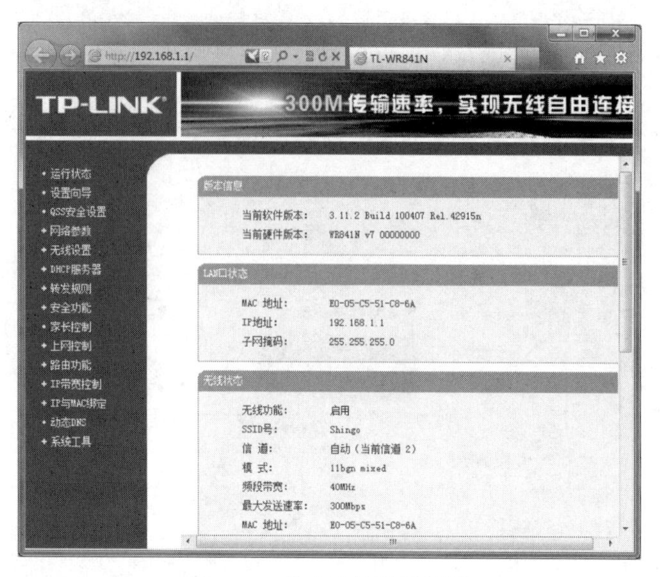

图 5-19　路由器的设置界面

② LAN 口设置：选择“网络参数”→“LAN 口设置”选项，即可进入其设置界面。若路由器级联时产生冲突，则可对路由器的 LAN 口 IP 地址和子网掩码进行更改，一般保持默认值即可，如图 5-20 所示。

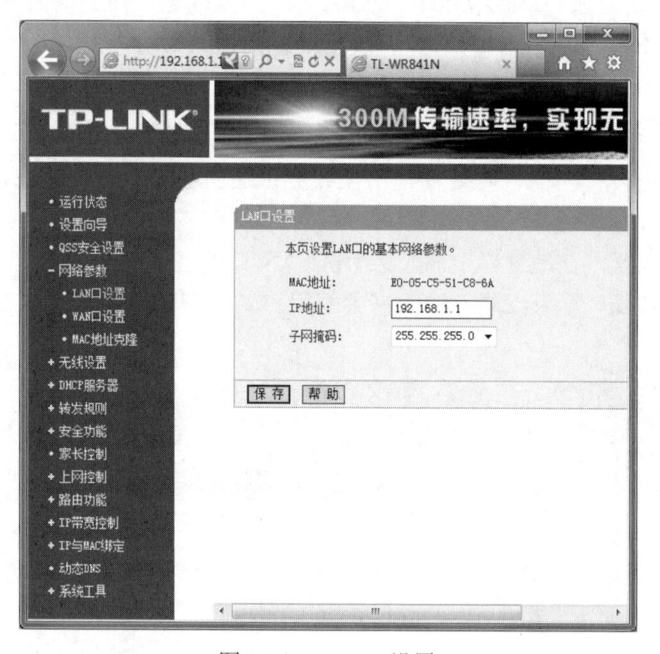

图 5-20　LAN 口设置

③ WAN 口设置：选择“网络参数”→“WAN 口设置”选项，即可进入其设置界面。修改“WAN 口连接类型”为“PPPoE”，或者单击“自动检测”按钮，使路由器自行选择。输入上网账号和密码，若想让路由器自动连接，则应选中“自动连接，在开机和断线后自动连接”单选按钮，单击“连接”按钮进行拨号，成功后显示“已连接”字样，单击“保存”按钮对设置进行保存，如图 5-21 所示。

④ DHCP 设置：选择“DHCP 服务器”→“DHCP 服务”选项，选中“启用”单选按钮，

在此界面中可以设置“地址池开始、结束地址”、“网关”、“DNS 服务器”等相关信息，可根据实际情况进行修改，单击“保存”按钮对设置进行保存，如图 5-22 所示。地址池中共有 100 个 IP 地址可提供给客户端计算机，即“192.168.1.100”～“192.168.1.199”。

图 5-21　WAN 口设置

图 5-22　DHCP 设置

⑤ 无线设置：选择“无线设置”→“基本设置”选项，此界面可以对路由器的“SSID”、“模式”、“是否开启无线功能”等信息进行设置，可根据实际情况进行修改，单击“保存”按钮对设置进行保存，如图 5-23 所示。现对一些基本选项进行简要介绍。

图 5-23　无线设置

a．SSID：即服务集标识符，用来区分不同的无线网络，用户可设置个性的标识。

b．模式：此处设置为“11bgn mixed”，即同时兼容 802.11b/g/n（11Mb/s、54Mb/s、150Mb/s 或 300Mb/s）几种速率标准。

c．开启无线功能：此处为选中状态，即开启路由器的无线广播功能。

d．开启 SSID 广播：此处为选中状态，即客户端计算机可自动搜寻到此路由器的 SSID，无需手工输入。

“无线设置”菜单中的“无线安全设置”可对路由器的无线网络安全认证进行设置。其中有 4 种选择：“不开启无线安全”、“WPA-PSK/WPA2-PSK”、“WPA/WPA2”和“WEP”。一般情况下，建议开启安全设置，并使用 WPA-PSK/WPA2-PSK 加密方法，如图 5-24 所示。

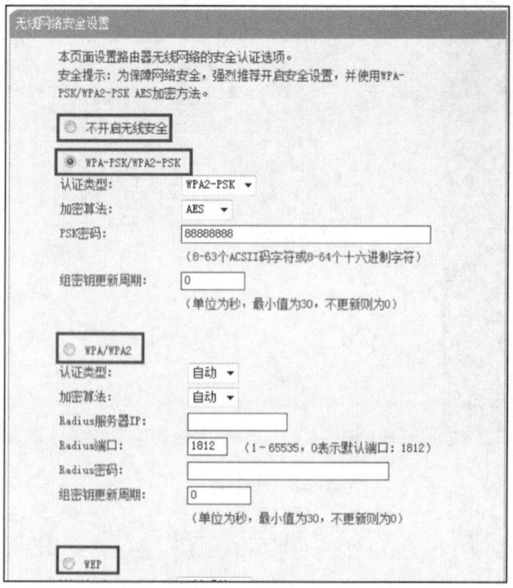

图 5-24　无线网络安全设置

4．计算机连接设置

（1）台式机设置

台式机按照上述方法连接到无线宽带路由器的 LAN 口之后，应对网卡的 IP 地址进行设置。由于路由器打开了 DHCP 功能，因此台式机网卡可设置为“自动获得 IP 地址”和“自动获得 DNS 服务器地址”，此时路由器会自动给台式机分配 IP 地址，如图 5-25 所示。

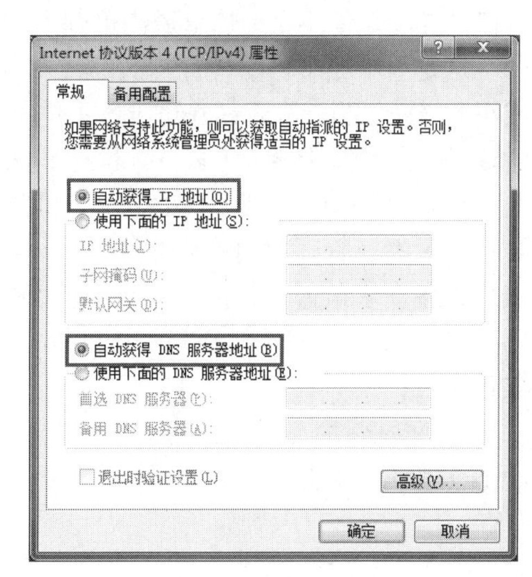

图 5-25　设置台式机网卡的 IP 地址

（2）笔记本式计算机设置

① 单击任务栏中的无线网络连接图标，如图 5-26（a）所示，此时找到了可用的连接，但没有连接上。

② 单击“连接”按钮进行无线网络连接，如图 5-26（b）所示。

③ 正在连接到选中的无线网络，如图 5-26（c）所示。

④ 已经连接到选中的无线网络，如图 5-26（d）所示。

⑤ 设置笔记本式计算机的无线网卡为“自动获得 IP 地址”和“自动获得 DNS 服务器地址”。

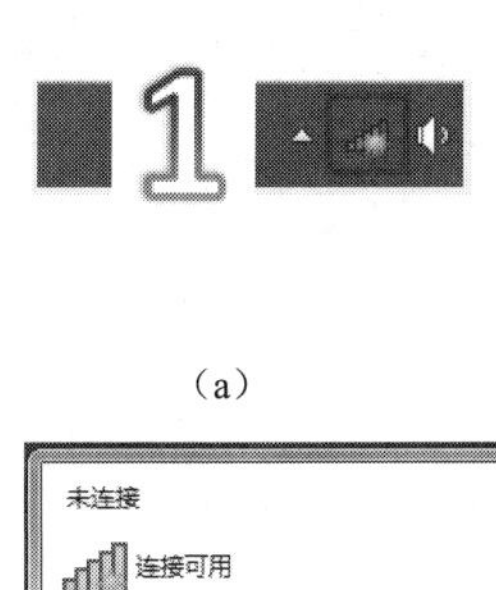

（a）

（c）

（b）

（d）

图 5-26　笔记本式计算机连接无线网络

5.3.2　小区宽带上网

小区宽带一般指的是光纤到小区，即 LAN 宽带。整个小区共享这条光纤，在用户不多的时候，速度非常快。理论上最快可到100Mb/s，但高峰时速度会慢很多。

这是大中城市目前较普及的一种宽带接入方式，网络服务商采用光纤接入到楼（FTTB）或小区（FTTZ），再通过网线接入用户家，为整幢楼或小区提供共享带宽。目前国内有多家公司提供了此类宽带接入方式，如网通、长城宽带、联通和电信等。

这种宽带接入通常可以由小区出面申请安装，网络服务商也受理个人服务。用户可询问居住小区物业管理部门或直接询问当地网络服务商是否已开通本小区宽带。这种接入方式对用户设备要求最低，只需一台带10/100Mb/s自适应网卡的计算机。如果家庭有多台计算机，则宽带接入时可以接到无线路由器上，无线路由器再用双绞线连接台式计算机或连接笔记本式计算机。

LAN宽带用户的速度是比较高的，下行和上行速率都较高。与ADSL非对称接入相比，LAN宽带有一定的优势。

本章主要学习内容

① 网卡、双绞线、交换机和家用路由器的类型、工作原理。
② 对等网的硬件安装和软件设置。
③ ADSL Modem的硬件安装和软件安装。

实践5

1．实践目的
① 了解对等网的组建方法。
② 掌握无线路由器的上网方法。
2．实践内容
① 使用网卡、路由器和双绞线组建局域网并进行参数设置。
② 设置一台无线路由器的主要参数，并连接台式机和笔记本式计算机，使其共享上网。

练习5

一、填空题

1．网卡按网络的类型划分，有（　　　　）、令牌环网卡、ATM网卡等。

2．网卡按网络的传输速度划分，有10Mb/s的网卡、100Mb/s的网卡和（　　　　）的网卡。

3．EIA/TIA已颁布了一类线、二类线、三类线、四类线、五类线、超五类线、六类线和七类线共8个线缆标准。其中，使用比较广泛的是（　　　　）线和（　　　　）线。

4．按网卡与主板的接口方式划分，有（　　　　）和PCI网卡。

5．根据端口结构划分，交换机有（　　　　）交换机和（　　　　）交换机。

二、选择题

1．网卡的尾部接口有多种，用于星状网络中连接双绞线的称为（　　）接口。

A．RJ-11　　B．RJ-45　　C．BNC　　D．ST

2．交换机根据工作协议层划分有第二层交换机、第三层交换机和（　　）交换机。

A．第五层　　B．第四层　　C．第六层　　D．第七层

3．交换机根据网络覆盖范围划分有（　　）交换机和广域网交换机。

A．中心网　　B．企业级　　C．以太网　　D．局域网

4．交叉线的一端按 T568-A 标准排列，另一端按（　　）标准排列。

A．T568-B　　B．T568-A　　C．T568-C　　D．T568-AB

三、简答题

1．网卡对数据如何处理？

2．双绞线电缆的制作主要遵循两种 EIA/TIA 国际标准：T568-A 和 T568-B，简述这两种标准的线序。

3．宽带路由器有哪些主要功能？

4．无线宽带路由器需要设置哪些内容？

笔记本式计算机

笔记本式计算机设计紧凑，LCD、键盘、触摸板及主机全部集成在一起，如图 6-1 所示，LCD 和主机部分采用翻盖式设计，使整个计算机像一本书一样。为了使笔记本式计算机具有视频、网络、游戏、音乐等多种功能，笔记本式计算机提供了多种多样的接口和扩展插槽。笔记本式计算机不仅仅局限于商务用途，越来越多的笔记本式计算机开始向家庭娱乐方面发展。很多人在工作、学习的时候使用笔记本式计算机，闲暇之余也会用笔记本式计算机玩游戏等。

（a）（b）（c）

图 6-1　笔记本式计算机的外观

6.1　笔记本式计算机的类型和结构

6.1.1　笔记本式计算机的类型

笔记本式计算机按照 CPU 不同有酷睿 7 CPU、酷睿 5 CPU、酷睿 3 CPU、酷睿 M 和 AMD APU CPU 等；按照屏幕尺寸不同，有 16in 以上、15in、14in、13in、12in、11in 以下等；按照屏幕类型不同，有触控型、旋转型、翻转型、滑动型、插拔型和双屏型等；按照显卡类型不同，有独立显卡和集成显卡；按照产品的应用不同，有实用本、商务本、游戏本、平板笔记本等。还可以按以下方法进行分类。

① 轻薄便携型：通常来说，2kg 以下的笔记本式计算机被称为轻薄便携型笔记本式计算机，该类产品将便携性放在最重要的位置，性能、功能甚至接口都可以做出牺牲，因此超低电压版的处理器、低功耗的芯片组、低规格的内存、低功耗的 1.8in 硬盘、无风扇设计、极限轻薄都伴随而来。在测试中，此类产品性能一般，但往往电池使用寿命比较长，这要归功于低功耗元器件的大量采用。便携型笔记本式计算机分为内置光驱和全外挂两种，全外挂型在质量方面更好。由于没有内置光驱，所以在接口方面全外挂型的便携笔记本会表现得更加优秀，但会增加额外支出；而内置光驱型的便携型计算机则省去了额外的开销，却在接口方面的表现不如全外挂型好。

② 商务应用型：商务应用型笔记本式计算机在应用领域上要求绝对稳定、安全，因此很多最新的技术都在此类产品上率先采用，如最先进的指纹识别技术、最强大的硬盘数据保护技术、最优秀的静音散热系统等。商务笔记本式计算机由于面对特定的人群和用途，外观设计上比较单调，不会追求时尚和花哨，主要给人以稳重、大方的感觉。这种笔记本式计算机更注重机器的稳定、可靠，且不能太难以携带，具有丰富的接口及多种安全功能的设计。

③ 影音家庭型：用于替代传统娱乐家用台式机，具有大尺寸的屏幕设计，倾向于娱乐设计，通常采用 16∶9 屏幕设计，屏幕亮度高且可视角度大。在音响设计方面，这类产品最少集成了 2.1 声道音响系统，并将低音单元集成在笔记本式计算机的底部以实现低音炮的效果，有的机型还可以模拟 4.1 声道的环绕音效，甚至直接拥有 4.1 声道扬声器。所以该类产品一般体积庞大，不便于携带。在功能设计上，部分产品还带有 TV 功能，笔记本式计算机接收电视画面是影音家庭型笔记本式计算机发展的一个趋势。这类产品会在机器里内置电视接收装置，通过遥控器可以实现电视画面的接收。另外，有些产品还附带了视频编辑软件，用户可以实现定时录像、视频抓图等操作。

④ 娱乐游戏型：随着新技术的不断应用，笔记本式计算机的性能得到了质的提升，娱乐游戏型笔记本式计算机在市场上悄然兴起，此类产品采用了显示效果优秀的屏幕，16∶9 的分辨率和性能强悍的独立显卡，兼顾了娱乐影音的需要，整体性能超强，注重视觉效果与影音效果。

⑤ 掌上型：如图 6-2 所示，可以帮助用户完成在移动中工作、学习、娱乐等。按使用来分类，分为工业级 PDA 和消费品 PDA。工业级 PDA 主要应用在工业领域，常见的有条码扫描器、RFID 读写器、POS 机等；消费品 PDA 包括智能手机、手持游戏机等。

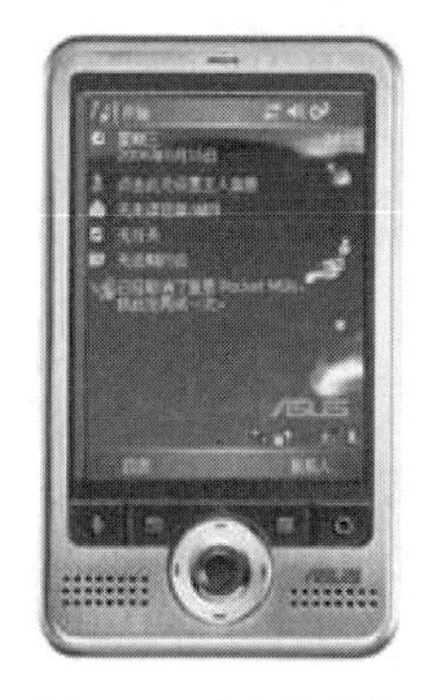

图 6-2 掌上计算机

掌上型计算机在许多方面和笔记本式计算机很像。例如，它同样有 CPU、存储器、显示芯片及操作系统等。正如个人计算机有 Mac 和 Windows 之分一样，PDA 也有 Palm 和 PPC 之分，其主要区别在于操作系统的不同。尽管如此，PDA 的功能大体是一样的，主要可以用来记事、文档编辑、玩游戏、播放多媒体、通过内置或外置无线网卡上网等。通过使用第三方软件，还可以看电子书、图像处理、外接 GPS 进行导航等。

⑥ 平板型：平板计算机（图 6-3）也称便携式计算机，是一种小型、方便携带的个人计算机，以触摸屏作为基本的输入设备。它拥有的触摸屏（也称数位板技术）允许用户通过触控笔或数字笔来进行作业而不是使用传统的键盘或鼠标。用户可以通过内建的手写识别、屏幕上的软键盘、语音识别或者一个真正的键盘来实现输入。

从微软提出的平板计算机概念产品上看，平板计算机就是一款无需翻盖、没有键盘、可以放入手袋，但是功能完整的 PC。

平板计算机在外观上具有与众不同的特点。有的平板计算机就像一个单独的液晶显示屏，只是比一般的显示屏厚一些，在上面配置了硬盘等必要的硬件设备。

它像笔记本式计算机一样体积小而轻，可以随时转移它的使用场所，比笔记本式计算机更具有移动灵活性。

平板计算机的最大特点：数字墨水和手写识别输入功能，强大的笔输入识别、语音识别、手势识别能力，并具有移动性。

扩展使用 PC 的方式，使用专用的“笔”在计算机上操作，使其像纸和笔的使用一样简单。它同时支持键盘和鼠标，像普通计算机一样操作。

数字化笔记，平板计算机就像 PDA 一样，可随时记事，创建自己的文本、图表和图片。它同时集成了电子“墨迹”，可在核心 Office 应用中使用墨迹，在 Office 文档中留存自己的笔迹。

图 6-3　平板计算机

6.1.2　笔记本式计算机的结构

笔记本式计算机主要部件在键盘和触摸板的下面，主要部件有主板、CPU、内存、硬盘、光驱等，如图 6-4 所示。笔记本式计算机的底部有 CPU 及散热系统的护盖、内存护盖、硬盘护盖、电源适配器及光驱护盖。这些护盖都由螺钉固定，卸下相应的护盖螺钉，即可看到相应的设备。其内部结构如图 6-5 所示。

图 6-4　笔记本式计算机主要部件

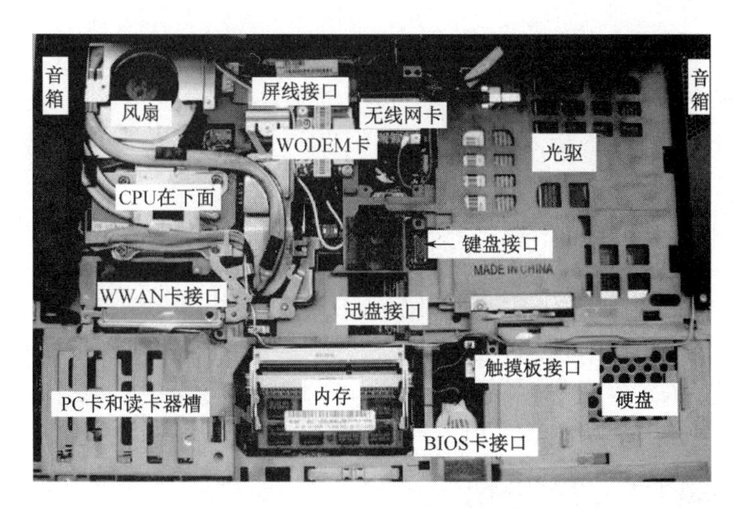

图 6-5　笔记本式计算机内部结构

笔记本式计算机的侧面有很多接口，主要有光驱、电源、视频、音频、网络和 USB 接口等，不同笔记本式计算机的接口布局不同，接口数量和接口类型也不同。

6.2　笔记本式计算机的主要部件

6.2.1　CPU 及散热系统

CPU 是笔记本式计算机的控制中心，如图 6-6 所示。CPU 与笔记本式计算机主板的安装方式有两种：一种是焊装，另一种是插接。CPU 是笔记本式计算机的主要部件，它的性能与笔记本整机性能关系极大。

图 6-6　CPU

CPU 与操作系统配合工作，控制计算机的运行。CPU 会产生大量热量，所以台式机通过空气流通、风扇和散热器（由底板、通道和散热翅片组成的系统，用于带走 CPU 产生的热量）来冷却各个部件的温度。由于笔记本式计算机内部的空间很小，无法使用上述冷却方法，因此它的 CPU 通常采用更低的运行电压和时钟频率——这样可减少产生的热量，降低电力消耗，但是会降低 CPU 的速度。此外，在插上外接电源时，大多数笔记本式计算机会以较高的电压和时钟频率运行，在使用电池时则使用较低的电压和频率。

在某些笔记本式计算机主板中，处理器直接安装在主板上，没有使用插座。其他主板则使用 Micro-FCBGA（翻转芯片球形网阵），即使用球来代替引脚。这样的设计可节省空间，但是在某些情况下也意味着不能将处理器从主板上拆下来进行更换或升级。

笔记本式计算机具有睡眠或慢速运行模式，如果计算机处于空闲状态或者处理器不需要快速运行，则计算机和操作系统会相互配合来降低 CPU 的速度。Apple G4 处理器还会确定数据的优先级以最大限度节省电池电量。

笔记本式计算机的散热系统由导热设备和散热设备组成，其基本原理是由导热设备（一般使用热管）将热量集中到散热设备（一般使用散热片及风扇）上散出。

笔记本式计算机通常由小型的风扇、散热器、导热片或导热管，帮助 CPU 排走热量，如图 6-7 所示。一些更为高端的笔记本式计算机甚至通过在沿着导热管布置的通道中加注冷却液来减少热量。此外，大多数笔记本式计算机的 CPU 位于机壳的边缘。这样，风扇可以将热量直接吹到外部，而不是吹到其他部件上。

（a）

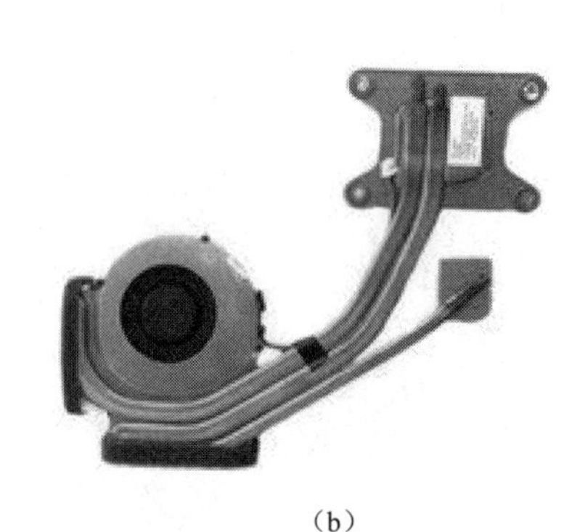

（b）

图 6-7　小型的风扇或导热管

6.2.2　笔记本式计算机内存条

笔记本式计算机的内存条可以在一定程度上弥补因处理器速度较慢而导致的性能下降，如图 6-8 所示。有些笔记本式计算机将缓存内存放置在 CPU 上或非常靠近 CPU 的地方，以便 CPU 更快地存取数据。有些笔记本式计算机有更大的总线，以便在处理器、主板和内存之间更快地传输数据。

笔记本式计算机通常使用较小的内存模块以节省空间。笔记本式计算机中使用的是专有技术的内存模块。

一些笔记本式计算机的内存能够升级，并且能通过可拆卸面板来轻松地拆装内存模块。

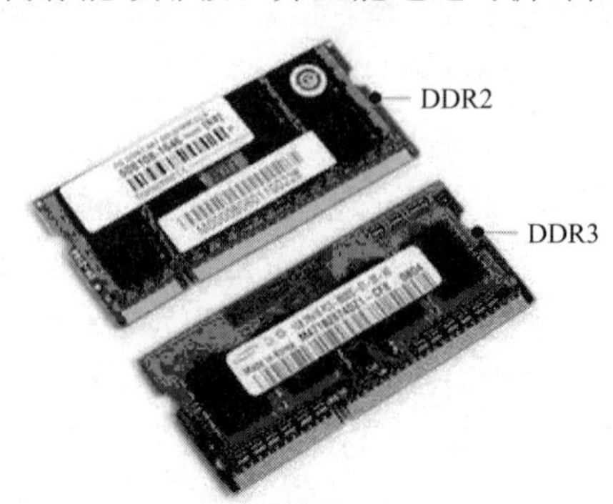

图 6-8　笔记本式计算机的内存条

6.2.3 笔记本式计算机主板

笔记本式计算机的主板是整机中体积最大的电路板，如图 6-9 所示，不同厂家、不同型号的笔记本式计算机主板之间是不能互换的，不同的笔记本式计算机使用的主板形状也各不相同。虽然其外观各不相同，但其内部结构基本相似。

笔记本式计算机的 CPU 插座、内存插槽 A、芯片组、扩展卡插槽和 CMOS 电池、内存插槽 B、网络接口分别位于主板的两面，相关的外部接口（如读卡器接口、IEEE 1394 接口、VGA 接口、S-Video 接口等）位于主板的边缘。为减小体积，笔记本式计算机主板上的元器件大多为贴片式器件，而且电路的密度和集成度很高。

（a）　（b）

图 6-9　笔记本式计算机的主板

6.2.4 笔记本式计算机的液晶显示屏和显卡

1. 液晶显示屏

自从 1985 年世界上第一台笔记本式计算机诞生以来，液晶显示屏就一直是笔记本式计算机的标准显示设备。笔记本式计算机液晶屏呈薄板型并与上盖制成一体，可自由开合，如图 6-10 所示。主板有一组软线（数据线）与液晶显示屏相连，由主板为液晶显示屏提供电源和图像驱动信号。

笔记本式计算机的液晶显示屏主要由液晶显示屏组件、液晶显示屏背光灯、逆变电路等组成，主板产生的图像驱动信号则通过液晶显示屏接口电路送往液晶显示屏。

液晶显示屏是由水平和垂直排列的液晶显示单元组成的，每个液晶单元中有一个薄膜场效晶体管，用以控制液晶显示单元的发光。整个液晶显示屏在水平和垂直驱动信号作用下显示图像。

薄膜场效晶体管组成屏幕，其每个液晶像素点都是由集成在像素点后面的薄膜场效晶体管来驱动的，显示屏上每个像素点后面都由 4 个（一个黑色、三个 RGB 彩色）相互独立的薄膜场效晶体管驱动像素点发出彩色光，可显示 24 位色深的真彩色，可以做到高速度、高亮度、高对比度显示屏幕信息。其效果接近 CRT 显示器，是现在笔记本式计算机的主流显示设备。

（a）

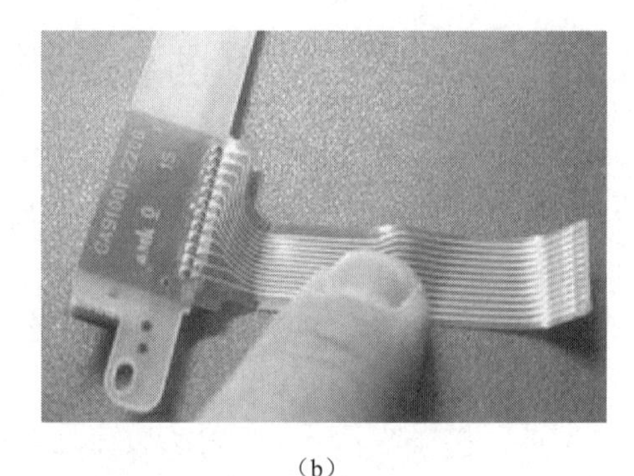

（b）

图 6-10　液晶显示屏和排线

2．显卡

显卡有集成和独立显卡之分。集成显卡是将显示芯片、显存及其相关电路都制作在主板上，与主板融为一体；集成显卡的显示芯片有单独的，但现在大部分集成在主板的北桥芯片中；一些主板集成的显卡在主板上单独安装了显存，但其容量较小，集成显卡的显示效果与处理性能相对较弱，不能对显卡进行硬件升级，但可以通过 CMOS 调节频率或刷入新的 BIOS 文件实现软件升级，以挖掘显示芯片的潜能；集成显卡的优点是功耗低、发热量小，部分集成显卡的性能已经可以媲美入门级的独立显卡。但是，很多游戏对显卡有相当大的需求，如一些大型的单机或网络游戏，集成显卡并不能胜任。

独立显卡是独立于主板的显卡，没有集成在主板上。一般独立显卡的显存和处理能力大于集成显卡，而且对笔记本式计算机的散热和电池的供电都有相当高的需求。另外，限于笔记本式计算机体积等原因，独立显卡一般被直接焊接在主板上。

独立显卡如图 6-11 所示。

图 6-11　独立显卡

6.2.5　笔记本式计算机键盘和触摸装置

键盘和触摸板与笔记本式计算机制作为统一的整体，如图 6-12 所示。触摸板相当于鼠标设备，是一种使用书写笔或手指来进行人工指令输入的装置。不同厂家对触摸板的设计各有千秋，但操作方式基本一致，用手指在触摸板上移动，屏幕上的鼠标指针会移动，当需要选择对象时，用手指触摸一下即可。打开笔记本式计算机的键盘后，能够看到键盘和触摸板的印制电路板。这种印制电路板是由 3 层塑料薄膜构成的，上下两层薄膜上布满了印制线，中间一层是绝缘层，在绝缘层的按键处有圆孔。

电路结构采用矩阵电路结构，矩阵电路交叉点上的按键代表了键盘上的数字、字符等功能键，键盘处理器的引脚分别与矩阵电路的键控信号输入、输出端相连。键控信号输入端分别用字母 A～N 表示。笔记本式计算机的键盘有组合键。绝大多数笔记本式计算机中有 Fn 键，可配合其他键来使用一些功能，这是一个典型的组合键。Fn 功能键的作用是和其他按键组成组合键，以便实现控制作用。

图 6-12　键盘和触摸板

6.2.6　笔记本式计算机硬盘和光驱

1．笔记本硬盘

笔记本硬盘和接口如图 6-13 所示。

（a）　　（b）

图 6-13　笔记本硬盘和接口

① 尺寸：硬盘是笔记本式计算机中为数不多的通用部件之一，基本上所有笔记本式计算机硬盘都是可以通用的。笔记本式计算机使用的硬盘一般为 2.5in，与台式机制作工艺技术参数不同，2.5in 硬盘只使用一个或两个磁盘进行工作。如果进行区域密度存储容量比较，2.5in 硬盘的表现也已足够。

② 厚度：标准的笔记本式计算机硬盘有 9.5mm、12.5mm、17.5mm 3 种厚度。9.5mm 的硬盘是为超轻超薄机型设计的，12.5mm 的硬盘主要用于厚度较大光软互换和全内置机型。

③ 转数：笔记本式计算机硬盘现在常用 7200 转 32MB Cache。由于笔记本式计算机硬盘采用的是 2.5in 盘片，即使转速相同，外圈的线速度也无法和 3.5in 盘片的台式机硬盘相比。笔记本式计算机硬盘现在已经是笔记本式计算机性能提高的最大瓶颈。

④ 接口类型：笔记本式计算机硬盘一般采用 3 种形式和主板相连，即用硬盘针脚直接和主板上的插座相连，用特殊的硬盘线和主板相连，或者采用转接口和主板上的插座相连。不管采用哪种方式，效果都是一样的，只是取决于厂家的设计。

目前，在笔记本式计算机硬盘中也开始广泛应用 Serial ATA 接口技术，采用该接口仅以 4 个针脚便能完成所有工作。该技术重要之处在于可使接口驱动电路的体积变得更加简洁，传输速率可达 150Mb/s 以上，使厂商能更容易地制造出对处理器依赖性更小的微型高速笔记本式计算机硬盘。

⑤ 容量及采用技术：由于应用程序越来越大，硬盘容量也有越来越高的趋势，对于笔记本式计算机的硬盘来说，不但要求其容量大，还要求其体积小。为解决这个矛盾，笔记本式计算机的硬盘普遍采用了磁阻磁头（MR）技术或扩展磁阻磁头（MRX）技术。MR 磁头以极高的密度记录数据，从而增加了磁盘容量、提高了数据吞吐率，还能减少磁头数目和磁盘空间，提高磁盘的可靠性和抗干扰、抗震性能。它还采用了诸如增强型自适应电池寿命扩展器、PRML 数字通道、新型平滑磁头加载/卸载等技术。

2．笔记本式计算机光驱

图 6-14　笔记本式计算机光驱

笔记本式计算机光驱（图 6-14）与台式机的光驱工作原理相同，但其他差别是较大的：从体积上看，笔记本式计算机的光驱轻薄小巧，台式机光驱较大；从价格上看，笔记本式计算机光驱较台式机的贵；从配置上看，笔记本式计算机的光驱配置一般是“康宝”机，可以读取 DVD 而不能刻录 DVD，可以读取和刻录 CD，这种光驱不在台式机上使用；从散热上看，笔记本式计算机光驱不如台式机的散热性好；从故障率上看，笔记本式计算机光驱高于台式机的，原因是笔记本式计算机的工作环境比台式机差，元器件小，排列紧密，机械结构也很精密，容易出故障；从通用性上看，两种光驱不能互换通用。

6.2.7　笔记本式计算机电源

笔记本式计算机的电源如图 6-15 所示。

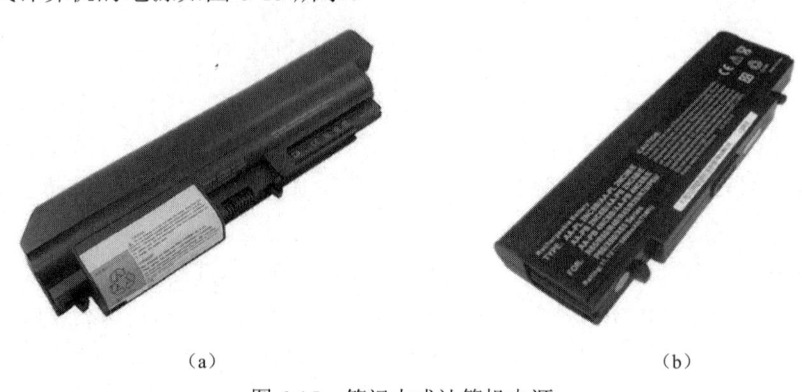

（a）　　　　（b）

图 6-15　笔记本式计算机电源

电池不但是笔记本式计算机最重要的组成部件之一，而且在很大程度上决定了其使用的方便性。对笔记本式计算机来说，轻和薄的要求使得其对电池的要求也较高。与质量、显示尺寸、背光等因素相比，笔记本式计算机的电池使用时间是用户最为关心的问题。

笔记本式计算机上普遍使用的是可充电电池，也提供对一般民用交流电的支持，这样等于为电脑提供了一台性能极其优良的 UPS。现在能够见到的电池种类大致有两种。第一种是镍氢电池，这种电池基本上没有记忆效应，充放电比较随意，因此在使用时，可以在将笔记本式计算机所配的电源适配器接入交流电的同时使用计算机。此时如果电池处于不足状态，则可以一边充电一边使用计算机。第二种是锂电池，其特点是高电压、低质量、高能量，没有记忆效应，也可以随时充电；在其他条件完全相同的情况下，同样质量的锂电池比镍氢电池的供电时间延长了 5%，一般在 2h 以上，有些甚至能达 4h，采用最新技术的超长时间锂电池可以使用 6～7.5h。

除了电池自身的容量和质量之外，笔记本式计算机的电源管理能力也是用户必须考虑的。目前几乎所有的笔记本式计算机都支持 ACPI 电源管理特性，主板的控制芯片组也可以通过控制内存的时钟，将内存设置为低电状态来减少能耗。Intel SpeedStep 技术通过降低处理器速度来延长电池使用时间。另一个和电池相关的因素是电源适配器，最好具有当电池充满后自动停止充电而仅向主机供电的功能，这样可以有效防止电池过分充电，有利于延长电池的使用寿命。同时，一些高端笔记本式计算机在电路设计时，大量采用低功率的电子元器件，其耗电量会降低许多。

6.3 笔记本式计算机拆卸与维护

6.3.1 笔记本式计算机拆卸

不同品牌的笔记本式计算机，其拆卸过程也不同，其外部接口的部位和底盖的固定方式有所不同，特别是固定螺钉的安装部位和数量有所不同，而塑料外壳的笔记本式计算机常采用卡扣式连接方式。卡扣设置在外壳的内部，在拆卸时要了解卡扣部位。下面介绍常见的拆卸方法。

① 把笔记本式计算机的电池和电源拿开，从底部最大的一块盖板开始拆解。盖板由 5 颗螺钉固定，如图 6-16 所示，拧开之后拔下来即可。

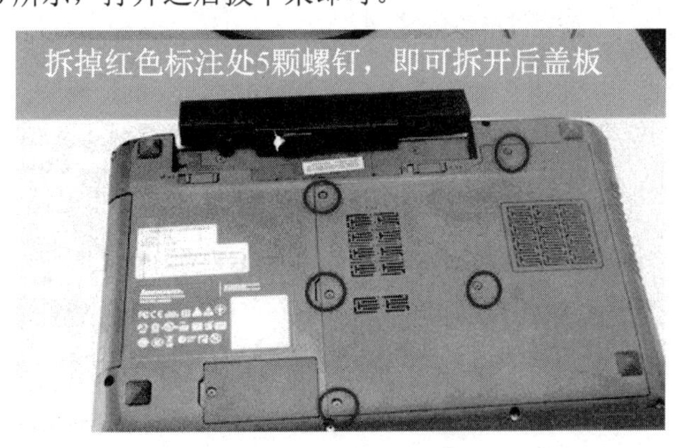

图 6-16 5 颗螺钉的位置

② 盖板拿下来之后如图 6-17 所示，能够看到散热风扇、内存、无线网卡模块及硬盘（锡箔纸下方）。

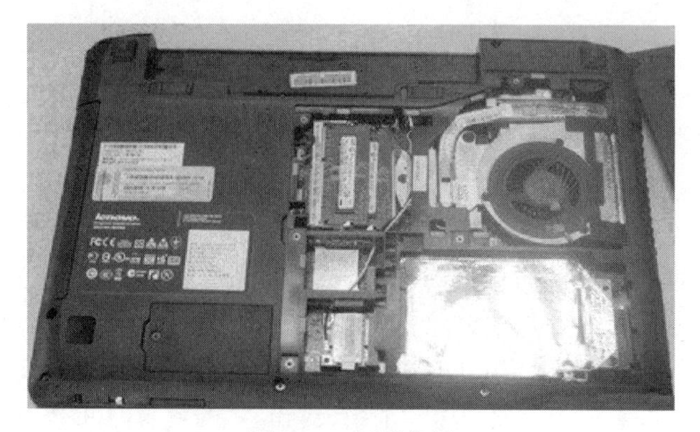

图 6-17　打开盖板

③ 内存条比较好拆下来，可以把固定内存条的两边的卡扣向旁边扳动一些，内存即可自动弹起来，如图 6-18 所示。

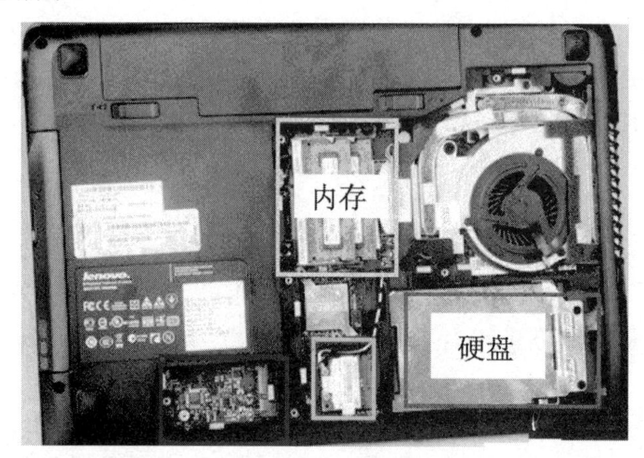

图 6-18　取下内存条

④ 硬盘由两颗螺钉固定，拧下来之后可以取出硬盘，如图 6-19 所示。

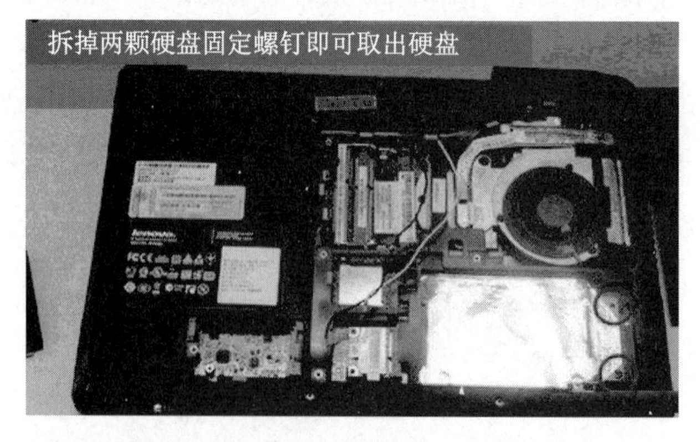

图 6-19　取出硬盘

⑤ 无线网卡的天线是从液晶显示屏中延伸出来的，拆掉两条线后，从线槽中将天线取出，如图 6-20 所示。

图 6-20　拆卸无线网卡的天线

⑥ 红色标记为固定光驱的螺钉，大多光驱是只由一颗螺钉固定的，拆掉螺钉后能直接将光驱取出，如图 6-21 所示。

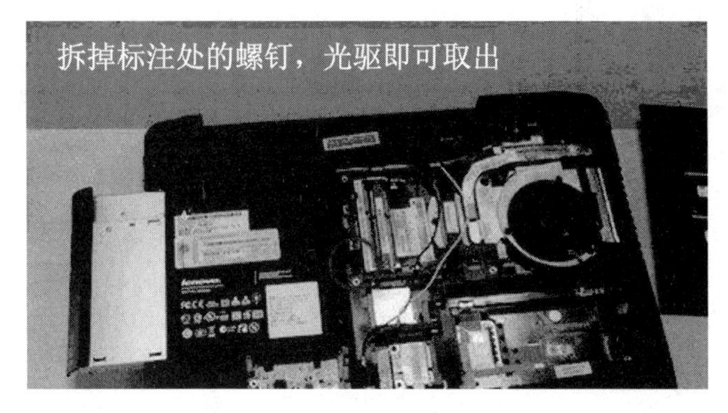

图 6-21　拆卸光驱

⑦ 笔记本式计算机正面的开关面板主要由 4 颗螺钉固定，直接拆下即可，如图 6-22 所示。

⑧ 在笔记本式计算机的正面，用手把盖板抠起来，但不要直接取下来，把盖板松开之后向上移动一些，将键盘拆除，注意盖板的边缘暗扣，如图 6-23 所示。

图 6-22　拆卸电源按钮

图 6-23　拆卸键盘

⑨ 键盘拆除之后能够看到开关面板上还有两组排线连接在主板上，直接将其抽出即可，如图 6-24 所示。

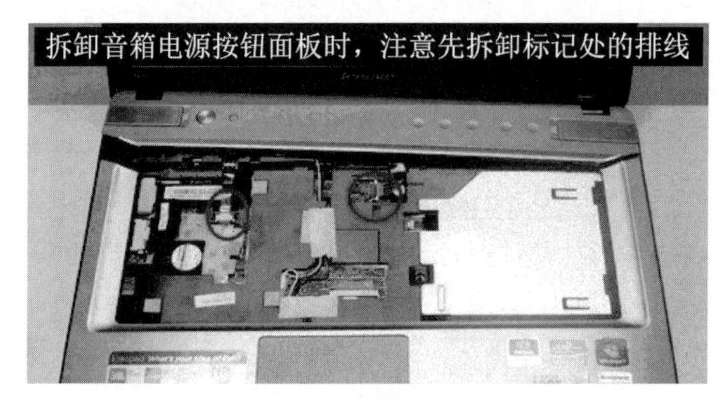

图 6-24　拆卸开关面板的排线

⑩ 开关面板拆除后，把笔记本式计算机底部的所有螺钉全部拆除，即可将笔记本式计算机的 C 壳（假设顶面是 A 壳，屏幕面是 B 壳，键盘面是 C 壳，底面是 D 壳）拆除，如图 6-25 所示。

⑪ C 壳拆除后能看见整个主板的布局，小心地清理目前主板上存在的一些数据线接头，如图 6-26 所示。

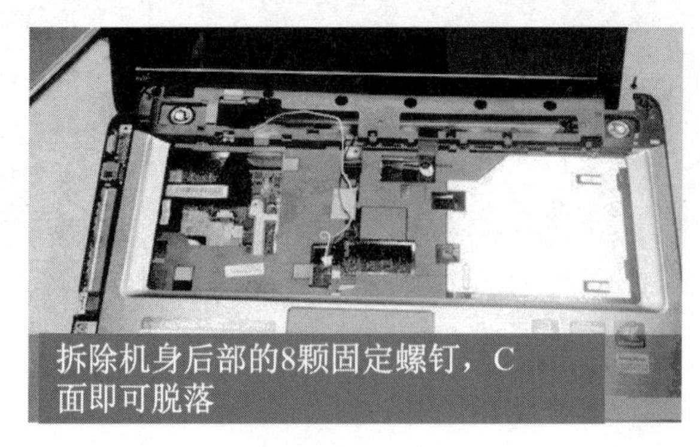

图 6-25　拆卸 C 面

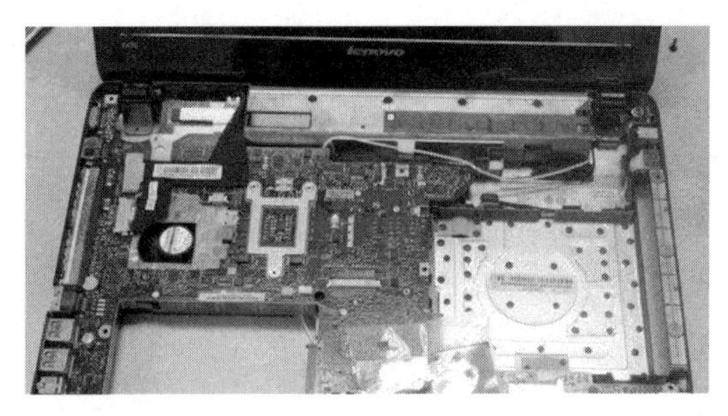

图 6-26 拆卸主板

⑫ 主板拆除之后，风扇便能拆除，如图 6-27 所示。

图 6-27 拆卸风扇

⑬ 屏幕拆卸并不复杂，不需要拆开机身。屏幕死角处有一个皮垫，用镊子撬下来即可，将 4 个角的螺钉全部拧下来，如图 6-28 所示。

图 6-28 拆除 4 个角的螺钉

⑭ 螺钉全部拆除后要开始拆卸屏框，如图 6-29 所示，可以用指甲或者平一点的工具伸进壳子之间，将外壳和屏框分开，屏框即可拆除。

图 6-29 液晶屏框的拆卸

⑮ 屏框拆除后即能看见这款机器的超薄LED。要想拆除LCD，应将固定LCD的螺钉拆除。

⑯ 螺钉松开之后，屏幕就是活动的。可以从屏幕上方将屏幕抠起来翻到键盘上面，屏幕后面有一条排线，要小心地将这条排线抽出来，接口不能弄歪。

⑰ 屏线抽出后可看见单独的LED。若想更换屏或者升级为更高端的显示屏，则可以反向观看此内容。至此，笔记本式计算机液晶显示屏拆卸完成。

6.3.2 笔记本式计算机维护

1．延长使用时间的方法

① 当在处理文字内容时，降低亮度和对比度是非常明智的做法。这可以节省大量的电力资源。屏幕可以占到整体电力消耗的30%。同时，当处理文字内容时，合理的亮度、对比度也不会过多地刺激眼球，能起到保护视力的作用。

② 有些处理器有睿频功能，但是相对于增加的5%～10%性能，付出的代价确是耗电量的增加及热量的急剧增加。一般在电源管理的CPU性能中应把最大性能调到99%，这样不会自动启用睿频功能。

③ 不使用笔记本式计算机时，待机功能固然很方便，但是同样耗电。此时可用休眠功能替代，此功能不会耗费电能。

④ 如果长时间不用电池，应将其拔下来而使用交流电，最好一个月充放电池一次，在拔下电池之前电量应充满，因为电池即使拿下来也是有轻微放电的。

⑤ 散热。如果使用的不是独立显卡，则发热量不是很多。集成显卡发热量多，应使用散热器。

⑥ 保养，即平时注意保持计算机干净整洁，尽量不要在灰尘多的地方使用。如果LCD没贴膜，则不必脏了就擦拭，因为容易划伤屏幕。

2．屏幕维护

（1）要避免LCD工作超负荷

使用LCD时要尤其注意其工作时间。当连续满负荷工作96h以上时，它会迅速老化，严重时甚至会烧坏，造成损失。这是因为LCD的像素点是由液晶体构成的，长时间工作，很容易使某些像素点过热，一旦超过极限会导致永久性损坏。这就形成了常说的“坏点”。所以，如果用户不得不长时间工作，也一定要让屏幕得到间歇性的休息，不能长时间地显示同一内容。而当屏幕处于等待工作状态时，要降低亮度。使用屏幕保护程序是很好的习惯，这样不仅可以延缓液晶屏老化，延长其使用寿命，还可以避免发生硬件损坏。

（2）遇到问题不可自行拆卸LCD

对于LCD，由于它的构造非常精密，所以无论使用者的屏幕出现了什么问题，都不要自行拆卸LCD。如果怀疑LCD工作不正常，则应该找厂商派专业的工作人员帮助解决问题。LCD背景照明组件中的变压器在关机一定时间后依然可能带有1000V高压，而非专业人员如果处理不好，则可能造成组件新的故障，严重时还可能导致屏幕永久性地不能工作。

（3）注意防压防震

LCD十分脆弱，抗撞击能力远远不及CRT显示器。一旦受到强烈撞击，很可能导致LCD中含有的很多精密元器件受到损坏，所以一定要避免强烈的振荡。除了防止强烈撞击，要注意不能对 LCD 表面施加压力。有些用户使用一段时间会发现屏幕上的坏点越来越多，可能的原因就是使用者经常用手指点击屏幕的某个部位，遇到这种情况，使用者自己是没有办法进行补救的。所以养成良好的使用习惯非常重要，不要随便按压屏幕的某个位置。

（4）修复 LCD

LCD 中的照明灯是唯一自然消耗的零部件，经过了长时间的使用会老化，从而导致屏幕变暗，亮度下降。如果屏幕变暗是由于老化造成的，则只需要更换照明灯即可修复 LCD。当然，平时应注意保养，防患在于未然。使用者可以注意以下问题：如亮度不能太高，长期高负荷工作会使屏幕加速老化；而在非工作时间应该使用屏幕保护程序等。注意平日保养，这可以大大延长背景照明灯的使用寿命。

（5）LCD 闪烁方式的含义

由于模拟信号输出界面的影响，如像素的时钟和相位没有与模拟信号输出同步，会导致闪烁现象，即像素抖动。它是会偶尔出现的一种闪烁现象，这是模/数转换过程中不可避免的情况。解决这类问题有两种方法：可以“自动调节”，在 LCD 上都有“自动设定”功能，其作用是对输入信号进行分析后将 LCD 调节为最佳状态；也可以“手动调节”，通过相位、时钟两个功能自行调节。

但是，如果是有规律的闪烁或经常不明原因的闪烁，则可能是屏幕真的出现了问题。应先检查是否接触不良，如果不是，则可能是 LCD 自身出现了故障。

（6）正确清除 LCD 的表面污垢

屏幕使用一段时间，必然会在表面积有污垢，使用者可以对其进行清洁。首先，擦拭使用的介质最好是柔软、非纤维材料，如脱脂棉、镜头纸或柔软的布等。因为粗糙的布或纸类物品容易使屏幕产生刮痕。其次，沾少许玻璃清洁剂（千万不要使用酒精一类的化学溶剂）轻轻地将其擦干净。最后，要用布沾上清洁剂擦拭，而不要将清洁剂直接喷到显示屏幕表面，因为这样容易使清洁剂流到屏幕中而导致 LCD 内部出现短路故障，造成不必要的损失。

3．笔记本式计算机清洗方法

为了高效使用笔记本式计算机，要定期对其进行护理。笔记本式计算机是一个比较受损的设备，所以要注意定期对其进行清洁和护理。清洁笔记本式计算机时，应当关掉电源，取出其中的电池。在清洁液晶显示屏时，最好用沾了清水的、不会掉绒的软布轻轻擦拭，没有必要购买专用的笔记本式计算机清洁剂。清洁键盘时，应先用真空吸尘器加上带最小、最软刷子的吸嘴，将各键缝隙间的灰尘吸净，再用稍稍蘸湿的软布擦拭键帽，擦完一个以后马上用一块干布抹干。另外，千万不要用带有腐蚀性的液体来清洗笔记本式计算机，更不要使用酒精，因为酒精成分非常复杂，可能会损坏笔记本式计算机。

4．四大笔记本式计算机“杀手”

（1）水

水是使笔记本式计算机受损的最直接的“杀手”，但有很多人容易忽视很多潜在的“水”。笔记本式计算机的主板很小巧，集成度比台式机的主板高得多，这样就导致生产成本比较高。如果主板发生不测，更换主板的费用一般占整机价格的三分之一左右，因为这种事故一般属于人为故障，不在保修之列，故而修理费用较高。

如何避免受到水的伤害呢？其一，保持使用环境的干燥。其二，在使用同时尽量与水保持一定距离，如边使用笔记本式计算机边喝茶，手上有水的时候使用笔记本式计算机等都是不好的习惯，很容易损坏笔记本式计算机。

若笔记本式计算机进水了，那么绝对不要慌张。首先，要以最快的速度按下电源按钮切断电源（不要以日常的方法关机，否则主板可能早已短路烧毁）。其次，把笔记本式计算机的电池（这是第一个需要拆下的部件，动作一定要快）拆下，以免电池继续为主板供电。马上把笔记本式计算机倾斜过来，让其中的液体尽量流出来。有些文章中说用电吹风把水吹干，但笔记本内部有很多塑料组件，如果用电吹风吹干，则很容易造成这些塑料组件受热变形，使情况更糟，故不建议使用。

可以把笔记本式计算机放在通风处阴干三四天，让机身内的水分自然蒸发。三四天后安装电池、接上电源，试试能否开机运行，如果不行，则只能送修。

（2）静电

最容易受到静电损害的是接口，尤其是 USB、Modem、网卡等经常需要插拔的接口。冬天插拔这些接口时最好不要带电操作，尽量不要让衣服或身体接触到接口的金属部分。还要注意 USB 等接口热插拔时要对直接口插入，这样有助于防止静电。

如何避免静电带来的危害呢？其一，尽量减少在人体带有静电的情况下接触笔记本式计算机，特别是避免接触笔记本式计算机的一些接口、内部器件。如果需要接触笔记本式计算机内部的器件，如安装内存条等，则应先接触接地设备，消除自身的静电。其二，笔记本式计算机使用环境的周围最好不要放置其他电磁器件，如手机充电器之类的设备应尽量远离笔记本式计算机。

（3）冷凝水

特别是在冬天，冷凝水是最容易被忽视的一大笔记本式计算机“杀手”，很多人在使用和放置笔记本式计算机的细节上不注意，有可能对笔记本式计算机造成毁灭性的破坏。

冬天从外边进入温暖的屋子，眼镜上会出现一层水汽，这就是冷凝水。而对于金属外壳的笔记本式计算机来说，产生冷凝水的机会更大，产生的量也更多。除表面外，机器的内部也可能会出现这种现象，这一层冷凝水可能会彻底损伤笔记本式计算机。冷凝水可谓无孔不入，只要是和空气接触的地方都有可能产生冷凝水，包括主板、CPU 等重要部位。

解决方法如下：首先，不能让笔记本式计算机太凉，要有针对性地为笔记本式计算机购买一个棉质的内包；其次，当笔记本式计算机长期处于室外比较寒冷的环境中时，若要进入温暖并且湿度较大的房间，则一定要耐心等一段时间，让笔记本式计算机在内包中慢慢升温，千万不要马上使用，这样表面不会有瞬时的温度差，也就不会产生冷凝水。

（4）电池使用不当

细心的笔记本式计算机用户都喜欢在不用电池的时候把电池从机器中摘下来，这样可以避免电池反复充电影响电池使用寿命，也减轻了其分量。但为了数据安全，最好不要拆除电池，否则数据有可能丢失。

经过多年的研发，电池过充问题已基本得到了解决，与早期的镍氢电池不同，锂电池若经常把存储的电量完全放光，反而会极大地缩短电池使用寿命，表现出来的便是电池组容量大幅下降。

本章主要学习内容

① 笔记本式计算机的类型和结构。

② 笔记本式计算机主要部件的特点。
③ 笔记本式计算机的拆卸过程。
④ 笔记本式计算机的维护方法。

实践 6

1. 实践目的
① 认识笔记本式计算机的主要部件的外观和结构。
② 掌握笔记本式计算机的拆卸安装。
2. 实践内容
① 收集 3 个不同厂家的旧笔记本式计算机并进行拆卸，认识笔记本式计算机的主要部件。
② 将旧笔记本式计算机的部件拆卸后进行重新安装，掌握各种部件的更换方法。

练习 6

一、填空题

1. 笔记本式计算机按照 CPU 不同有（　　　　）CPU、（　　　　）CPU、酷睿 3 CPU、酷睿 M 和 AMD APU CPU 等。

2. 笔记本式计算机的显卡有（　　　　）显卡和（　　　　）显卡。

3. 笔记本式计算机的侧面有很多接口，主要有（　　　　）、电源、视频、（　　　　）、网络和 USB 接口等。

二、选择题

1. 笔记本式计算机使用的硬盘尺寸一般是（　　）in。

A. 3　　B. 2.5　　C. 2　　D. 1.5

2. 笔记本式计算机硬盘中开始广泛应用（　　）接口技术，采用该接口仅以 4 个针脚便能完成所有工作。

A. VGA　　B. EIDE　　C. USB　　D. Serial ATA

3. 笔记本式计算机的 C 壳是指（　　）。

A. 顶面　　B. 屏幕面　　C. 键盘面　　D. 底面

三、简答题

1. 平板式计算机的主要特点是什么？

2. 笔记本式计算机电池大致有两种：第一种是镍氢电池，第二种是锂电池。锂电池是目前的主流产品，其主要特点是什么？

3. 笔记本式计算机最易被忽视的四大杀手是什么？

微型机系统的维护

7.1 微型机的日常维护

微型机系统的维护和保养工作，是微型机使用过程中的一个重要环节。微型机系统能否正常运行、能否充分发挥系统的功能，为用户服务，除微型机本身的质量因素以外，主要取决于使用人员对机器的使用、维护和检修能力。因此，作为微型机系统的使用人员、要掌握一些必要的微型机维护知识。

7.1.1 微型机的使用环境

1．温度

温度对器件可靠性的影响：器件的工作性能和可靠性是由器件的功耗、环境温度和散热状态决定的。据实验得知，在规定的室温范围内，环境温度每增加 10℃，器件的可靠性约降低 25%。一般计算机的机房夏季温度为（30±2）℃，冬季温度为（20±2）℃，温度变化率小于 5℃/h。

2．湿度

高湿度对计算机设备的危害是明显的，而低湿度的危害有时会更大。在低湿状态下，机房中穿着化纤衣服的工作人员，因塑料地板及机壳表面不同程度地积累了静电荷，若无有效措施加以消除，这种电荷将越积越多，不仅影响机器的可靠性，还会危及工作人员的身心健康。机房的一般相对湿度为 45%～65%。

3．灰尘

灰尘对计算机设备，特别是对精密机械和接插件影响较大。不论机房采取何种结构，由于各种原因，机房内存在大量灰尘仍是不可避免的。例如，空气调节需要不断补充新风，把大气中的灰尘带进了机房；机房墙壁、地面、天棚等起尘或涂层脱落；建筑不严，通过缝隙渗漏等。若大量含导电性的尘埃落入计算机设备内，就会促使有关材料的绝缘性能降低，甚至短路。反之，当大量绝缘性尘埃落入设备时，可能引起接插件触点接触不良。

4．静电

静电对计算机的影响主要体现在静电对半导体器件的影响上。计算机部件具有高密度、大容量和小型化的特点，导致了半导体器件本身对静电的影响越来越敏感，特别是大量 MOS 电路的应用。目前，虽然大多数 MOS 电路有接地保护电路，提高了抗静电的能力，但是在使用时，特别是在维修更换时，要注意静电的影响，过高的静电电压依然会使 MOS 电路损毁。

静电带电体触及计算机时，有可能使计算机逻辑器件送入错误信号，引起计算机运算出错，严重时还会使送入计算机的计算程序紊乱。静电的产生不仅与材料、摩擦表面状态、摩擦力的大小有关，还与相对湿度密切相关。防止静电要采用静电接地系统；注意工作人员的着装，最好选择不产生静电的衣料制作；控制湿度；使用静电消除器等。

5．机房的供电要求和接地系统

① 正确安装市电供电。微型机主机电源的插头一般是单相三线制的，对应电源插座各线的排列顺序如下：上为地线，左为零线，右为火线，如图 7-1 所示。

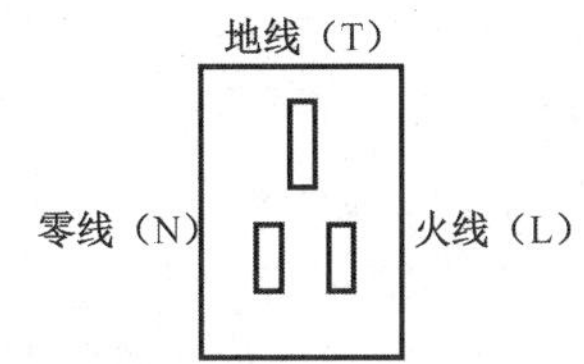

图 7-1　电源插座三线分配图

地线应真正接入大地，在不具备接地条件时，要使用三线插座，避免火线和零线插反。妥善的接地对于确保微型机系统的安全运行具有十分重要的意义。

② 市电电压波动较大时，尽量采用交流稳压器。电源电压的波动是造成微型机工作不稳定的直接原因。在用电高峰期间，市电电压将会明显降低，而在用电低峰期间，市电电压又会明显升高。所以如果有条件，最好为计算机配置一台 220V 稳压器，甚至可以配置一台不间断电源。

③ 尽量避免突然掉电。在微型机工作时，突然断电不但会造成丢失文件，损坏硬盘，还可能造成电源本身故障。一旦发生断电，必须立即关闭微型机的电源开关。避免此类事情的发生的最好办法是接入一台不间断电源。

④ 注意避免市电供电电压与电源规格不相符。进口计算机的电源一般有一个 110V/220V 的电压转换开关。如果市电供电电压与开关位置不相符，则会造成微型机工作不正常。如果市电为 110V，而开关置为 220V，则会造成无法开机，电源风扇不转，但不会损坏电源；如果市电为 220V，而开关置为 110V 时，则开机会立即烧毁电源。

由于我国所用市电规格为 220V，因此给微型机加电前一定要查看一下开关是否拨在相应的位置上，否则会造成损失。因此，购买微型机后，最好用胶布将转换开关贴上，以固定在 220V 的位置上，防止他人误拨到 110V 的位置上，而造成损失。

⑤ 在使用中不允许各档负载电流低于规定的最小负载电流，否则会使电压升高，脱离稳压范围。电源故障排除后，必须重新启动，电源才能恢复输出。

7.1.2　微型机硬件的维护

主机是微型机最重要的部分，平时应多注意维护，主要可以从以下几个方面进行。

① 开机前，要先对微型机运行环境情况做一般检查：温度、湿度、清洁度是否正常；供电系统是否正常可靠，电压是否在规定范围之内；微型机系统本身有无异常等，确保无误后再开机运行。

② 微型机系统启动和运行过程中，应随时注意有无异常情况产生，其运行、应用过程（如软盘、硬盘、打印机自检、喇叭发声、自检等显示信息）是否正常，以便及早发现故障，及时解决。

③ 开机和关机一定要严格按操作规程进行。主机不要频繁地启动、关闭。开机、关机要有30s以上的间隔，关机应注意先从应用软件环境退出，再从操作系统退出，以免丢失数据或引起软件损坏。

④ 微型机使用完成后，要进行检查，一切正常方可关机，注意要关闭所有设备的电源。

⑤ 注意微型机系统硬件设备及其他设备的定期保养，如机器内部的除尘，一般用吸尘器或无水酒精进行擦洗；机械运动部件定期加注润滑油，防止因润滑不良引起的故障，损坏机器，一般用缝纫机油即可；定期清洗磁头、打印头；检查各设备的连接电缆是否接触良好，有无损坏。

⑥ 长时间不用的微型机系统也要注意定期检查，保证正常的温度、湿度和清洁状态，定期通电检测运行，以驱除潮气，保证正常工作。

对微型机系统进行故障诊断与检修是一项较为复杂而又细致的工作，除需要了解有关微型机原理的基本知识外，还需要掌握一套正确的检修方法和步骤。

⑦ 不要轻易打开机箱，特别是不能在开机状态下接触电路板，那样可能会使电路板烧坏。

⑧ 开机状态不要搬运机器，避免硬盘的磁头碰到数据盘面而造成数据损坏。

7.1.3 微型机系统软件的维护

1. 定期检查缺损的系统文件

当系统文件因种种原因而损坏甚至丢失时，往往会影响操作系统的稳定运行。为此需要经常定期检查系统文件，及时查找缺损的系统文件并将其恢复。可以利用 Windows 系统中的“系统文件检查器”完成这个任务。

① 选择“开始→所有程序→附件→命令”选项或者直接在系统“运行”文本框中输入“CMD”，打开系统的“命令提示符”窗口。

② 在命令提示符后输入“Sfc”并按 Enter 键，便可出现该命令各个参数代表的意义。例如，在命令提示符后键入“Sfc/Scannow”命令后，按 Enter 键，“系统文件检查器”会开始检查当前的系统文件是否损坏，版本是否正确。如果发现错误，程序会要求插入 Windows 系统安装光盘来修复或者替换不正确的文件，从而保证了系统的稳定。

2. 经常对系统进行维护

当硬件使用一段时间后，自然会生成不少磁盘碎片文件，从而降低硬盘的工作效率，增加操作系统的不稳定概率。

可以双击桌面上的“我的电脑”图标，选择打算进行维护的分区并右击，在弹出的快捷菜单中选择“属性”选项。在弹出的对话框中选择“工具”选项卡，可以利用其中的工具进行诸如磁盘查错、磁盘碎片整理等操作，及时修复文件系统存在的错误。

此外，尽量不要在同一操作系统中开启多个杀毒软件及防火墙，这样容易导致同一类型不同版本的软件发生冲突；多款同类工具的运行会占用系统大量的资源，使系统运行速度减慢甚至造成系统的不稳定。

3．备份系统的重要数据

在稳定、高效、安全的操作系统中，要注意备份重要数据文件。倘若操作系统出现故障，有可能损坏或丢失某些重要数据，因此经常备份重要数据尤为重要。除了备份重要数据之外，还可以利用操作系统自带的“系统还原”功能或“Ghost”之类的备份工具备份完整的操作系统，使系统随时得以恢复。

4．加强系统重要文件夹的安全

在实际使用计算机的过程中，病毒、恶意代码往往会入侵操作系统的重要文件夹，如Windows、System、System32 文件夹，给操作系统带来隐患。为此我们不妨对这些文件设置使用权限。

给文件夹设置权限的方法相当简单。选中文件夹后右击，在弹出的快捷菜单中选择“属性”选项，在弹出的对话框中选择“安全”选项卡，此时可在“组或用户名称”选项组中看到可操作该文件夹的用户、用户组名称。

将除 Administrators 和 Systems 两个用户组外的用户组全部删除，在权限列表中取消选中“完全控制”、“修改”、“写入”等复选框，单击“确定”按钮。

经过如此设置后，当病毒等恶意程序试图向这些文件夹写入文件时，会因为没有相应的权限而拒绝写入，从而达到保护系统文件夹的目的。

若是为完成安装程序等要求而需要向系统文件夹进行写入操作，则可重新设定这些文件夹的使用权限，再进行相应的操作。

5．修复丢失的 Rundll32.exe 文件

Rundll32.exe 程序用于执行 32 位的 DLL 文件，它是必不可少的系统文件，缺少它，一些项目和程序将无法执行。但由于它的特殊性，致使它很容易被破坏，如果在打开“控制面板”窗口中的某些项目时，弹出“Windows 无法找到文件“C：\Windows\system32 \Rundll32.exe”的错误提示，则可以通过如下操作来解决。

① 将 Windows 系统安装光盘插入光驱，选择“开始”→“运行”选项。

② 在“运行”对话框中输入“expand x：\i386\rundll32.ex_c:\windows\system32 \rundll32.exe”，并按 Enter 键执行。其中，“x”为光驱的盘符。

③ 修复完毕后，重新启动系统即可。

6．修复 NTLDR 文件丢失

在突然停电或在高版本系统的基础上安装低版本的操作系统时，很容易造成 NTLDR 文件的丢失，这样在登录系统时会弹出“NTLDR is Missing Press any key to restart”的故障提示，其可在“故障恢复控制台”中进行解决。

进入故障恢复控制台，插入 Windows 系统安装光盘，在故障恢复控制台的命令状态下输入“copy x：\i386\ntldr c：\”命令并按 Enter 键即可（“x”为光驱所在的盘符），再执行“copy x:\i386\ntdetect.com c：\”命令，如果提示是否覆盖文件，则键入“y”确认覆盖文件，并按 Enter 键。

7．修复受损的 Boot.ini 文件

在遇到 NTLDR 文件丢失的故障时，Boot.ini 文件多半也会丢失或损坏。在进行了上面修复 NTLDR 的操作后，还要在故障恢复控制台中执行“bootcfg /redirect”命令来重建 Boot.ini 文件。执行“fixboot c：”命令，在提示是否进行操作时输入“y”确认并按 Enter 键，这样 Windows 的系统分区便可写入到启动扇区中。当执行完全部命令后，键入“exit”命令退出故障恢复控制台，重新启动系统即可恢复如初。

7.2 微型机系统的测试

7.2.1 常用系统性能测试软件

1．Fritz Chess Benchmark

Fritz Chess Benchmark 是一个国际象棋测试软件，它侧重于测试 CPU 的逻辑运算能力。它并不是独立存在的，而是 Fritz9（一款获得国际认可的国际象棋程序）中测试性能的一部分。

Fritz Chess Benchmark 的特点是可以根据 CPU 的核心数量自动检测出参与测试的线程数，将 CPU 的潜能发挥出来。该软件还给出了一个基准参数——Pentium 3 1.0G 处理器可以每秒运算 480 千步，用户可将本机处理器的运算结果与基准参数对比，以获知本机的性能。

2．3DMark

3DMark 是 FutureMark 公司推出的一个显示性能基准测试的软件，该软件不但评测指标众多、细致，且使用范围广泛，逐渐成为计算机显卡显示性能测试的标准，使用它测试显示性能具有很准确的得分参考。随着计算机硬件的不断升级和 3D 图形特效的不断发展，FutureMark 公司也不断地更新 3D Mark 测试软件的版本，并加入新的图形 API 和特效的支持，现已发行 3DMark 99、3DMark 2001、3DMark 2003、3DMark 2005、3DMark 2006、3DMark Vantage 和 3DMark 2011 等版本。

3．SiSoftware Sandra

SiSoftware Sandra 是一个功能强大的系统分析评比工具，拥有超过 30 种以上的分析与测试模组，还有 CPU、Drives、CD-ROM/DVD、Memory 的 Benchmark 工具，它还可将分析结果报告列表存盘。SiSoftware Sandra 除了可以提供详细的硬件信息外，还可以做产品的性能对比，提供性能改进建议。

4．AIDA64

AIDA64 是一个测试软硬件系统信息的工具，它可以详细地显示 PC 的每一个方面的信息。AIDA64 不仅提供了诸如协助超频、硬件侦错、压力测试和传感器监测等多种功能，还可以对处理器、系统内存和磁盘驱动器的性能进行全面评估。

5．PCMark

PCMark 是由全球著名的图形及系统测试软件开发公司 Futuremark 开发的一个用于整机性能测试的工具。PCMark 可以衡量各种类型的计算机系统的综合性能，从多媒体家庭娱乐系统到笔记本式计算机，从专业工作站到高端游戏平台，无论是专业人士还是普通用户，都能通过 PCMark 对其计算机系统进行透彻的了解，从而发挥最大性能。Futuremark 公司现已发行 PCMark 2002、PCMark 04、PCMark 05、PCMark Vantage 和 PCMark 7 等版本，最新版的 PCMark 7 只能运行在 Windows 7 操作系统上。

PCMark 7 包含 7 个不同的测试环节，由总共 25 个独立工作负载组成，涵盖了存储、计算、图像与视频处理、网络浏览、游戏等日常应用的方方面面。不同的测试环节有类似的工作负载，彼此互相交叉，如果选择的不同测试环节中有相同的工作负载，那么这些负载只能运行一次，所得结果直接用于所有包含它的测试项目。7 个测试环节的简要介绍如下：

① PCMark 测试：用于衡量桌面应用环境中的 PC 性能。

② Lightweight 轻量级测试：用于衡量低配置系统在典型桌面应用环境中的 PC 性能，包括入门级台式机、笔记本式计算机、上网本、平板式计算机等。

③ Entertainment 娱乐测试：用于衡量娱乐应用中的 PC 性能，测试负载主要来自多媒体方面。

④ Creativity 创建测试：用于衡量典型多媒体内容创建应用中的 PC 性能。

⑤ Productivity 办公测试：用于衡量典型办公环境中的 PC 性能，测试负载主要有应用程序启动、文字编辑等。

⑥ Computation 计算测试：用于单独测试 PC 的计算性能，测试负载主要有视频转码、图片处理等。

⑦ Storage 存储测试：用于单独测试 PC 的存储子系统的性能。

7.2.2　微型机性能测试

1．CPU 性能测试

CPU 逻辑运算能力测试。安装并打开“Fritz Chess Benchmark”软件，软件会自动识别 CPU 核心数和线程数，单击“开始”按钮，软件便开始测试。经过一段时间的测试后，软件主界面显示当前计算机进行“国际象棋步法预测和计算”工作的速度，单位为千步/秒，如图 7-2 所示。

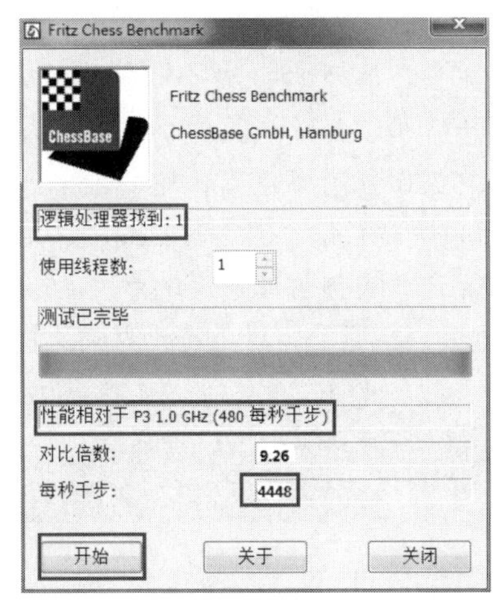

图 7-2　Fritz　Chess Benchmark 测试

可以看到计算机进行“国际象棋步法预测和计算”工作的速度为 4448 千步/秒。由此可见，Fritz Chess Benchmark 软件可以很好地反映不同 CPU 之间的性能差别，CPU 核心和线程越多、架构越先进，其逻辑运算能力越强。读者可以自行查询其他型号 CPU 的运算成绩。

2．内存性能测试

计算机系统的内存性能测试，一般测试其“读取”、“写入”、“复制”和“延迟时间”几个方面的性能，选用“AIDA64”软件可完成此任务。安装并打开“AIDA64”软件，选择“工具”→“内存与缓存测试”选项，在随后弹出的“AIDA64 Cache & Memory Benchmark”对话框中单击底部的“Start Benchmark”按钮，软件便开始进行内存性能测试。经过一段时间测试完毕后，显示当前计算机系统的内存性能，如图 7-3 所示。

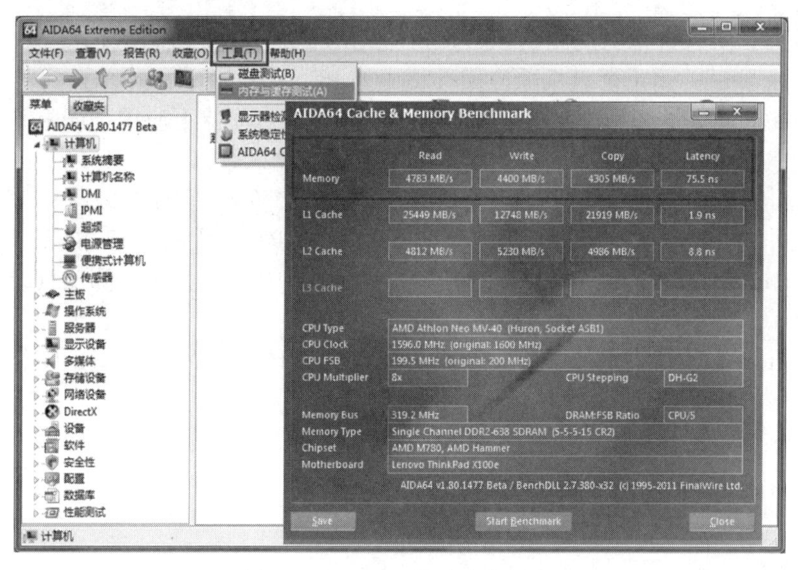

图 7-3　AIDA64 测试内存性能

可以看到计算机系统内存的读取速率为 4783Mb/s、写入速率为 4400Mb/s、复制数据速率为 4305Mb/s、延迟时间为 75.5ns。

3．显示性能测试

（1）理论性能测试

安装并打开“3DMark 11”软件，它支持 3 种不同强度负载的性能测试模式，分别如下。

① Entry（E）：1024×600 分辨率，支持低负载，适用于大多数笔记本式计算机和上网本。

② Performance（P）：1280×720 分辨率，支持中负载，适用于大多数游戏计算机。

③ Extreme（X）：1920×1080 分辨率，支持高负载，适用于高端游戏计算机。

可根据当前计算机的配置选择合适的测试模式，选择“Performance（P）”模式，运行 3DMark 11，软件便开始运行测试程序。测试完毕后，显示当前计算机的测试成绩，如图 7-4 和图 7-5 所示。

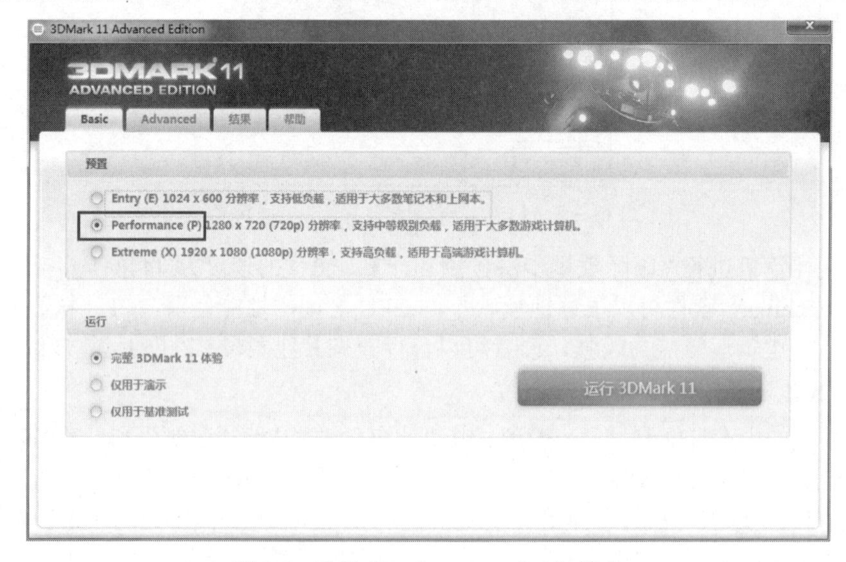

图 7-4　选择“Performance（P）”模式

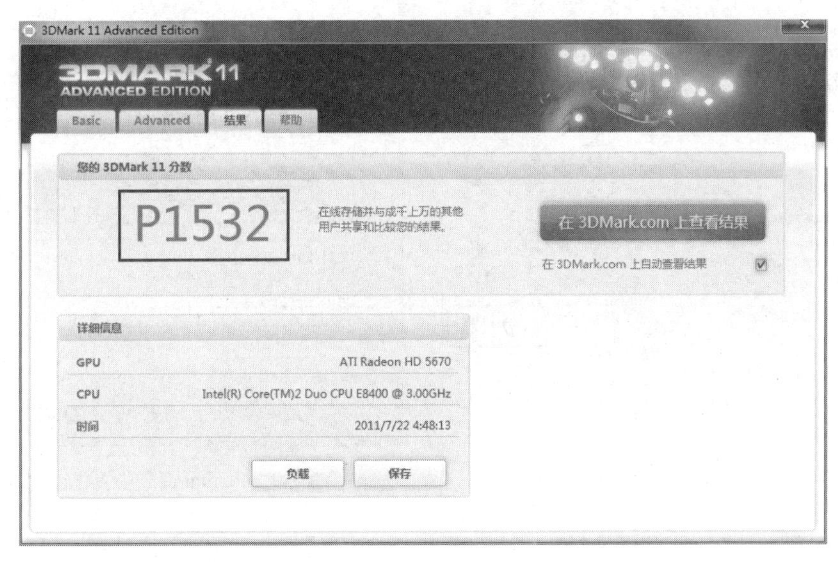

图 7-5 测试成绩

可以看到计算机系统显示性能测试成绩为“P1532”，可单击“在 3DMark.com 上查看结果”按钮来查看其他机器的测试成绩并与之进行对比评估。

（2）实际游戏性能测试

3DMark 软件可测试计算机系统的理论显示性能，还可通过游戏软件来测试实际游戏性能。一是通过游戏软件自带的测试程序来完成，二是借助相关的“游戏帧数显示软件”（如 Fraps）来完成，如图 7-6 和图 7-7 所示。

图 7-6 使用游戏自带测试程序

图 7-7 使用 Fraps 软件测试

4．系统综合性能分析测试

安装并打开“PCMark7”软件，在“Benchmark”界面左半部分可设置测试环节，右半部分会显示测试的工作负载。单击“Run Benchmark”按钮，软件开始进行计算机系统综合性能测试。经过一段时间测试完毕后，进入“Results”界面，在“Your PCMark 7 Score”（PCMark 7 得分）中会显示一个分数，这就是具有官方性质的正式成绩，来自之前介绍的 PCMark 综合测试，能够与其他系统进行对比。在“Details”文本框中，不仅可以看到各个单独测试环节的分数，还能逐一展开，分别显示每种工作负载的详细结果。展开“System Information”，还可以了解测试系统的详细硬件配置，如图 7-8 和图 7-9 所示。

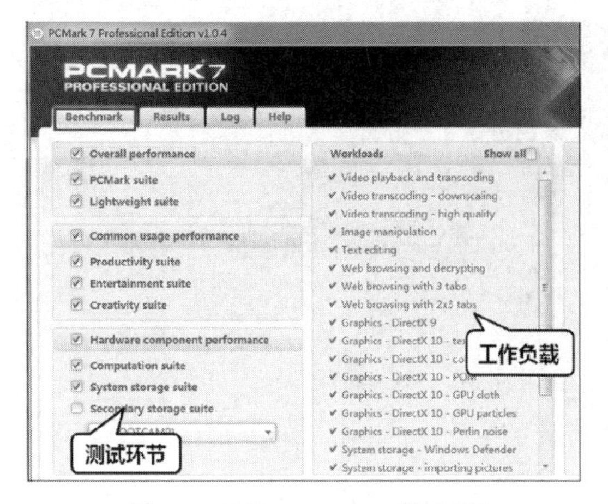

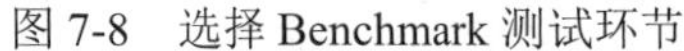
图 7-8　选择 Benchmark 测试环节

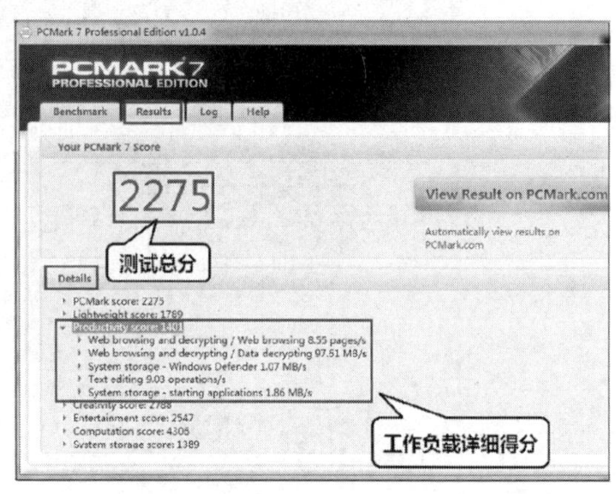

图 7-9　PCmark7 测试系统综合性能

7.2.3　微型机系统优化

1．优化系统自动加载的程序

选择“开始”→“运行”选项，输入“msconfig”，弹出“系统配置”对话框，选择“启动”选项卡，如图7-10和图7-11所示。可取消选中不需要的自动加载程序，达到加快系统启动速度的效果。例如，图7-11中将不需要在开机时启动的“FlashGet 3”和“iTunes”等应用程序禁止自动加载。

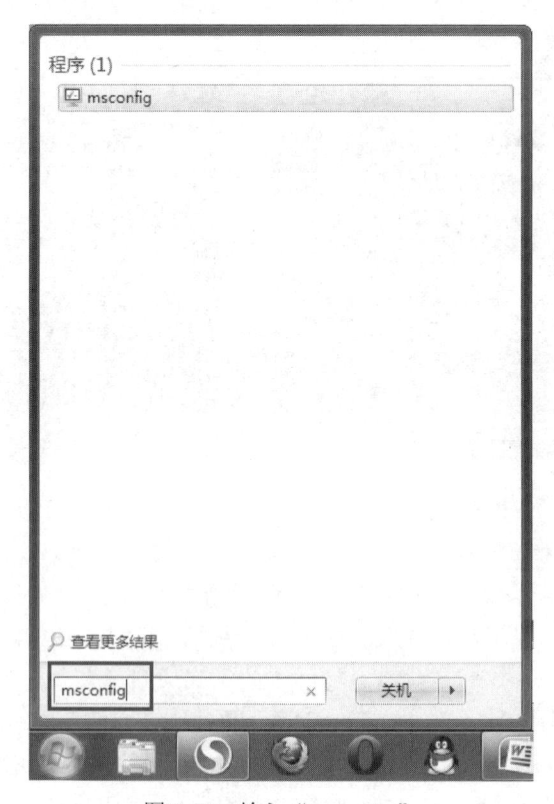

图 7-10　输入“msconfig”

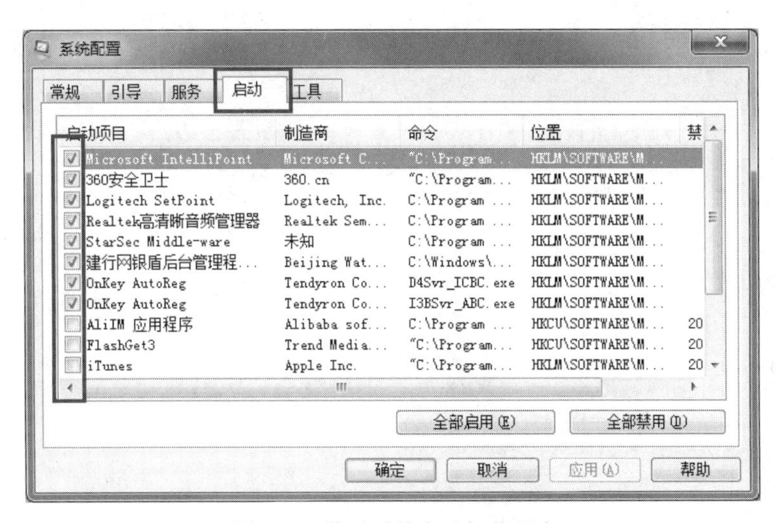

图 7-11 修改系统自动加载程序

2. 缩短程序等待时间

① 打开“注册表编辑器”窗口，找到 HKEY_CURRENT_USER\Control Panel\Desktop，将“HungAppTimeout”键值“3000”修改为“1000”，缩短“程序出错的等待响应时间”为 1s，该项对应于系统在用户强行关闭某个进程或应用程序后，如图 7-12 所示；将“WaitToKillAppTimeout”键值“10000”修改为“1000”，将“关闭无响应程序的等待时间”设定为 1s，这样 Windows 在发出关机指令后如果等待 1s 仍未收到某个应用程序或关闭信号，则将弹出相应的警告信号，并询问用户是否强行中止，如图 7-13 所示。

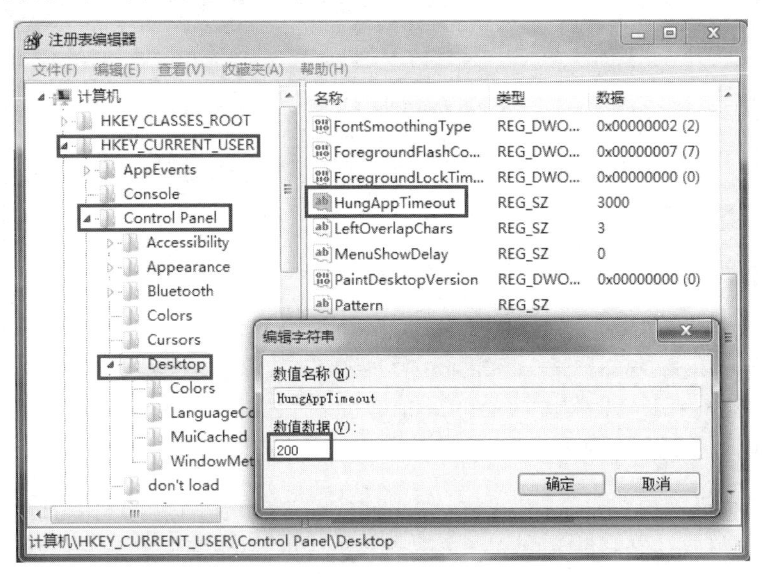

图 7-12 修改“HungAppTimeout”键值

② 打开“注册表编辑器”窗口，找到 HKEY_LOCAL_ACHINE\System\CurrentControlSet\Control，将“WaitToKillServiceTime”键值“12000”修改为“1000”，将“关闭服务的等待时间”设定为 1s，这样，如果 Windows 在设置的 1s 内没有收到服务关闭信号，则系统即会弹出一个警告对话框，通知用户该服务无法中止，并给出强制中止服务或继续等待的选项以供用户选择，如图 7-14 所示。

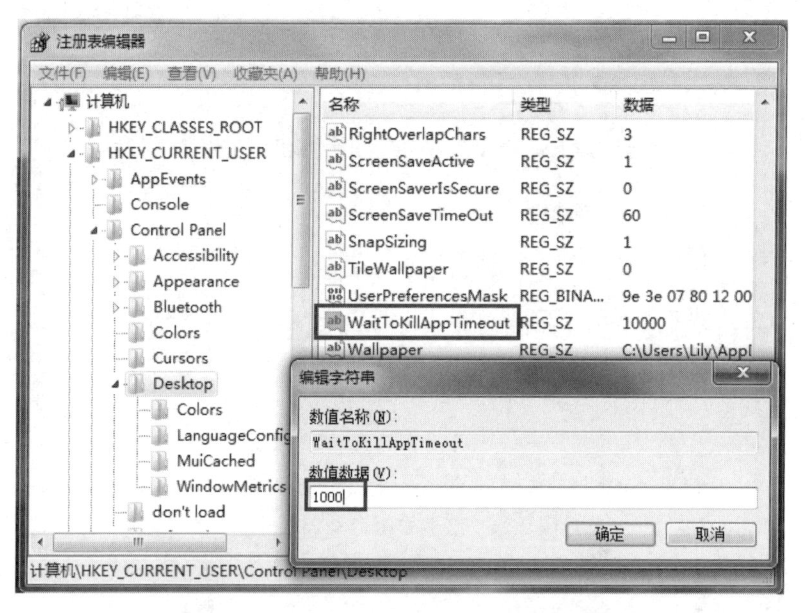

图 7-13　修改“WaitToKillAppTimeout”键值

图 7-14　修改“WaitToKillServiceTime”键值

3．自动终止没有响应的进程

通过修改“HungAppTimeout”键值可以缩短“程序出错的等待响应时间”。但是即使将“HungAppTimeout”的键值设得很小，也并不意味着 Windows 系统在等待时间超过该时限后会自动中止该程序或进程，而仍会弹出对话框使用户确认是否中止。如果感觉这样的方式过于烦琐，则可通过修改注册表项使 Windows 系统在超过等待时限后自动强行中断该进程的运行。

找到如下注册表分支：HKEY_CURRENT_USER\Control Panel\Desktop。可看到项中有一个为“AutoEndTasks”的注册表项，其默认键值为“0”，将其修改为“1”，即使 Windows 系统自动终止没有响应的进程，而不需要用户的确认，如图 7-15 所示。

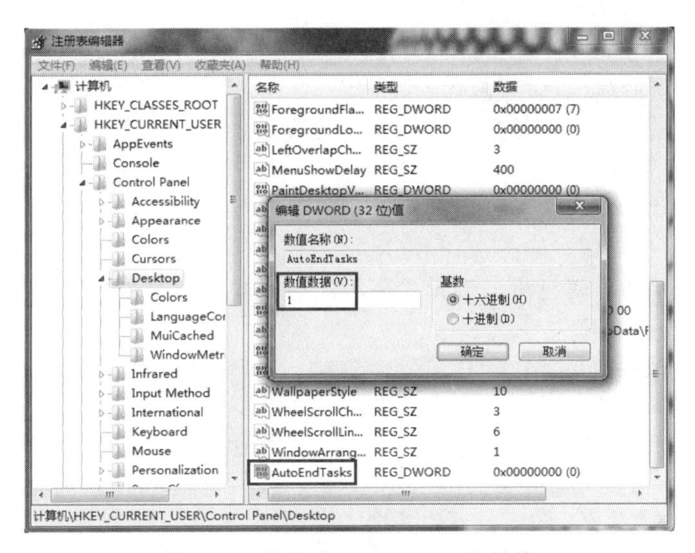

图 7-15　修改“AutoEndTasks”键值

4．*磁盘清理和整理磁盘碎片*

大多数应用程序安装在系统盘上，因此系统盘会因应用程序的数据交换或安装完毕后留下的临时文件越来越“臃肿”，使用 Windows 系统提供的“磁盘清理”工具可有效地解决这个问题。打开“计算机”窗口，在系统盘上右击，在弹出的快捷菜单中选择“属性”选项，弹出属性对话框，选择“常规”选项卡，单击“磁盘清理”按钮，按照向导提示即可完成系统盘的磁盘清理工作，如图 7-16 所示。

打开“计算机”窗口，在需要进行磁盘碎片整理的分区上右击，在弹出的快捷菜单中选择“属性”选项，弹出属性对话框，选择“工具”选项卡，单击“立即进行碎片整理”按钮，按照向导提示即可完成磁盘碎片的整理工作，如图 7-17 所示。

图 7-16　磁盘清理

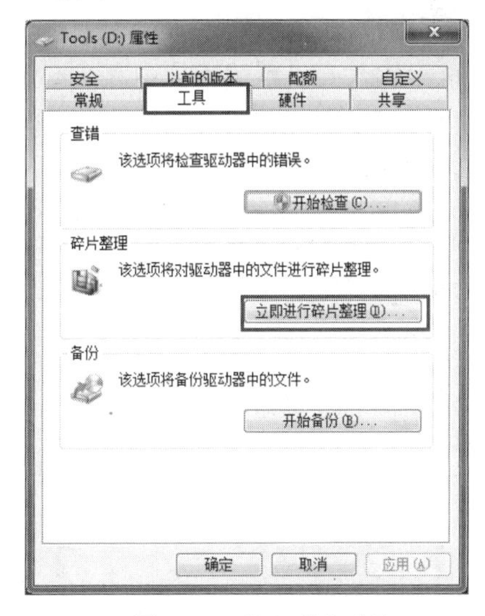

图 7-17　整理磁盘碎片

5．*加大 Windows 的虚拟内存*

虚拟内存是计算机系统内存管理的一种技术。由于计算机中运行的程序均需经由内存执行，若执行的程序很大或很多，则会导致内存消耗殆尽。为解决该问题，Windows 中运用了虚拟内存技术，即匀出一部分硬盘空间来充当内存使用。当内存耗尽时，Windows 会自动调用这部分硬盘空间来充当内存，以缓解内存的紧张。

因此，适当地设置虚拟内存的大小，可有效地提高系统的响应速度。下面介绍虚拟内存的设置步骤。

① 右击“计算机”图标，在弹出的快捷菜单中选择“属性”选项，打开“系统”窗口，单击“高级系统设置”按钮，如图 7-18 所示。

② 弹出“系统属性”对话框，选择“高级”选项卡，单击“性能”选项组中的“设置”按钮，如图 7-19 所示。

图 7-18　高级系统设置

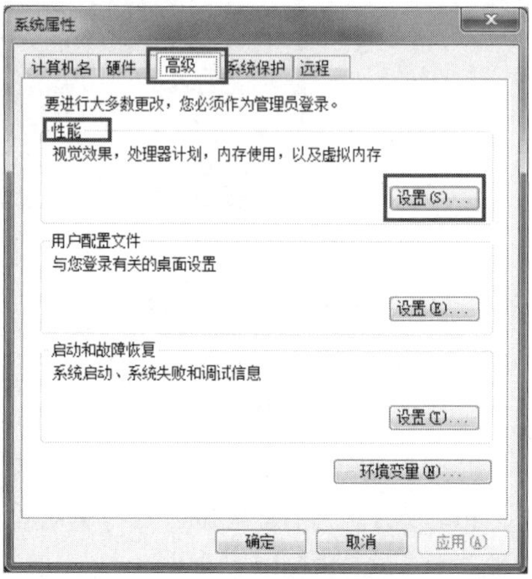

图 7-19　“系统属性”对话框

③ 选择弹出的“性能选项”对话框中的“高级”选项卡，单击“虚拟内存”选项组中的“更改”按钮，弹出“虚拟内存”对话框，如图 7-20 所示。

④ 选定虚拟内存存放的分区，选中“自定义大小”单选按钮，在“初始大小”和“最大值”文本框中输入要设置的虚拟内存大小。如果系统物理内存在 2GB 以上，则设置 1GB 左右的虚拟内存即可。因此在两个文本框中均输入“1024”MB，单击“设置”按钮，保存后重启计算机使之生效，如图 7-21 所示。

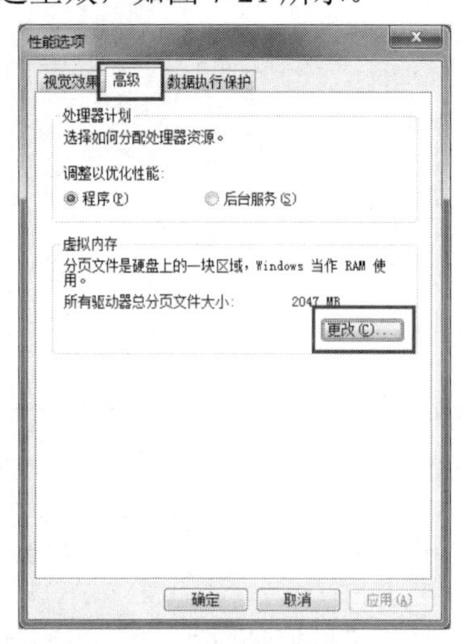

图 7-20　“性能选项”对话框

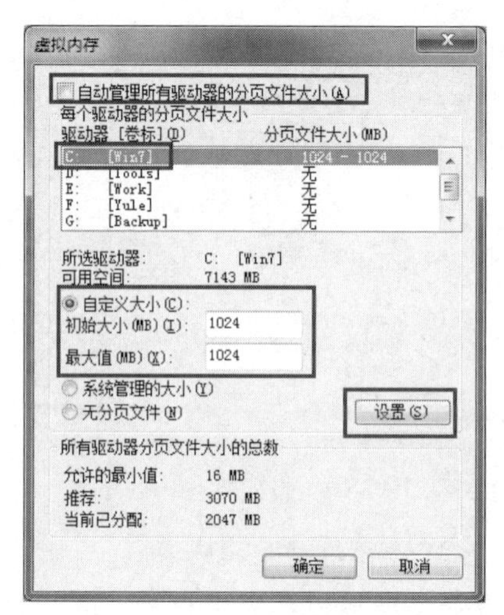

图 7-21　设置虚拟内存

6．使用系统优化工具进行优化

手工优化操作系统需要了解操作系统的工作原理，且操作比较烦琐，一般适用于专业人员。而对于普通的用户来说，可以借助系统优化工具达到提升系统启动时间与运行速度的目的，其特点是操作简单、便捷。目前 Windows 操作系统上的优化工具很多，如 Windows 优化大师、超级兔子魔法、360 安全卫士等，这里以 Windows 优化大师为例，简要介绍第三方优化工具的使用方法。

（1）打开 Windows 优化大师

进入 Windows 优化大师首页：安装完 Windows 优化大师后，初次运行时会进入首页，简要显示当前系统的信息以及完成系统优化的选项，如图 7-22 所示。可单击“一键优化”按钮调校各项系统参数，使其与当前计算机更加匹配，或单击“一键清理”按钮，以完成清理垃圾文件、清理历史痕迹和清理注册表的工作。

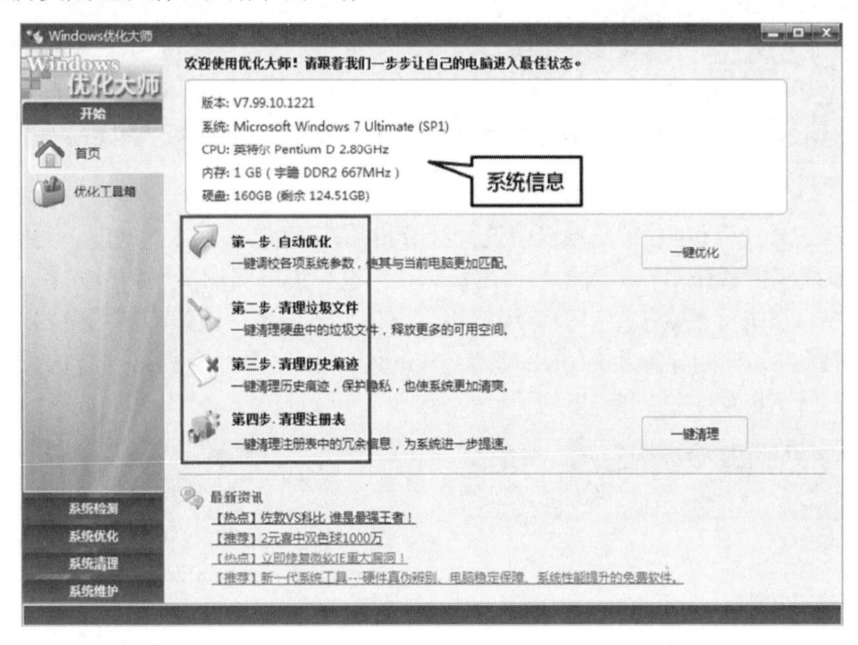

图 7-22　Windows 优化大师首页

（2）系统优化

选择 Windows 优化大师主界面左侧的“系统优化”选项卡，可手工对操作系统的各方面进行优化，包括磁盘缓存优化、桌面菜单优化、文件系统优化、网络系统优化、开机速度优化、系统安全优化、后台服务优化等，如图 7-23 所示。

（3）优化磁盘缓存

在“磁盘缓存优化”界面中可进行“磁盘缓存和内存性能设置”优化、“应用程序响应速度”优化、设置虚拟内存大小（此功能与直接在 Windows 操作系统中操作相同），针对物理内存较小的用户，还提供了“内存整理”功能，用户可根据需要进行设置。同时，新手可通过“设置向导”进行优化，操作简单、快捷。下面通过“设置向导”进行磁盘缓存的优化。

① 单击主界面右侧的“设置向导”按钮，在弹出的“磁盘缓存设置向导”对话框中直接单击“下一步”按钮。

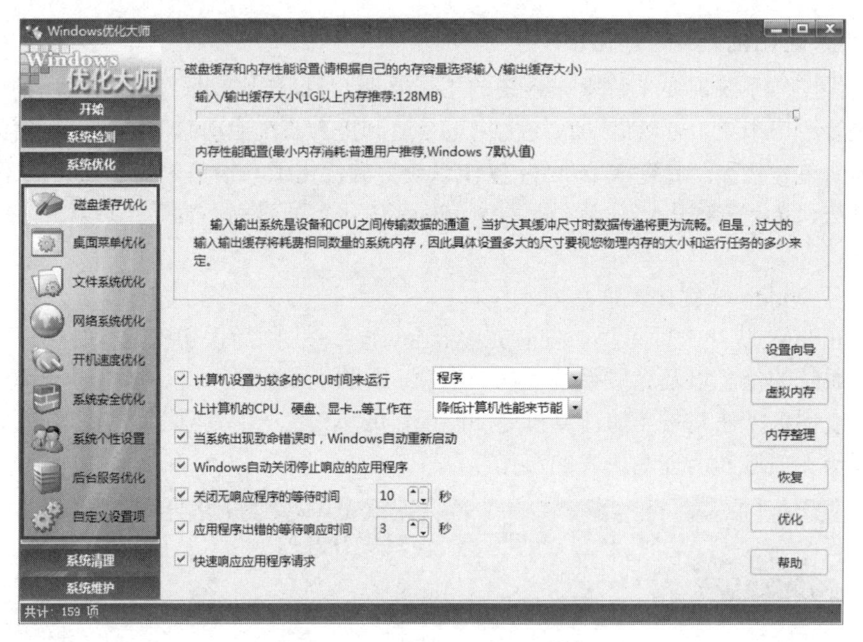

图 7-23　“系统优化”选项卡

② 在“请选择计算机类型”选项组中选择计算机的应用场合。共 5 个选项，分别是 Windows 标准用户、系统资源紧张用户、大型软件用户、网络文件服务器和多媒体爱好者、光盘刻录用户。这里选中“系统资源紧张用户”单选按钮，单击“下一步”按钮，如图 7-24 所示。

③ 根据用户选择的计算机的应用场合，Windows 优化大师会列出推荐的优化方案，如图 7-25 所示。确认无误后，单击“下一步”按钮。

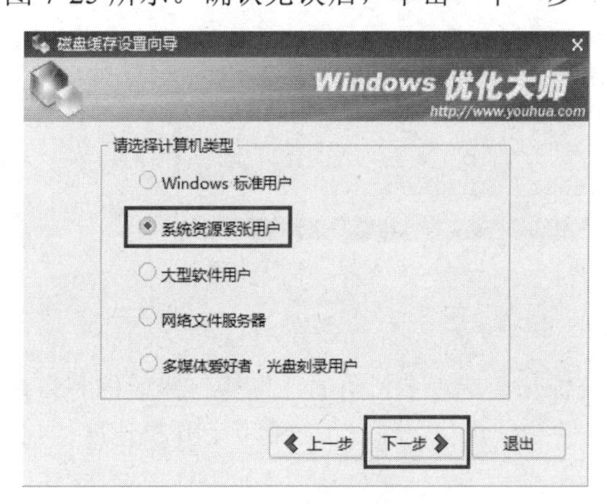

图 7-24　选择计算机类型

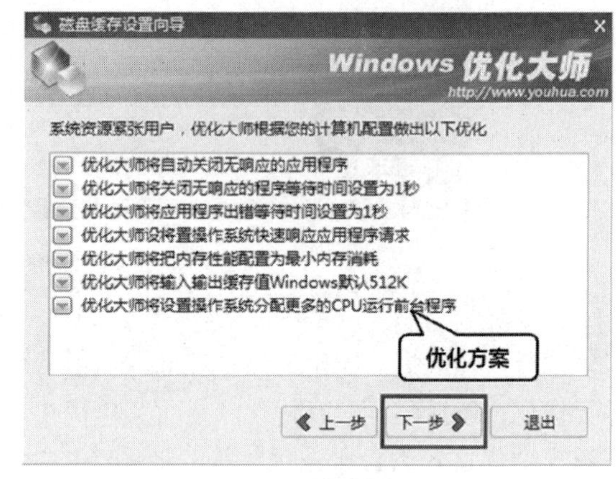

图 7-25　确认优化方案

④ 在弹出的对话框中选中“是的，立刻执行优化”复选框，单击“完成”按钮，返回“磁盘缓存优化”界面，即可成功地按照优化方案对操作系统进行调整。

（4）优化网络系统

Internet 已成为人们工作和学习过程中不可缺少的信息渠道，对于计算机操作系统来说，如果网络系统设置不当，会影响网络连接的速度，甚至可能产生无法连接网络的情况。使用 Windows 优化大师进行网络系统优化的步骤如下。

① 选择“网络系统优化”选项卡，进入“网络系统优化”界面。该界面由上下两部分组

成，上部为上网方式选择，下部为网络系统优化选项，如图 7-26 所示。

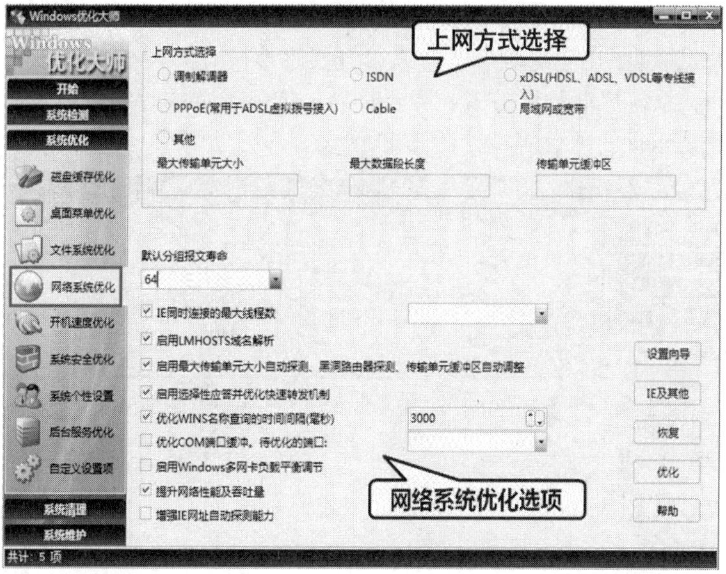

图 7-26　“网络系统优化”界面

② 单击“设置向导”按钮，在弹出的“Wopti 网络系统自动优化向导”对话框中单击“下一步”按钮。

③ 选择当前计算机的上网方式，完成后单击“下一步”按钮，如选中“PPPoE”单选按钮，如图 7-27 所示。

④ 根据用户所选的不同的上网方式，Windows 优化大师会提供一套适用于当前计算机的网络系统优化方案。在确认使用该优化方案后，单击“下一步”按钮，即可按照此方案优化网络系统，如图 7-28 所示。

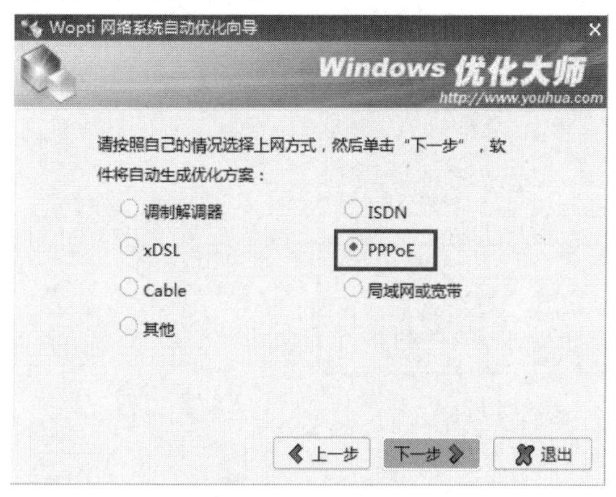

图 7-27　选择上网方式

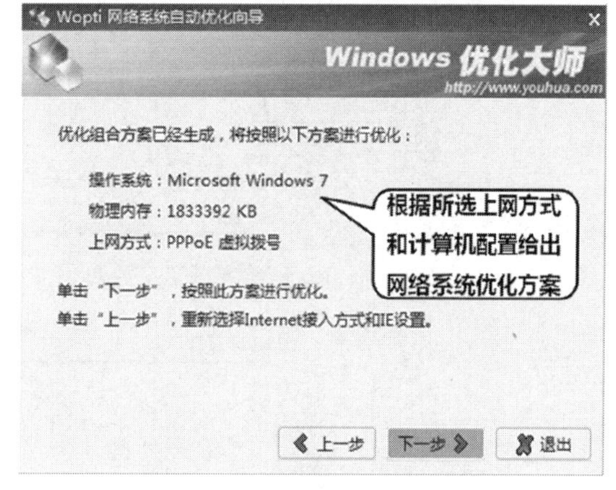

图 7-28　确认优化方案

⑤ 按照优化方案重新设置网络系统后，单击“Wopti 网络系统自动优化向导”对话框中的“退出”按钮，即可完成网络系统优化并返回“网络系统优化”窗口。

（5）优化开机速度

Windows 操作系统在开机过程中，若自动运行过多的启动项，则会使开机速度缓慢。通过

Windows 优化大师，用户可对操作系统的启动项进行优化，并调节系统启动的预读方式与各项时间参数，以加快系统的开机速度。具体操作步骤如下。

① 选择“开机速度优化”选项卡，进入“开机速度优化”界面。在该界面中可设置系统启动信息停留时间、系统启动预读方式、需要时显示恢复选项的时间、等待启动磁盘错误检查时间和开机时不自动运行的项目等，如图 7-29 所示。

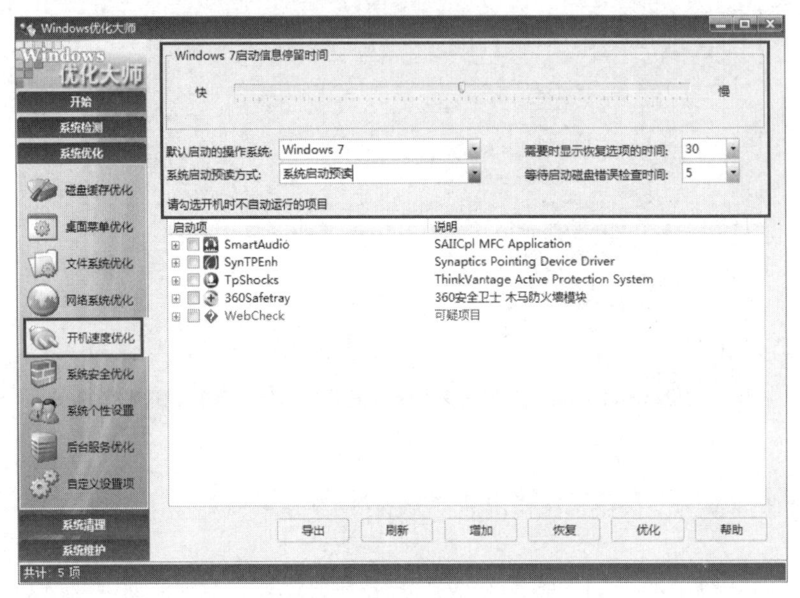

图 7-29 “开机速度优化”界面

② 调节“系统信息停留时间”为“3 秒”，“需要时显示恢复选项的时间”为“5”，“系统启动预读方式”为“应用程序加载预读（推荐）”，“等待启动磁盘错误检查时间”为“2”。选中不需要自动运行的项目，并单击“优化”按钮，以保存优化设置，如图 7-30 所示。

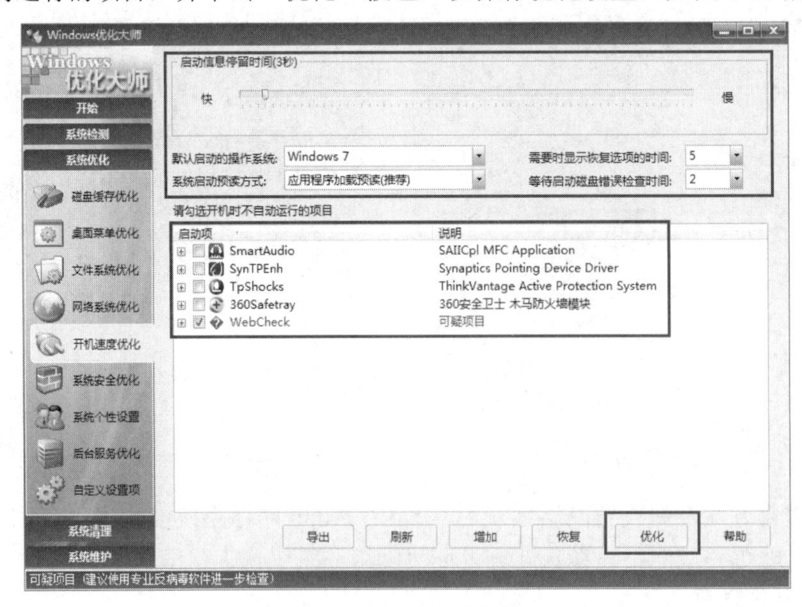

图 7-30 优化各项参数

（6）优化后台服务

Windows 操作系统的后台运行着许多服务，但根据计算机应用场合的不同，并不是所有的服务都是必要的，而这些用不到的服务也会占用系统资源。因此可根据需要禁用部分用不到的服务，提高系统运行的速度。使用 Windows 优化大师进行后台服务优化的步骤如下。

① 选择“后台服务优化”选项卡，进入“后台服务优化”界面。此界面中列出了当前操作系统的所有系统服务，以及这些服务的运行状态，如图 7-31 所示。

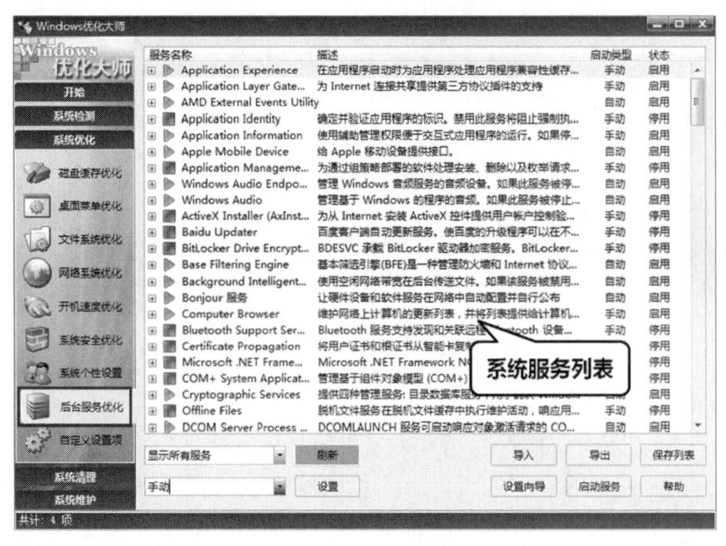

图 7-31　查看系统服务

② “后台服务优化”界面可通过手工或设置向导的方式对系统服务进行优化。手工优化方式对操作者要求高，要求操作者熟悉各项要优化的服务，操作不当会对操作系统造成损坏，因此一般用户推荐使用设置向导的方式。单击“设置向导”按钮，弹出“服务设置向导”对话框，直接单击“下一步”按钮。

③ 选择优化后台服务的方式，有“自动设置”与“自定义设置”两种选择，推荐选中“自定义设置”单选按钮，根据自己的需要对优化大师提供的常用服务配置进行选择，如图 7-32 所示。

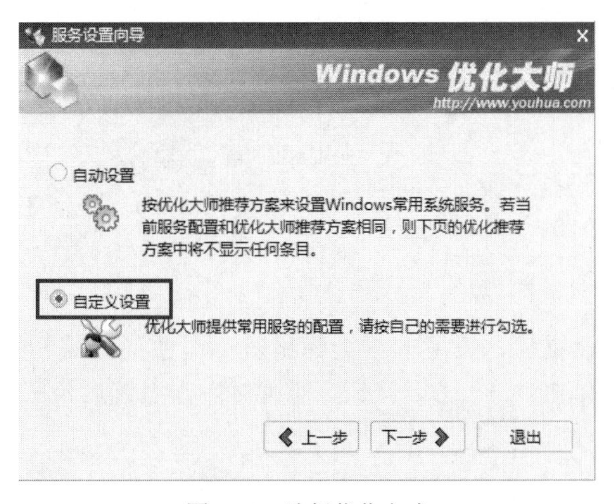

图 7-32　选择优化方式

④ 在“与网络相关的常用服务设置”列表框中，根据当前计算机的网络连接情况对相关选项进行设置，完成后单击“下一步”按钮，如图 7-33 所示。若当前计算机无需远程联机访问、无需测试 IPv6 网络等，则可去除相关选项并禁止相关服务。

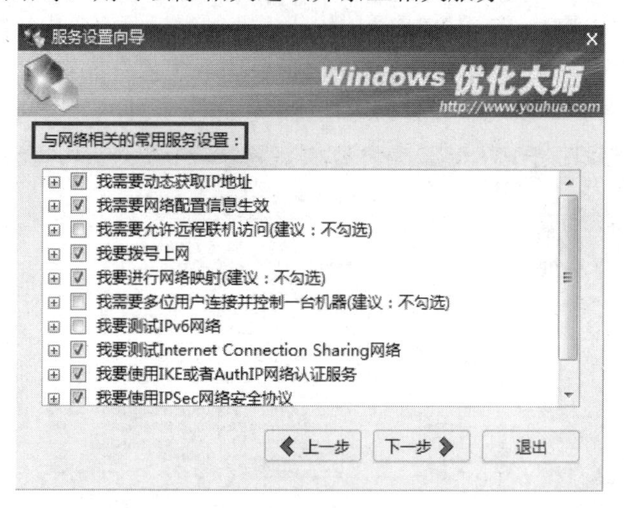

图 7-33　设置与网络相关的服务

⑤ 在“与外设相关的常用服务设置”列表框中，根据当前计算机外设的使用情况对相关选项进行设置，完成后单击“下一步”按钮，如图 7-34 所示。若当前计算机无需使用打印机、扫描仪，或者不希望硬件自动播放等，则可去除相关选项并禁止相关服务。

⑥ 在“其他常用服务设置”列表框中，根据当前计算机的应用场合对相关系统服务进行设置，完成后单击“下一步”按钮，如图 7-35 所示。若当前计算机无需远程运行/修改注册表、无需使用脱机文件服务等，则可去除相关选项并禁止相关服务。

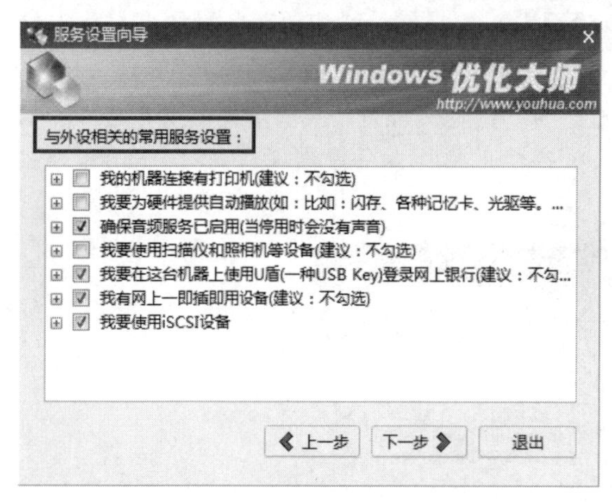

图 7-34　设置与外设相关的服务

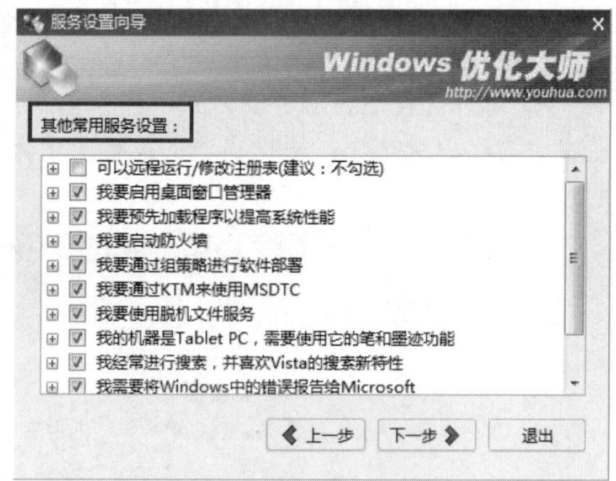

图 7-35　设置其他常用服务

⑦ 完成后台服务设置后，设置向导会弹出对话框并列出需要进行调整的系统服务选项，用户确认无误后，单击“下一步”按钮，即可对操作系统后台服务进行优化，如图 7-36 所示。

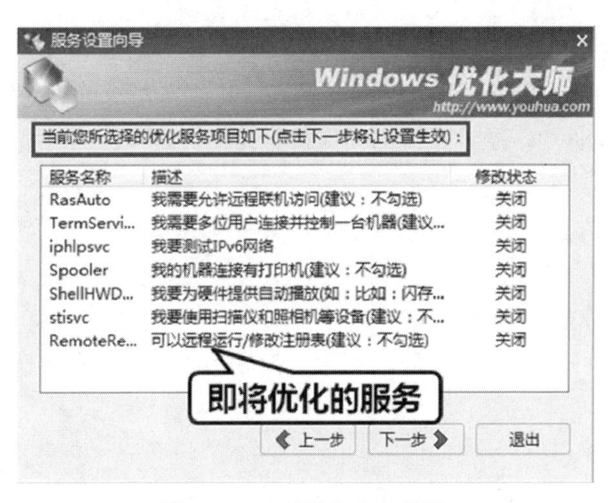

图 7-36　确认服务优化设置

7.3　病毒防治

7.3.1　常见病毒的种类及危害

计算机病毒指编制者在计算机程序中插入的破坏计算机功能或者破坏数据，影响计算机使用并且能够自我复制的一组计算机指令或者程序代码。

1．常见病毒种类

① 按病毒存在的媒体划分，病毒分为网络病毒、文件病毒、引导型病毒。网络病毒通过计算机网络传播感染网络中的可执行文件，文件病毒感染计算机中的文件（如 COM、EXE、DOC 文件等），引导型病毒感染启动扇区和硬盘的系统引导扇区。此外，还有这 3 种病毒的混合型病毒，如多型病毒（文件和引导型）感染文件和引导扇区两种目标，这样的病毒通常具有复杂的算法，它们使用非常规的办法侵入系统，也使用了加密和变形算法。

② 按病毒传染的方法划分，病毒传染的方法可分为驻留型病毒和非驻留型病毒。驻留型病毒感染计算机后，把自身的内存驻留部分放在内存中，这一部分程序挂接系统调用并合并到操作系统中，它处于激活状态，一直到关机或重新启动为止。非驻留型病毒在得到机会激活时并不感染计算机内存，一些病毒在内存中留有小部分，但是并不通过这一部分进行传染，这类病毒也被划分为非驻留型病毒。

③ 按病毒的算法划分，病毒分为伴随型病毒、蠕虫型病毒、寄生型病毒、诡秘型病毒、变型病毒。

a．伴随型病毒：这类病毒并不改变文件本身，它们根据算法产生 EXE 文件的伴随体，具有同样的名称和不同的扩展名，如 XCOPY.exe 的伴随体是 XCOPY.com。病毒把自身写入 COM 文件并而不改变 EXE 文件，当 DOS 加载文件时，伴随体优先被执行，再由伴随体加载执行原来的 EXE 文件。

b．“蠕虫”型病毒：通过计算机网络传播，不改变文件和资料信息，利用网络从一台机器的内存传播到其他机器的内存，通过网络发送自身的病毒。有时它们在系统中存在，一般只占用内存而不占用其他资源。

c．寄生型病毒：除了伴随和“蠕虫”型病毒，其他病毒均可称为寄生型病毒，它们依附在系统的引导扇区或文件中，通过系统的功能进行传播。其中，练习型病毒自身包含错误，不能进行很好的传播。

d．诡秘型病毒：它们一般不直接修改DOS中断和扇区数据，而利用DOS空闲的数据区进行工作。

e．变型病毒（又称幽灵病毒）：这类病毒使用了一个复杂的算法，使自己每传播一份都具有不同的内容和长度。它们一般由一段混有无关指令的解码算法和被变化过的病毒体组成。

2．病毒的危害

（1）破坏性

计算机病毒的破坏性主要取决于计算机病毒的设计者。一般来说，凡是由软件手段能触及到计算机资源的地方，都有可能受到计算机病毒的破坏。事实上，所有计算机病毒都存在着共同的危害，即占用CPU的时间和内存开销，从而降低计算机系统的工作效率；严重时，甚至能够破坏数据或文件，使系统丧失正常运行能力。

（2）潜伏性

计算机病毒的潜伏性是指其依附于其他媒体而寄生的能力。病毒程序大多混杂在正常程序中，有些病毒可以潜伏几周或几个月甚至更长时间而不被察觉和发现。计算机病毒的潜伏性越好，在系统中存在的时间就越长。

（3）可触发性

计算机病毒侵入后，一般不立即活动，需要等待一段时间，在触发条件成熟时才作用。在满足一定的传染条件时，病毒的传染机制使之传染，或在一定条件下激活计算机病毒使之干扰计算机的正常运行。计算机病毒的触发条件是多样化的，可以是内部时钟、系统日期、用户标识符。

（4）传染性

对于绝大多数计算机病毒来讲，传染是它的一个重要特性。在系统运行时，病毒通过病毒载体进入系统内存，在内存中监视系统的运行并寻找可攻击目标，一旦发现攻击目标并满足条件，便通过修改或对自身进行复制链接到被攻击目标的程序中，达到传染的目的。计算机病毒的传染是以带毒程序运行及读写磁盘为基础的，计算机病毒通常可通过光盘、硬盘、网络等渠道进行传播。

7.3.2 常见杀毒软件

杀毒软件也称反病毒软件或防毒软件，是用于消除计算机病毒、特洛伊木马和恶意软件的一类软件。杀毒软件通常集成了监控识别、病毒扫描及清除和自动升级等功能，有的杀毒软件带有数据恢复等功能，是计算机防御系统（包含杀毒软件、防火墙、特洛伊木马和其他恶意软件的查杀程序、入侵预防系统等）的重要组成部分。

瑞星杀毒软件下载版的界面如图7-37所示。

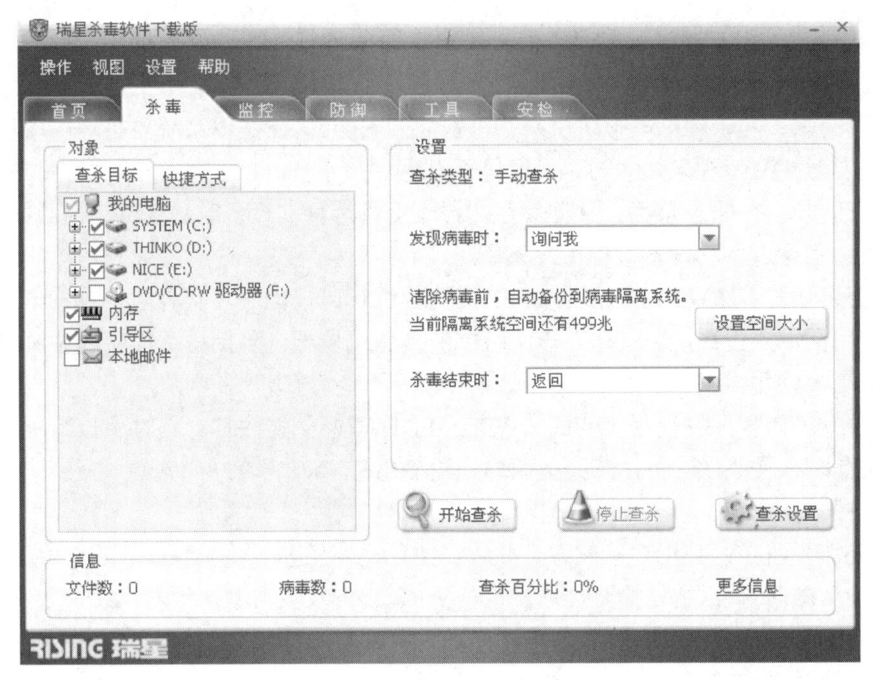

图 7-37 瑞星杀毒软件界面

1．杀毒软件的主要技术

① 脱壳技术：即对压缩文件和封装好的文件做分析检查。自身保护技术：避免病毒程序杀死自身进程。

② 修复和实时升级技术：对被病毒损坏的文件进行修复的技术。主动实时升级技术最早由金山毒霸提出，每一次连接互联网，杀毒软件都自动连接升级服务器，查询升级信息，如需要则进行升级。

③ 主动防御技术：通过动态仿真反病毒专家系统对各种程序动作的自动监视，自动分析程序动作之间的逻辑关系，综合应用病毒识别规则知识，实现自动判定新病毒，达到主动防御的目的。

④ “云安全”技术：融合了并行处理、网格计算、未知病毒行为判断等新兴技术和概念，通过网状的大量客户端对网络中软件行为的异常监测，获取互联网中木马、恶意程序的最新信息，推送到 Server 端进行自动分析和处理，再把病毒和木马的解决方案分发给每一个客户端。

⑤ 增强自我保护功能技术：即使现在大部分杀毒软件有自我保护功能，但依然有病毒能够屏蔽它们的进程，致使其瘫痪而无法保护计算机。

⑥ 更低的系统资源占用技术：目前很多杀毒软件需要大量的系统资源（如内存资源、CPU 资源），虽然保证了系统的安全，但是降低了系统速度。

2．主要杀毒软件

国内反病毒软件有 360、金山毒霸、瑞星、江民、东方微点、费尔托斯特等。

（1）瑞星杀毒软件

瑞星杀毒软件基于瑞星“智能云安全”系统设计，借助瑞星全新研发的虚拟化引擎，能够对木马、后门、蠕虫等恶意程序进行极速智能查杀，在查杀速度提升 3 倍的基础上，保证极高的病毒查杀率。同时，病毒查杀资源下降 80%。其主要特点如下：

① 系统内核加固：通过瑞星“智能云安全”对病毒行为的深度分析，借助人工智能，实时检测、监控、拦截各种病毒行为，加固系统内核。

② 木马防御：基于瑞星虚拟化引擎和“智能云安全”，在操作系统内核运用瑞星动态行为分析技术，实时拦截特种未知木马、病毒等恶意程序。

③ U 盘防护：在插入 U 盘、移动硬盘、智能手机等移动设备时，将自动拦截并查杀木马、病毒等，防止其通过移动设备入侵用户系统。

④ 浏览器防护：主动为 IE、Firefox 等浏览器进行内核加固，实时阻止特种未知木马、蠕虫等病毒利用漏洞入侵系统。自动扫描系统中的多款浏览器，防止恶意程序通过浏览器入侵用户系统，满足个性化需求。

⑤ 办公软件防护：在使用 Office、WPS、PDF 等办公软件时，实时阻止特种未知木马、蠕虫等利用漏洞入侵系统。防止感染型病毒通过 Office、WPS 等办公软件入侵用户系统，有效保护用户文档数据安全。

⑥ 智能流量监控：使用户了解各个软件产生的上网流量。

⑦ 智能 ARP 防护：智能检测局域网内的 ARP 攻击及攻击源，针对出站、入站的 ARP 进行检测，并且能够检测可疑的 ARP 请求，分别对各种攻击标示严重等级，方便企业 IT 人员快速准确地解决网络安全隐患。

（2）360 杀毒软件

国内用户量最大的杀毒软件是 360 杀毒软件，其除原有的国际反病毒引擎和云查杀引擎外，又加入了主动防御引擎及 360 独创的人工智能引擎。其主要特点如下：

① 突破性 Pro3D 全面防御体系：12 层防护，完美结合计算机真实系统防御与虚拟化沙箱技术，使病毒无法进入计算机。

② 1s 极速云鉴定最新病毒：无需上传文件，1s 实现云鉴定，比传统云鉴定技术快 99 倍。

③ 刀片式智能 5 引擎架构：五大领先查杀引擎可如“刀片”般嵌入查杀体系，以最优的组合协同工作。

④ 精准修复各类系统问题：修复桌面异常图标、浏览器主页被篡改、浏览器各种异常问题等。

⑤ 网购保镖，保护网络交易安全：集成 360 网购保镖，使用户网络购物、网银充值、转账更安全。

⑥ 极致轻巧，流畅体验：独有智巧/专业双模式，对系统性能的影响可达到极致轻微。

（3）金山毒霸杀毒软件

金山毒霸采用蓝芯 II 云引擎，100%可信与病毒文件识别率，互联网新文件可 2min 内鉴定；实时防毒，低资源占用高效保护，可防御未知新病毒；全新界面，全面支持 Windows 7 新特性；下载、聊天、U 盘全面安全保护，免打扰模式，自动调节资源占用。其主要特点如下：

① 可信云查杀：增强互联网可信认证，海量样本自动分析鉴定，极速匹配查询，中国最大云安全，100%识别率，互联网 95%的新文件与未知文件 60s 内返回鉴定结果。

② 蓝芯 II 云引擎：微特征识别（启发式查杀 2.0），针对不同类型的病毒具有不同的算法，减少资源占用，采用多模式快速扫描匹配技术，超快样本匹配。

③ 白名单优先技术：准确标记用户计算机中的所有安全文件，无需逐一比对病毒库，大大提高了效率，采用了双库双引擎，首次在杀毒软件中内置了安全文件库，与可信云安全紧密

结合，安全且少误杀。

④ 个性功能体验：下载保护、聊天软件保护、U 盘病毒免疫防御、文件粉碎、自定义安全区、可定制的免打扰模式、自动调节资源占用、针对笔记本式计算机电源优化等。

本章主要学习内容

① 微型机的使用环境。

② 微型机硬件和系统软件的维护。

③ 微型机测试软件的使用。

④ 微型机系统的优化。

⑤ 常见病毒的种类及危害。

⑥ 常见杀毒软件的功能和使用。

实践 7

1．实践目的

① 掌握微型机硬件测试软件的使用方法。

② 学会操作系统和硬盘的优化方法。

③ 掌握微型机典型病毒的特征。

④ 学会使用常用杀毒软件。

2．实践内容

① 下载最新版本的两种硬件测试软件并进行测试。

② 上网查找优化操作系统和优化硬盘的资料，并根据最新优化操作系统和优化硬盘进行优化操作。

③ 上网查找典型病毒的特征。

④ 下载最新版本的两种杀毒软件并进行杀毒。

练习 7

一、填空题

1．微型机主机电源的插头一般是（　　　　）三线制，对应电源插座各线的排列顺序如下：上为地线，左为零线，右为（　　　　）。

2．按病毒存在的媒体划分，病毒有（　　　　）病毒、文件病毒、（　　　　）病毒。

3．诡秘型病毒一般不直接修改（　　　　）中断和扇区数据，而是通过设备技术和文件缓冲区等 DOS 内部修改，不易看到资源，使用了比较高级的技术。利用（　　　　）空闲的数据区进行工作。

4．保护自身，避免病毒程序杀死自身进程的技术是（　　　　）。

二、选择题

1．微型计算机在室温（　　）时能正常工作。

A．8～30°C　　B．5～43°C　　C．15～35°C　　D．10～38°C

2．微型机要选定虚拟内存存放的分区时，可选择“自定义大小”，在“初始大小”和“最大值”文本框中输入要设置的虚拟内存的大小。如果系统物理内存在2GB以上，则设置（　　）左右的虚拟内存即可。

A．2GB　　B．256MB　　C．512MB　　D．1GB

3．计算机机房的相对湿度一般为（　　）。

A．45%～85%　　B．25%～65%　　C．45%～65%　　D．65%～85%

4．病毒通过病毒载体进入系统内存，在内存中监视系统的运行并寻找可攻击目标，当发现攻击目标并满足条件时，便通过修改或对自身进行复制链接到被攻击目标的程序中，这被称为（　　）。

A．破坏性　　B．潜伏性　　C．传染性　　D．可触发性

三、简答题

1．微型机的使用环境主要指哪些方面要符合要求？

2．防止静电有哪些措施？

3．什么是“云安全”技术？

4．瑞星杀毒软件主要有哪些特点？

5．360杀毒软件主要有哪些特点？

6．金山毒霸杀毒软件主要有哪些特点？

微型机系统的维修

8.1 微型机系统的故障分析和检测方法

微型机在使用过程中，因为各种原因会出现整机或某个部分不能正常使用的情况，这种现象称为微型机故障。微型机故障的诊断和排除就是计算机维修。计算机由硬件系统和软件系统构成整体的计算机系统。一般称硬件系统的故障为硬故障，软件系统的故障为软故障。计算机的维修要不断地实践并认真总结经验，同时需要确定正确的分析判断方法和掌握正确的检测方法。

8.1.1 微型机系统故障形成的原因

从微型机产生故障的原因和现象，可将常见故障分为硬故障、软故障、外界干扰引起的故障、病毒故障、人为故障五大类。

1. 硬故障

计算机的硬故障是由于组成计算机系统部件中的元器件损坏或性能不良引起的，主要是由于系统的器件物理失效，或其他参数超过极限值产生的故障，如元器件失效后造成电路短路、断路；元器件参数漂移范围超过允许范围使主频时钟变化；由于电网波动，使逻辑关系产生混乱等。

（1）元器件损坏引起的故障

微型机中，各种集成电路芯片、电容等元器件有很多。若其中有功能失效、内部损坏、漏电、频率特性变坏等，微型机不能正常工作。

（2）制造工艺引起的故障

这种故障指焊接时，虚焊、焊锡太近、积尘受潮时漏电、印制电路板金属化孔阻变大、印制电路板铜膜有裂痕、各种接插件的接触不良等工艺引起的故障。

（3）疲劳性故障

机械磨损是永久性的疲劳性损坏，如打印针磨损、色带磨损、磁盘及磁头磨损、键盘按键损坏等。

电气、电子元器件长期使用的疲劳性损坏，如显像管荧光屏长期使用或过亮、发光逐渐减弱、灯丝老化；电解电容的电解质干涸；集成电路使用寿命到期；外部设备机械组件的磨损等。

（4）机械故障

机械故障通常发生在外部设备中，而且这类故障比较容易发现。

系统外部设备的常见机械故障如下。

① 打印机断针或磨损、色带损坏、电动机卡死、走纸机构不灵等。

② 键盘按键接触不良、弹簧疲劳致使卡键或失效等。

（5）存储介质故障

这类故障主要是由软盘或硬盘磁介质损坏而使系统引导信息或数据信息丢失等造成的故障。

2．软故障

由于操作人员对软件使用不当，或者因为系统软件和应用软件损坏，致使系统性能下降甚至“死机”，这类故障称为软故障。

对微型机操作人员来说，系统因故障停机是经常遇到的事情。其原因除极少数是由于硬件质量问题外，绝大多数是由于软故障造成的。除计算机病毒会造成系统软故障外，多数情况还是由于系统配置不当，或系统软件和应用软件损坏造成的“死机”。

常见的软件故障及产生原因有以下几种。

① 软件之间不兼容：使用了不兼容的软件，使软件之间发生混乱、损坏，两个软件不兼容，使其中一个软件不能使用，甚至会影响到系统的使用操作。

② 系统配置错误：包括 CMOS 中参数的设置错误，以及系统配置文件 Win.ini 等出错或文件丢失。

系统设置错误是引起微型机不能正常启动的原因之一，即使勉强能够启动机器，也会直接影响系统的正常运行和系统效率的发挥。

③ 硬盘设置不当或使用不当：硬盘由于其体积小、容量大、速度快、工作可靠和对环境要求不高等优点，多数微型机均有配置，如果使用不当，则机器不能正常工作，甚至会造成不应有的数据丢失。

硬盘常见的错误：硬盘参数配置不当（包括 CMOS 中的硬盘参数配置出错），主引导扇区、分区表、文件目录表信息损坏或丢失，以及硬盘上的 DOS 文件故障等。

当对 CMOS 中的硬盘参数进行设置后系统能够正常运行，但机器断电后再开机不能启动系统，这往往是因为专供存储设置信息的 CMOS 集成电路工作的电池耗完或电池供电电路出现了故障。

3．外界干扰引起的故障

① 电磁波干扰引起的故障：交流电源附近电动机起动及停止、电钻等电器的工作，都会引起较大的电磁波干扰。另外，布线电容、电感性元件也会引起电磁波干扰，从而使触发器误翻转，造成错误。

② 电压不稳干扰：由于市电供应存在高峰期和低谷期，电压不稳定容易对计算机电路和器件造成损害。另外，如果突然停电，则可能造成计算机内数据的丢失，严重时还会造成计算机系统不能启动。所以，对计算机进行电源保护是必需的。在规定时间内必须使用的计算机或具有重要用途（如服务器）的计算机应配备可长期工作的 UPS，保证计算机的正常使用。

③ 周围环境不良引起的故障。

温度：一般而言，计算机应工作在 10～30℃的环境下。通常，正规的机房都安装了空调设备。

湿度：机房应保持通风良好，湿度不能过高，否则计算机内的电路板很容易腐蚀，使板卡过早老化报废。正规机房应安装通风设备。

粉尘：由于计算机各组成部件非常精密，如果有较多粉尘存在，则有可能堵塞计算机的各种接口，使计算机不能正常工作。

④ 静电：静电有可能造成计算机芯片的烧毁，在打开计算机机箱前应当用手接触暖气管或水管等可以放电的物体，防止静电造成芯片的损坏。为防止静电对计算机的损害，应在安放计算机时将机壳用导线接地，可以起到很好的效果。

⑤ 震动和噪声：计算机不能工作在震动和噪声很大的环境中，因为震动和噪声会造成计算机中部件的损坏，如造成硬盘的损坏或数据丢失等。如果确实需要将计算机设置在震动和噪声大的环境中，应考虑安装防震/隔音设备。

4．病毒故障

病毒故障指因计算机病毒而引起的微型机系统工作异常。此种故障虽可用硬件手段、消毒软件和防病毒系统等进行预防和杀毒，但由于病毒的隐蔽性和多样化，使得对其产生和发展趋势很难预测和估计。

据美国计算机安全协会（NCSA）统计，目前登记在案的病毒已超过 50000 种，且新的病毒还在以每月 50 种以上的速度蔓延。这些病毒类型不同，对计算机资源的破坏也不完全一样。它们可通过不同的途径潜伏或寄生在存储媒体（磁盘、内存）或程序中，当某种条件或时机成熟时，它便会自身复制并传播，使计算机的资源、程序或数据受到不同程度的损坏。

计算机病毒的防范必须做到消与防结合、管理手段与技术措施结合、个人道德的加强与社会法律保障结合，这样才能有效防止病毒的蔓延。

5．人为故障

人为故障主要是由于机器的运行环境恶劣或者用户操作不当引起的，主要原因是用户对机器性能、操作方法不熟悉。涉及的问题包括以下几个方面：

① 电源接错。例如，把 220V 的电源转拨到 110V 上，把±5V 的电源部件接到±12V 上等。这种错误大多会造成破坏性故障，并伴有火花、冒烟、焦臭、发烫等现象。

② 在通电的情况下，随意插拔外设板卡或集成块芯片也会造成人为损坏，硬盘运行的时候突然关闭电源或者搬运主机箱，致使硬盘磁头未推至安全区而造成损坏。

③ 直流电源插头或 I/O 通道接口板插反或位置插错；各种电缆线、信号线接错或接反。一般来说，这类错误除电源插头接错或接反可能造成元器件损坏之外，其他错误只要更正插接方式即可。

④ 用户对微型机系统操作使用不当引起错误也很常见的，尤其是对初学者而言。常见的错误有写保护错、读写数据错、设备（如打印机）未准备好和磁盘文件未找到等。

8.1.2　微型机系统故障的检测方法

1．微型机故障的提示

（1）微型机故障响铃提示

计算机出现故障时往往有响铃，如表 8-1 所示。

表 8-1　开机自检响铃代码分析

BIOS 型号	响　铃	发 生 故 障
Award　BIOS	1 短	系统正常启动
	2 短	常规错误，可进入 BIOS Setup，重新设置不正确的选项
	1 长 1 短	RAM 或主板出错
	1 长 2 短	显示器或显卡错误
	1 长 3 短	键盘控制器错误
	1 长 9 短	主板 Flash RAM 或 EPROM 错误，BIOS 损坏
	不停地响（长声）	内存条未插紧或损坏
	不停地响	显示器未与显卡连接好
	重复短响	电源有问题
	无声音无显示	电源有问题
AMI BIOS	1 短	内存刷新失败
	2 短	内存 ECC 校验错误
	3 短	系统基本内存（第 1 个 64KB）检查失败
	4 短	系统时钟出错
	5 短	CPU 错误
	6 短	键盘控制器错误
	7 短	系统模式错误，不能切换到保护模式
	8 短	显示内存错误
	9 短	ROM　BIOS 检验和错误
	1 长 3 短	内存错误
	1 长 8 短	显示测试错误

（2）微型机常见故障显示

微型机出现故障的屏幕显示如下。

① CMOS battery failed （CMOS 电池失效）。

说明：CMOS 电池电量不足，只要更换新的电池即可。

② CMOS check sum error-Defaults loaded（CMOS 执行全部检查时发出错误，要载入系统预设值）。

说明：一般来说出现这种情况是因为电量不足，可以先换一块电池试试；如果没有解决，则说明 CMOS RAM 可能有问题，只能将主板送回生产厂家修理。

③ Press Esc to skip memory test（正在进行内存检查，可按 Esc 键跳过）。

说明：CMOS 内没有设定跳过存储器的第 2～4 次测试，开机会执行内存测试，也可以按 Esc 键结束内存检查，但这样比较麻烦。可进入 CMOS 设置后，选择 BIOS Features Setup，将其中的 Quick Power On Self Test 设为 Enabled，存储后重新启动即可。

④ Keyboard error or no keyboard present（键盘错误或者未接键盘）。

说明：检查键盘的连线是否松动或者损坏。

⑤ Hard disk install failure（硬盘安装失败）。

说明：硬盘的电源线或数据线可能未接好或者硬盘跳线设置不当。可以检查硬盘的各连线是否插好，同一数据线上的两个硬盘的跳线的设置是否一样，如果一样，则只要将两个硬盘的跳线设置的不一样即可（一个设为 Master，另一个设为 Slave）。

⑥ Secondary slave hard fail（检测从盘失败）。

说明：可能是 CMOS 设置不当，如没有从盘但 CMOS 中将其设为有从盘，这时就会出现错误，此时可以进入 CMOS 设置，进行硬盘自动检测。也可能是硬盘的电源线、数据线可能未接好或者硬盘跳线设置不当。

⑦ Floppy　Disk（s）　fail 或 Floppy　Disk（s）fail（80）或 Floppy Disk（s）fail（40）（无法驱动软驱）。

说明：系统提示找不到软驱，检查软驱的电源线和数据线有没有松动或者接错，或者把软驱放到另一台机器上试一试，如果都不行，则只能换软驱。

⑧ Hard　disk（s）diagnosis fail（执行硬盘诊断时发生错误）。

说明：出现这个问题一般是因为硬盘本身出现了故障，可以把硬盘放到另一台机器上试一试，如果问题依然没有解决，则只能修理硬盘。

⑨ Memory test fail（内存检测失败）。

说明：重新插拔内存条，看是否能解决。出现这种问题一般是因为内存条互相不兼容，可更换内存条。

⑩ Override enable-Defaults loaded（当前 CMOS 设定无法启动系统，载入 BIOS 中的默认值以便启动系统）。

说明：一般是因为 CMOS 内的设定出现了错误，只要进入 CMOS 设置，选择 Load　Setup Defaults 载入系统原来的设定值，重新启动即可。

⑪ Press　Tab to show POST screen（按 Tab 键可以切换屏幕显示）。

说明：有的厂商会以自己设计的显示画面来取代 BIOS 预设的开机显示画面，可按 Tab 键在 BIOS 预设的开机画面与厂商的自定义画面之间进行切换。

⑫ Resuming from disk，Press Tab to show POST screen（从硬盘恢复开机，按 Tab 键显示开机自检画面）。

说明：这是因为有的主板的 BIOS 提供了将硬盘挂起功能，如果用这种方式来关机，则下次开机时会显示此提示消息。

⑬ Hardware Monitor found an error，enter POWER　MANAGEMENT SETUP for details，Press F1 to continue，DEL to enter SETUP（监视功能发现错误，进入 POWER　MANAGE-MENT SETUP 查看详细资料，按 F1 键继续开机程序，按 Delete 键进入 CMOS 设置）。

说明：某些主板具备硬件的监视功能，可以设定主板与 CPU 的温度监视、电压调整器的电压输出准位监视和对各个风扇转速的监视，当上述监视功能在开机时发觉有异常情况时，显示上述提示，这时可以进入 CMOS 设置，选择 POWER　MANAGEMENT　AETUP，在右面的**Fan　Monitor**、**Thermal Monitor**和**Voltage Monitor**查看哪部分发出了异常，再进行解决即可。

2．系统故障的常规检测方法

（1）使用人工经验查找故障

① 清洁法。对于机房环境较差，或使用时间较长的机器，应首先采用清洁法进行诊断。

用毛刷轻轻刷去主板、内存条、各种适配卡、外设等部件上的灰尘。一些板卡或芯片采用插脚形式，会因为震动、灰尘等原因造成引脚氧化，导致接触不良。可用橡皮擦擦拭表面氧化层，重新插接好后开机检查故障是否排除。若仍然没有排除，则可采用其他方法检查。

② 直接观察法。直接观察法就是通过眼看、耳听、手摸、鼻闻等方式检查机器比较典型或比较明显的故障，如观察机器是否有火花，异常声音，插头及插座松动，电缆损坏、断线或碰线，插件板上元器件发烫、烧焦或封蜡熔化，元器件损坏或管脚断裂，机械损伤、松动或卡死，接触不良，虚焊、断线等现象。必要时可用小刀柄轻轻敲击怀疑有接触不良或虚焊的元器件，再仔细观察故障的变化情况。

微型机上一般元器件发热正常，温度在元器件外壳上不超过 50℃，手指摸上去有一点温度，但不烫手。如果手指触摸器件表面烫手，则该器件可能因为内部短路，电流过大而发热，应该将该器件换下来。

对印制电路板要用放大镜仔细观察有无断线、焊锡片、杂物和虚焊点等。观察器件表面的字迹和颜色，如发生焦色、龟裂或字迹颜色变黄等现象，应更换该器件。

耳听一般要听有无异常的声音，特别是风扇、光盘驱动器和硬盘驱动器等部件。如有撞车或其他异常声音，则应立即停机处理。

③ 插拔法。插拔法是通过将插件板或芯片“拔出”或“插入”来寻找故障原因的方法。采用该方法能迅速找到发生故障的部位，从而查到故障的原因。此法虽简单，但是一种非常实用而有效的常用方法。

例如，若微型机在某时刻出现“死机”现象，则很难确定故障原因，从理论上分析故障的原因是很困难的，有时甚至是不可能的。采用“插拔法”有可能迅速查找到故障的原因及部位。

插拔法的基本做法：将故障系统一块一块地依次拔出插件板，每拔出一块，开机测试一次机器状态。一旦拔出某块插件板后，机器工作正常，则故障原因就在这块插件板上，很可能是该插件板上的芯片或有关部件出现了故障。

插拔法不仅适用于插件板，还适用于在印制电路板上装有插座的中大规模集成电路的芯片。只要不是直接焊在印制电路板上的芯片和器件都可以采用这种方法。下面就是这样一个实例。

例如，开机不能启动系统，机箱面板一亮即灭。从故障现象看好像是电流太大而引起了微型机电源自锁，但到底是哪一个部件短路呢？

切断电源，用插拔法按以下步骤进行检查。

a．将主机与所有的外设连线拔出，再接上电源。若故障现象消失，则查看外设及连接处是否有碰线、短路、插针间相碰等短路现象。若故障现象仍然存在，则问题在于主机或电源本身，关机后继续进行下一步检查。

b．将主板上的某块插件板拔出，再接上电源。若故障现象消失，则故障出现在拔出的某个插件板上，此时可转到下一个步骤检查。若故障现象仍然存在，则应检查主板与机箱之间、电源与机箱之间有无短路现象；若没有发现问题，则可断定是电源直流输出电路本身的故障。

c．对从主板上拔下来的每块插件板进行常规自测，仔细检查是否有相碰或短路现象。若无异常发现，则一块一块地依次插入主板，每插入一块开机观察故障现象是否重新出现，即可很快找到有故障的插件板。

无论是对微型机的任一部件，每次插拔系统主板及外部设备上的插卡或器件，都一定要关掉电源后再进行。

④ 交换法：交换法是用备份的好插件板、好器件替换有故障疑点的插件板或器件，或者把相同的插件或器件互相交换，观察故障变化的情况，依此来帮助用户判断和寻找故障原因的一种方法。

计算机内部有不少功能相同的部分，它们是由完全相同的一些插件或器件组成的。例如，内存条及芯片由相同的插件或 RAM 芯片组成，在外设接口板中串行接口（或并行接口）也是相同的，其他逻辑组件相同的就更多了。若故障发生在这些部分，用替换法能较迅速地查找到。

若替换后故障消失，则说明换下来的部件有问题；若故障没有消失，或故障现象有变化，则说明换下来的插件仍值得怀疑，需进一步检查。

替换可以是芯片级的，如 RAM 芯片、Cache 芯片或 CPU 等；替换也可以是部件级的，如两台显示器、两个键盘、两个电源盒、两个光驱、两个显卡交换等。

这种方法方便可靠，尤其对检测外设板卡和在印制电路板上带有插座的集成块芯片等部位出现的故障是十分有效的。

（2）程序测试

① 加电自检法。微型机系统从加电开机到显示器显示 DOS 提示符和光标，在此过程中首先要通过固化在 ROM 中的 BIOS 硬件系统自诊断，当诊断正确后再进行系统配置、输入输出设备初始化。再引导操作系统将 MS—DOS 中的 3 个文件装入系统内存，完成启动过程。最后给出 DOS 提示符和光标，等待用户输入键盘命令。若自检程序正确，则显示系统信息；若自检通过但显示内容不对，则应检查有关连接电缆等是否完好。

在测试时一般将硬件分为中心系统硬件和非中心系统硬件，相应的功能也按此进行划分。测到的中心系统硬件故障属于严重的系统故障，系统无法进行错误标志的显示，其他硬件故障属于非严重故障，系统能在显示器上显示出错代码的信息。为了方便故障诊断，有的 BIOS 程序还能根据相应故障部位给出喇叭声音信号，有的以声音次数、有的以声音长短来表示。

② 程序诊断法。只要微型机还能够正常启动，即可采用一些专门为检查诊断机器而编制的程序来查找故障原因，这是考核机器性能的重要手段和最常用的方法。

检测诊断程序要尽量满足如下两个条件。

第一，能较严格地检查正在运行的机器的工作情况，考虑各种可能的变化，造成“最坏”环境条件。这样，不仅能检查系统内各个部件（如 CPU、存储器、打印机、键盘、显示器、软盘、硬盘等）的状况，还能检查整个系统的可靠性、系统工作能力、剖析互相之间的干扰情况等。

第二，一旦故障暴露，要尽量了解故障范围，范围越小越好，这样便于维护人员寻找故障原因，排除故障。

诊断程序测试法包括简易程序测试法、检测诊断程序测试法和高级诊断法。

简易程序测试法是指针对具体故障，通过用户自己编制的一些简单而有效的检查程序来测试和检测机器故障的方法。这种方法依赖于检测者对故障现象的分析和对系统的熟悉程度。

检测诊断程序测试法采用通用的测试软件，或者系统专用检查诊断程序来寻找故障，这种程序一般具有多个测试功能模块，可对处理器、存储器、显示器、光盘驱动器、硬盘、键盘和打印机等进行检测，通过显示错误代码、错误标志及发出的不同声响，为用户提供故障原因和故障部位。

除通用的测试软件之外，很多计算机都配置了开机自检程序，计算机厂家也提供了一些随机的高级诊断程序。利用厂家提供的诊断程序进行故障诊断可方便地检测到故障位置。

以上几种方法应结合实际情况灵活使用，才能确定并修复故障。

3．判断微型机故障的主要步骤

根据开机的基本操作和状态来判断主机系统的故障。其具体步骤如下：

① 检查主机电源是否工作，电源风扇是否转动，即将手移到主机机箱背部的开关电源的出风口，感觉有风吹出则表示电源正常，无风则表示电源故障；主机电源开关开启瞬间键盘的 3 个指示灯（Num Lock、Caps Lock、Scroll Lock）是否闪亮一下，若是，则电源正常；主机面板电源指示灯、硬盘指示灯是否亮，若亮，则电源正常。因为电源不正常或主板不加电时，显示器没有收到数据信号，自然不会显示。

② 检查显示器是否加电，显示器的电源开关是否已经开启，显示器的电源指示灯是否亮，显示器的亮度电位器是否关到最小，显示器的高压电路是否正常，将手移动到显示器屏幕是否有“吆吆”声、手背汗毛是否竖立。

③ 检查显卡与显示器信号线接触是否良好。可以拔下插头检查，D 形插口中是否有弯曲、断针、大量污垢。在连接 D 形插口时，由于用力不均匀，或忘记拧紧插口固定螺钉，使插口接触不良，或因安装方法不当，用力过大使 D 形插口内断针或弯曲，以致接触不良等。

④ 打开机箱检查显卡是否安装正确，与主板插槽是否接触良好。显卡或插槽是否因使用时间太长而积尘太多，以至造成接触不良。显卡上的芯片是否有烧焦、开裂的痕迹。因显卡导致黑屏时，计算机开机自检时会有一短四长的“嘀嘀”声提示。

⑤ 检查其他板卡（包括声卡、解压卡、视频捕捉卡）与主板的插槽接触是否良好。注意检查硬盘的数据线、电源线接法是否正确。更换其他板卡的插槽，清洁插脚。一般认为，计算机黑屏是显示器出现了问题，与其他设备无关。实际上，因声卡等设备的安装不正确，导致系统初始化完成后，硬盘的数据线、电源线插错。

⑥ 检查内存条与主板的接触是否良好，内存条的质量是否有问题。把内存条重新插拔一次，或者更换新的内存条，如果内存条出现问题，则计算机在启动时，会发出连续的 4 次“嘀嘀”声。

⑦ 检查 CPU 与主板的接触是否良好。因搬动或其他因素，使 CPU 与 Socket AM3 插口或 LGA 1155 插座接触不良。用手按 CPU 或取下 CPU 重新安装。由于 CPU 是主机的主要发热来源之一，Socket AM3 型有可能造成主板弯曲、变形，可在 CPU 插座主板底层垫平主板。

⑧ 检查主板的外部频率、倍频等跳线是否正确。对照主板说明书，逐一检查各个跳线，顺序为“外频和倍频跳线—内存条跳线—其他跳线”，设置 CPU 电压跳线时要小心，不应设得太高。这一步对于一些组装机或喜欢超频的用户要特别注意。

⑨ 检查 CMOS 参数设置是否正确，系统软件设置是否正确。检查显卡与主板的兼容性是否良好。

⑩ 检查环境因素是否正常，是否电压不稳定，或温度过高等，除了按上述步骤进行检查外，还可根据计算机的工作状况来快速定位，如在开启主机电源后，可听见计算机自检完成，如果硬盘指示灯不停地闪烁，则应检查步骤②～步骤④。

8.2 微型机硬件故障的诊断与排除举例

8.2.1 主机常见故障诊断与排除举例

故障现象 1：原本正常的计算机，使用的是 Super Micro 主板。在关机前修改过 BIOS SETUP，修改后无法启动，因为修改的地方比较多，用户不知怎样恢复。

故障分析与处理：检查 CPU 的设置，恢复默认设置。这主要是因为，Super Micro 主板多为服务器/工作站使用，测试严格，工作稳定，超频会导致无法启动系统。若把 CPU 内核电压设置为“Auto”，也可能导致系统无法启动。最好精确地将其设置为“100MHz”。当改变 BIOS 设置，系统不能启动时，可按“Insert”键恢复系统默认设置。

故障现象 2：计算机的时钟总是比标准时间慢几个小时。插入新电池开机后，喇叭不停地响，屏幕显示“No Signal”，机器不能自检，按任何键均无反应。检查显示器与显卡的连线，连线没问题，但换用旧电池开机喇叭依然在响，“No Signal”也仍旧存在。

故障分析与处理：这个故障的根源不在电池、主板、内存，而在 BIOS。只要把 BIOS 中的设定全部改为出现故障前的设定，保存后重新开机，问题即可排除。因为一般取下主板上的电池后，主板的 BIOS 设置将自动回到原厂设置。根据上面的现象，可以看出在 BIOS 回厂设置后，会有许多参数需要用户根据自己的需要进行设置。但如果要测试它，在测试中要慎用测试版的程序。

故障现象 3：经排除法检查后确定是主板接触不良，时亮时不亮。

故障分析与处理：这是由于主板所在的机箱散热不好，主板长时间在高温环境下工作，关机后又冷却下来，经常热胀冷缩，BG 下面的焊点会松脱，从而导致接触不良。故障现象就是主板不亮，送到维修点加热即可，要注意改善机箱散热性。

故障现象 4：连接一个好键盘，开机自检时出现提示“Keyboard Interface Error”后死机，拔下键盘，重新插入后又能正常启动系统，使用一段时间后键盘无反应。

故障分析与处理：主要是多次拔插键盘引起主板键盘接口松动，拆下主板重新焊好即可；也可能是带电插拔键盘引起主板上的保险电阻断路了，换一个 1Ω/0.5W 的电阻即可。

故障现象 5：品牌机及多数 586 以上的微型机打印机并口集成在主板上，使用时带电插拔打印机信号电缆线最容易引起主板上并口损坏，造成打印机不能使用。

故障分析与处理：可以查看主板说明书，通过“禁止或允许主板上的并口功能”相关跳线，设置“屏蔽”主板上的并口功能。或者通过 CMOS 设置来屏蔽，在 PCI 扩展槽中加上一块多功能卡。

故障现象 6：计算机运行正常，偶有黑屏，拍一下机箱就会恢复正常，过一段时间又出现黑屏。初步断定此次故障是接触不良所致，将所有的外设及板卡重装一次，加电后仍然“黑屏”。

故障分析与处理：先应找来酒精棉球和吸尘器，取下各板卡，仔细清洗一遍主板，再加电若还是黑屏，则要注意显卡、内存、主板上芯片组的温度，如均不烫手，也闻不到异味，则证明无短路。通常黑屏多数由显卡和内存造成，由显示器、主板损坏造成的可能性不大，这属于主板电源故障，原因如下：CPU 风扇电源没有经过主板；加电没有听到硬盘磁头寻道；扬声器没有报警声。综合上述因素，主板供电故障的可能性是最大的。

故障现象 7：运行 Windows 应用程序时，出现“内存不足”的故障。

故障分析与处理：首先，减少窗口的数目，关闭不用的应用程序，包括少用的内存驻留程序，将 Windows 应用程序最小化为图标，如果问题只是在运行特殊的应用程序时出现，则与应用软件销售商联系，可能是数据对象的管理不好所致；其次，如果问题没有解决，清除或保存剪贴板中的内容，使用 Control Panel Desktop 选项将墙纸（Wallpaper）设置为 None；再次，如问题仍存在，可用 PIF 编辑器编辑 PIF 文件，增大 PIF 文件中定义的 Memory Requirements: KB Required 的值；在标准模式下，选择 Prevent Program Switch，该开关选项打开后，退出应用程序返回 Windows；最后，如果问题仍存在，则应重新开机进入 Windows 系统，并且确保在“启动”图标中没有其他无关的应用软件同时运行，在 Win.ini 文件中也没有 Run 或 Load 命令加载的任何无关的应用程序。

故障现象 8：开机无法自检，计算机无任何反应。

故障分析与处理：首先，进入 CMOS 设置，检查 CMOS 中关于内存安装的参数设置是否正确，是否与内存条的配置情况相符；其次，检查内存条与内存插座槽之间的接触是否良好，并做相应的处理；再次，检查内存条的安装组合是否正确；然后，如果故障还未解决，则用替换法检查内存条是否已经损坏，并做出相应的处理；最后，如果以上措施均无效，则可能是主板或控制芯片有问题，可送专业人员检修。

故障现象 9：打开主机电源，屏幕无显示、扬声器报警或屏幕显示“Error:Unable to Control A20 Line”出错信息后死机。

故障分析与处理：内存条与主板中插槽接触不好，内存条或内存控制器硬件故障。更换内存条、仔细检查内存条是否与插槽保持良好接触并做相应处理。

故障现象 10：内存值与内存条的实际容量不符，内存工作异常。

故障分析与处理：出现这种问题一般是因为病毒程序驻留在内存中，修改了 CMOS 中的内存参数。解决方法：先将 CMOS 短接放电，然后重新启动计算机，进入 CMOS 后仔细检查各项硬件参数，并正确设置有关内存的参数值。

故障现象 11：进入 Windows 系统后，无论运行软件与否，数分钟后便开始出现横条状花屏现象，开始症状比较轻微，呈局部条状，但数分钟后满屏幕都是横条。

故障分析与处理：取下该内存，试着换上另一块内存条，如果问题解决，则是内存出现了故障。如果还有问题，则可能是显卡的问题。

故障现象 12：开机黑屏，没有显示，可能会有报警声。

故障分析与排除：硬件之间接触不良，或硬件发生故障，相关的硬件涉及内存、显卡、CPU、主板、电源等。计算机的开机要先通过电源供电，再由主板的 BIOS 引导自检，而后通过 CPU、内存、显卡等。这个过程反映在屏幕上称为自检，先通过显卡 BIOS 的信息，再通过主板信息，接着是内存、硬盘、光驱等。如果中间哪一步出现了问题，计算机就不能正常启动，甚至黑屏。

首先，确认外部连线和内部连线是否顺畅。外部连线有显示器、主机电源等。内部有主机电源和主机电源接口的连线（此处有时接触不良）。比较常见的原因是显卡、内存由于使用时间过长，与空气中的粉尘长期接触，造成金手指上出现了氧化层，从而导致接触不良。对此，用棉花沾上适度的酒精来回擦拭金手指，待干后插回。除此外，观察 CPU 是否工作正常，开机半分钟左右，用手触摸 CPU 风扇的散热片是否有温度。若有温度，则 CPU 出现故障的可能性可基本排除。

故障现象 13：计算机在正常运行过程中，突然自动关闭系统或重启系统。

故障分析与排除：现今的主板对 CPU 有温度监控功能，一旦 CPU 温度过高，超过了主板 BIOS 中设定的温度，主板就会自动切断电源，以保护相关硬件。系统中的电源管理和病毒软件也会导致这种现象发生。

上述突然关机现象如果一直发生，则应先确认 CPU 的散热是否正常。打开机箱，目测风扇叶片是否工作正常，再进入 BIOS 查看风扇的转速和 CPU 的工作温度。若发现是风扇的问题，则对风扇进行相关的除尘维护或更换质量更好的风扇。如果排除硬件的原因，则进入系统后再彻底查杀病毒。当这些因素都排除时，故障的起因可能是电源老化或损坏，这可以通过替换电源法来确认，电源坏后应换新的，不可继续使用。

8.2.2　存储器常见故障诊断与排除举例

1．硬盘驱动器的常见故障诊断与排除举例

故障现象 1：一块 8KTA3 主板，用主板自带的 DMA/100 数据线连接硬盘，开机时显示“主要的硬盘接口没有 80 线电缆连接”。但将这条硬盘信号线放到其他计算机上时使用正常。而其他数据线不需改动任何设置即可使用。

故障分析与处理：从 ATA 66 之后 IDE 线的连接有了比较严格的规定，在某些情况下不按照规定连接可能会出现问题，很可能是连线的接头连接不正确。一般来说，要将有“SYSTEM”字样的一端同主板相连，注意主从盘也要按顺序连接。

故障现象 2：在 Windows 初始化时死机或能进入 Windows 系统，但是运行程序出错，使用运行磁盘扫描也不能通过，常在扫描时缓慢停滞甚至死机，或者运行磁盘扫描程序直接发现错误甚至坏道。

故障分析与处理：需按照以下方法处理。

① 如 Windows 进入开机系统后死机或在运行磁盘扫描时死机，在导入备份的注册表数据无效后，应该先尝试用系统盘引导，在纯 DOS 下用 Ghost 恢复系统或格式化分区后重装 Windows。

② 如果格式化不能正常完成，或依然死机，排除其他部件导致的死机后，则可以肯定硬盘出现了问题。此时切记要备份数据，不要反复尝试磁盘扫描和其他工具恢复操作，硬盘的物理故障是普通用户无法用软件修复的，应在硬盘还能被系统识别和进入分区时，备份转移重要数据。

③ 对于磁盘扫描能持续运行，并发现报告坏道的，有如下两种可能性。一种可能性是逻辑坏道，依然有可能用软件修复。最简单的方法是用磁盘扫描本身的自动纠正错误，如无法修复，则备份数据后，可用 Format 的命令修正磁盘错误，注意不能用 Q 参数快速格式化，因为快速格式化其实只是删除分区上的所有数据再重新设置卷标号，是不能修正磁盘错误的，要按标准方式检测和重置硬盘；或者用 Ghost 把出错的分区覆盖，前提是要有该分区的 Ghost 备份，或找到和该硬盘型号相同的产品。另一种可能性是硬盘有物理坏道，可以用 PQ 等工具，把坏道集中划分为一个分区，再做处理。

故障现象 3：在 BIOS 中突然无法识别硬盘，或即使能识别，也无法用操作系统找到硬盘。

故障分析与处理：这是较严重的情况，处理起来相对较棘手。

① 确定硬盘是不是被病毒破坏了分区表和引导区，或者中了硬盘逻辑锁。用引导盘启动后，运行 KV3000 等杀毒软件查杀。如果分区表和引导区数据已备份过，则可用原先备份时的工具软件强行恢复硬盘分区表。

② 打开机箱，检查连线，清理机箱内的灰尘，连线松了或灰尘太多是可能导致硬盘启动故障的：在硬盘加电时留意看硬盘盘片是否运转正常，以及转动有没有异响，如出现不规则“嘎嘎”声并死机的，或根本不运转的，可确信是物理故障，只能尝试低级格式化。

故障现象 4：开机后，“WAIT”提示停留很长时间，最后出现“HDD Controller Failure”。

故障分析与处理：造成该故障的原因一般是硬盘线接口接触不良或接线错误。先检查硬盘电源线与硬盘的连接，再检查硬盘数据信号线与多功能卡或硬盘的连接，连接松动或连线接反都会有上述提示，最好找一台型号相同且使用正常的微型机，可以对比线缆的连接，线缆接反很容易看出。

故障现象 5：开机后自检完毕，从硬盘启动时死机或者屏幕上显示“No ROM Basic， System Halted”

故障分析与处理：造成该故障的原因一般是引导程序损坏或被病毒感染，或分区表中无自举标志，或结束标志 55AAH 被改写。从软盘启动，执行“FDISK/MBR”命令即可。FDISK 中包含主引导程序代码和结束标志 55AAH，用上述命令可使 FDISK 中正确的主引导程序和结束标志覆盖硬盘上的主引导程序，这对于修复主引导程序和结束标志 55AAH 损坏既快又灵。用 NDD 可迅速恢复分区表中无自举标志的故障。

故障现象 6：一些正常文件突然无法打开，并在此过程中能听到硬盘的读盘声。

故障分析与处理：可能是存储有关该文件数据的一些磁道发生了物理损伤。此时可用 Windows 自带的 Scan Disk 程序或 NDD 全面扫描硬盘，它们会找出坏道并标识，以后该磁道上不会再存储其他数据。

2．光盘驱动器常见故障诊断与排除举例

故障现象 1：用光驱安装一些软件，常常会出现 “I/O 错误”的提示。

故障分析与处理：这是光盘的问题，如某一区域数据错误损坏，则会导致这种情况出现。可能将盘重新放一次再安装就能通过，也可能是光驱线有问题。

故障现象 2：装盘开机黄灯久亮后熄灭，光盘转动几下后停转，访问光盘失败。

故障分析与处理：一般常采用脱机方法维修。具体操作如下：先将光驱从主机中拆出，单独用一台 PC 电源接上光驱，上电弹出盘仓，关电卸下盘仓塑料边、塑料面板及金属底盖，打开光驱上盖，上电观察光驱在上盖无光盘时的启动过程。初始化过程中位于激光头物镜下的半导体激光器未发出红激光束，怀疑激光头损坏了，拆卸下来装在另一台无故障机上检测，如结果运行正常，则说明激光头未坏。将其装回原机再试机。估计故障是激光头上的信号软带接触不良而使激光器得不到供电引起的。将激光头信号软带拔出，用高级写字软橡皮或磁头清洁液清洁金属接口后重新插上，机器即可恢复正常。

故障现象 3：带盘开机后黄灯久亮后熄灭，光盘转动 3 次后停转，操作系统访问光盘失败。

故障分析与处理：如果加电观察光盘无上盖时脱机的寻道过程，以及半导体激光器发射的红色激光束均未见异常，则应清洗激光头物镜试机，若故障仍未排除，则可能是由于半导体激光器老化后造成发射的激光束能量偏弱或聚焦不良，使激光接收器收不到信号所引起的。要排除这个故障，要关机后对位于激光头后部的激光头控制电路板上的激光功率微调电位器进行逐步反复调整，适当地增强激光器的发射功率。每调整一次，加电（不安夹盖，关门，放盘）观察一次光盘能否连续转动起来，当调至光盘可以勉强连续转动起来后，再安好夹盖，加电放盘后，监听是否有光盘连续转动的声音。若反复调试仍不能使光驱的光盘在脱机加电的情况下连续转动起来，则需要更换激光头组件。

故障现象 4：光盘进入后旋转时，颤抖很明显，且发出“嗡嗡”声，读盘不稳定。

故障分析与处理：出现这类现象有两个可能。一是光盘质量差、片基薄、光盘厚薄不均（如盗版光盘）；二是由于光驱的压盘转动机制的松动造成的。对于第二种情况，打开盖板，取下压盘机制的上压转动片，由于上压盘转轮是塑料的且有少许磨损，加之光盘也是塑料的，故而上下压盘时盘片夹不稳，在高速旋转时会发生抖动。这时可找来一块鹿皮或薄绒布将其剪成小圆环，大小与上压盘轮一致，再用万能胶将其与压盘轮黏在一起。

故障现象 5：在使用光驱时，有时加电后指示灯闪烁不止，但盘片不转；有时读盘加速的声音和震动特别大，重复几次后停止，但读不出数据。

故障分析与处理：主轴电动机与其驱动电路一般是合二为一的，把它称为主轴信号通路，此电路也由一条与激光信号通路连线一样的连接线连接。由于它与激光头信息通路都是由伺服电路进行信息沟通的，因而，在故障现象上有许多相似之处，但由于激光头信息通路在进出盒时，其连接线易被拉折而损坏，所以在遇到相同故障现象时应先考虑激光头信息通路故障，再考虑主轴信号通路故障。

故障现象 6：光驱在出盘、进盘时噪声很大，且伴有机械摩擦的杂音，进出盘速度不稳定，有时进出盘电动机会空转，导致舱门无法弹出。

故障分析与处理：造成光驱噪声的原因主要有以下几点。

① 高速旋转：40X 的光驱转速最高可达 7000r/min，声强最高达 50dB，48X 以上电动机转速高达 10500r/min，声强在 65dB 以上。

② 读盘声：在高倍速光驱中读盘时，光头移动较快，产生的声音是噪声的来源之一。

③ 震动：现在盗版光盘比较多，光盘质量参差不齐，光盘若有偏心、偏重等缺陷，在高速旋转下会造成不平衡，从而产生震动声音。针对这一问题，各公司都采用了相应的减震系统，但减震系统只能尽量减小震动声音，它仍是噪声来源的一个主要原因。

④ 机械磨损导致出现噪声：在通电的情况下，打开光驱的舱门，取下光驱打开盖板，取下光盘托架，仔细检查是否控制进出盘的传动橡皮轮已变形老化或有裂纹，是否橡皮轮和电动机齿轮上有很多灰尘，如果有，则更换橡皮轮并清洁灰尘。这样进出盘电动机空转现象就会消失。但如果弹出、进盘时噪声仍很大，仍有机械摩擦的杂音，则要检查光驱托盘左侧的齿槽、进出轨道有无磨损。如果有磨损，则将润滑油均匀地涂抹在进出轨道上，安装复原后，故障即会排除。

8.2.3 输入设备常见故障诊断与排除举例

1. 鼠标与键盘常见故障诊断与排除举例

故障现象 1：鼠标灵活性下降，鼠标指针反应迟钝，定位不准确或不动。

故障分析与处理：这种情况主要是因为鼠标中的机械定位滚动轴上积聚了过多污垢，而导致传动失灵，造成滚动不灵活。维修的重点放在鼠标内部的 X 轴和 Y 轴的传动机构上。解决方法如下：打开胶球锁片，将鼠标滚动球卸下来，用干净的布沾上中性洗涤剂清洗胶球，摩擦轴等可用酒精进行擦洗。最好在轴心处滴上几滴缝纫机油，但一定不要使其流到摩擦面和码盘栅缝中。将一切污垢清除后，鼠标的灵活性即可恢复。

故障现象 2：开机后发现鼠标指针的“尾巴”拖得很长，在显示器上跟着指针移动，导致使用极不方便，刺激眼睛。

故障分析与处理：这只是鼠标的一种显示形式，只要将其改成正常模式即可。设置鼠标属性，先选择“我的电脑”→“控制面板”→“鼠标”→“属性”选项，取消选中“显示指针轨迹”复选框，单击“确定”按钮。除此以外，还有一种情况是显卡的驱动程序出现了问题，只要升级显卡驱动程序即可。

故障现象 3：开机启动后，鼠标指针隐藏了起来，找不到鼠标指针。

故障分析与处理：首先，查看鼠标是否彻底损坏，如果是，则需要更换新鼠标。其次，看鼠标与主机 PS/2 接口接触是否不良，如果是，则仔细接好线后重启即可。再次，看主板上的 PS/2 口是否损坏，这种情况很少见，如是这种情况，则更换一个接口。最后，看鼠标线路接触是否不良，这种情况是最常见的。接触不良的点多在鼠标内部的电线与电路板的连接处。故障只要不是在 PS/2 接口处，一般维修起来不难。通常是由于线路比较短，或比较杂乱而导致鼠标线被用力拉扯而引起的，解决方法是将鼠标打开，再使用电烙铁将焊点焊好。此外，还有一种情况是看鼠标线内部接触是否不良，这是由于老化引起的，这种故障通常难以查找，更换鼠标是最快的解决方法。

故障现象 4：鼠标在移动的时候很困难，有时几乎不能移动。

故障分析与处理：鼠标和鼠标垫应该定期清理，注意在干净的地方使用鼠标。这时需要关机，把鼠标背面的 O 形环向 Open 方向旋转，取出环和小球；把小球洗干净，用不掉毛的布擦干或风干；用小刀之类的利器把鼠标内部的两根棍中部的脏东西分别轻轻刮下；再用吸尘器把鼠标内部吸干净，把小球放入，反向安装 O 形环即可解决鼠标的移动问题。

故障现象 5：更换新键盘时，键盘无法插入主板接口。

故障分析与处理：可能是接口大小不匹配、主板太高或太低、个别键盘接口外包装塑料太厚造成的。仔细检查接口大小，新的主板使用小接口，可以购买转接头解决问题。如果是同样的接口，注意检查主板上键盘接口与机箱为接口留的孔洞，看主板是偏高了还是偏低了，个别主板有偏左或偏右的情况，可能要更换机箱，否则更换其他长度的主板铜钉或塑料钉。

故障现象 6：在主机自检时，屏幕显示“Keyboard Error Press F1 to RESUME”，但是按 F1 键不起作用，按其他键也无反应。

故障分析与处理：为判断是键盘本身的故障还是主板键盘接口的故障，最好用好键盘在该机上试验，如果一切正常，则说明是键盘本身的故障。这时要拆开键盘后盖，检查电缆 4 条引线的电平，Vcc 引线为＋5V（高电平），GND 引线为低电平，DATA 引线为高电平，而 KBLCK 引线为低电平，正常时 KBLCK 引线应为高电平。关掉主机拔下键盘插头，可用万用表×1Ω 挡测量电缆两端的对应引线，看 KBLCK 引线内部是否有断裂处，如果检测电压不正常，则应更换一条键盘电缆，故障即可排除。

故障现象 7：键盘在使用的时候，键按下后不能弹回。

故障分析与处理：键按下不能弹回的问题常发生在 Enter 键和 Space 键上，因为这两个键使用频率最高，使得这两个键下面的弹簧弹力减弱最快，引起弹簧变形，致使该键触点不能及时分离，最后导致键无法弹起。出现这种情况时，可用手指捏紧键帽或使用平口钳将键帽拔出，这样可取出座子盖片下的弹簧。再更换新的弹簧或将原弹簧整形恢复，重装好后故障即可排除。如果新买的键盘也出现这种问题，则可能是因为键盘加工粗糙，键体、键帽注塑质量很差，有许多毛刺未清理或清理不彻底，使键体与键帽相对位置发生了变化，按键后不能弹回。应仔细检查是否因键帽边缘有毛刺而阻碍了其回弹，若是，则先用小刀把毛刺刮掉，再用细砂布将其打磨平滑。

2．扫描仪常见故障诊断与排除举例

故障现象 1：一台 NuScan 800 扫描仪安装好驱动程序后，扫描仪探测器检测到扫描仪。而在计算机的“控制面板”→“系统”→“设备管理器”→“通用串行总线控制器”中总是出现一个未知设备。

故障分析与处理：此种情况下建议先将扫描仪断开，将 SB 线去除，将已经安装的扫描仪

驱动程序卸载。再重新启动计算机到“安全模式”，进入“控制面板”→“系统”→“设备管理器”界面，将“通用串行总线控制器”中的未知设备删除。最后重启计算机，安装相应的扫描仪驱动程序。

故障现象 2：一台 Scan Maker X6（USB）扫描仪预览时选定的扫描区域与实际得到的扫描区域存在偏差，主要是纵向偏差，且偏差幅度不稳定。

故障分析与处理：从预扫的精度来看，扫描仪在实际扫描时，有 1～2mm 的误差，属于正常现象。因为扫描仪的预览精度为 18DPI，在算法上，最小的误差也有 1.41mm。加之其他的诸如鼠标画框和实际预览图像中的画框，确实会存在这样的误差。这个误差在扫描一幅 8cm×10cm 的图片时，总体影响很小。但对于小画幅的扫描影响比较大。解决方法如下。

① 在图像处理软件中扫描，扫描完毕后，按照自己的要求裁剪处理。

② 在扫描仪的“高级模式”界面中工作，先选择“预览”，框选一个大致的范围再选择“预扫”，对图片做一个比较细的框定；再扫描，这样精度就会高一些。建议在 PhotoShop 软件中做裁剪。

故障现象 3：一台型号是 V600 的扫描仪，扫描图片时发现图像上出现两三条宽窄不一的光带条纹。

故障分析与处理：扫描图像有线条分为两种：竖线条，该现象是由于镜组或上罩里基准白处有污染造成的，解决方法是清洁镜组件或上罩；横线条，该现象是由于数据线有断裂或皮带松紧度不当造成的，解决方法是更换数据线或调节皮带松紧度。

故障现象 4：在打开 Uniscan 6A 扫描仪的开关时，扫描仪发出异常响声。

故障分析与处理：Uniscan 6A 扫描仪有锁，其目的是锁紧灯管，防止运输中震动。因此在打开扫描仪电源开关前，应先将锁打开。只要将锁打开了，异常响声即可得到解决。

8.2.4 输出设备常见故障诊断与排除举例

1．显示器常见故障诊断与排除举例

故障现象 1：一台荷花彩色显示器，使用几个月后，每次开机时屏幕一片朦胧，并不停地闪烁跳动，几分钟后才慢慢变得稳定。曾调过聚焦，但一段时间后，又会出现上述故障。

故障分析与处理：这种情况下，故障与显示器的中高压及聚焦电路有关。这种故障多数与显像管的尾座质量下降、内部放电或漏电有关，解决办法是换一个新的尾座。在更换时只要管脚数、管脚位置、外形等方面基本相同即可代替，更换尾座时手法要轻，千万不要把显像管弄坏。也可能是行输出（高压包）有问题，或中高压电路的电位器等有问题。

故障现象 2：一台计算机显示器在与主机联机工作时信号显示正常，但光栅为黄色。

故障分析与处理：显示器光栅正常时应为白色，它是由红、绿、蓝 3 种基色混色合成的。当光栅呈为黄色时，根据三基色原理，判定为缺少蓝色，一般来说，造成显示器缺色这种故障的主要原因有如下 3 个。

① 视频输出电路中的晶体管的某一极开路。

② 视频输出至显像管阴极管脚有脱焊点或接触不良故障。

③ 显像管阴极枪老化损坏。

经重点检查视频输出电路的有关元器件，发现视频输出晶体管开路，更换后故障排除。

故障现象 3：一台 SUN370 型 17in 彩色显示器，开机发出“吱”的一声后无任何反应。

故障分析与处理：用万用表对电源部分进行测量，发现开关电源的+110V输出端电压在开机的瞬间表针摆了一下，随后立即变回0，由此判断开关电源电路基本正常，在开机瞬间经历了启动、振荡等过程，只是由于保护电路的动作，造成开关电源开机后立即处于保护状态而无输出。断开行扫描供电电路中的*R*738，在+110V输出端接入假负载，开机测量行输出管Q701（2SC4142）的CE结电阻很小，更换Q701后+110V恢复正常。但仍无光栅，用示波器观察Q701基极、行推动变压器T702脚的电压波形，均未出现行脉冲电压波形，检测行振荡集成电路IC702（AN5790）各脚电压，均为零。拆下供电端6脚的外围元件逐一检查，发现D703已击穿，*C*713漏电严重，有外液溢出，更换这两个元件后故障消失。

故障现象4：一台显示器在使用过程中，图像显示正常，但在水平方向有时会出现干扰条纹。

故障分析与处理：出现水平条纹干扰一般有两种原因。一种来自显示器外部，如显示器使用现场附近有电火花或高频电磁干扰。此种干扰产生的现象是使显示画面出现水平白色线条。另一种来自显示器内部，此种干扰产生的现象是使显示画面出现黑色线条，此故障现象是随机出现的。排除第一种原因后，可以打开机壳检查一下是否有接触不良的地方，重点检查电源输出端或行输出变压器各脚的焊点。

故障现象5：打开显示器的电源开关，瞬间听到“唰”的一声（偏转线圈磁场变化的声音），之后无任何显示。

故障分析与处理：根据故障现象可以判断为高压保护，或X射线保护。所谓高压保护是指对显像管阳极高压的一种限制。通常情况下显像管的阳极电压为23～27kv，若电压过高，则会导致机内元器件损坏，造成这种故障的原因大多数是使用者在发现行频不同步时，调整行频电位器时从一端调到另一端，行频降低，其阳极电压就要成比例地升高，这完全有可能超过它的正常范围。因此，显示器内部的高压保护电路开始工作，使行变压器停止工作，从而关掉高压，起到了保护作用。这种故障一般可以通过调整行频电位器来解决，如果调整电位器无效，则应该考虑检查显示器电源输出电压是否过高，行扫描逆程时间是否太短等。

故障现象6：显示器加电后无任何反应。

故障分析与处理：加电无光栅，电源指示灯不亮，显像管灯丝不亮，用手触摸屏幕没有高压静电反应，开机与关机瞬间听不到偏转线圈磁场变化的声音。根据上述故障现象判断行输出没有工作，故障可能出现在电源电路或行扫描电路，打开机壳观察保险管是否烧断，应从电源电路查起，重点检查整流桥中的二极管、大功率开关管是否有击穿现象。若保险管没有烧断或电源部分基本正常，则可先从行扫描电路查起，检查行输出电路（重点检查行输出管）、行激励电路中的有关器件，问题可得到解决。

故障现象7：一台SUN370型17in的彩色显示器，在开机后光栅上半部显示的字符被压缩，有点画线出现。

故障分析与处理：此故障根据推断应在场扫描电路中，用万用表测场输出集成电路IC601（TDA1670）的各脚电压，发现2、15脚电压值稍有异常，TDA1670内是采用了双电源供电的OTL电路，逆程时由*C*607、D603提供50V工作电压，以满足逆程时间的要求，光栅上部压缩可能是逆程工作电压不足，使场动态范围变小所致。拆下*C*607和D603进行测量，发现D603正反向电阻正常，*C*607漏电。更换后屏幕仍有点画线。经观察，*C*608与IC601散热片靠得很近，可能是该电容的容量不足造成行谐波电压加到了场电路上。处理时用一只1000μf/50V电解电容和一只0.1μf/50V滤波高频电容并联在*C*608两端，一切正常。

故障现象8：一台SUN370型17in的彩色显示器，光栅下部字符被拉长，中间有一条约

1cm 的白带。

故障分析与处理：用示波器观测到 IC601 的 1 脚输出的场扫描锯齿波中叠加了自激振荡波形，若断开场偏转线圈，则锯齿波电压波形有所改善。测场偏转线圈直流阻值为 6Ω 左右，正常。再查反馈电路有关元件，发现 R620 已由正常的 1.5kΩ 变为 30kΩ 左右，造成输出端的信号不能正常反馈至场激励电路，使后级功放电路放大倍数过高而产生自激，输出失真的场波形。更换该电阻后正常。

2．针式打印机常见故障诊断与排除举例

故障现象 1：自检正常，联机打印不正常。

故障分析与处理：该故障现象产生的主要原因是打印机接口电路损坏、打印机连接电缆故障、打印驱动软件故障。最后一个原因可通过重装软件排除，前两个故障应在确定后进行更换或送修。其主要原因是带电插拔电缆引起接口电路芯片损坏过多，在操作时应引起注意，一定要先关闭主机和打印机电源，再插拔电缆。

故障现象 2：打印字符不清或缺针点。

故障分析与处理：该故障由打印头和打印字辊间距过大、打印头打印针被污物阻塞、色带质量差和人为使用不当造成断针等引起。可通过调整、清洗、更换断针等方法解决。

故障现象 3：LQ1600K 打印机在打印过程中有时打印速度突然变慢，只为正常打印速度的一半左右，甚至停机，过一会儿方能重新开始打印。

故障分析与处理：该打印机打印头的散热座和打印头之间的打印驱动线圈框外贴有一个热敏电阻，用于探测打印头的温度。打印机 CPU 根据打印头温度的变化控制打印速度。如果打印头上热敏电阻测得的温度超过 100℃时，则控制打印机自动停止打印，但打印和字车继续运动，以帮助冷却打印头，同时联机指示灯闪烁，打印暂停；当温度降到 100℃以下时，控制打印机以半速打印，直到打印头温度降至 90℃时，控制打印机恢复正常打印速度打印。因此，产生这一故障现象的原因是打印机打印头过热，而造成打印头过热的主要原因如下。

① 打印机打印时间过长，连续打印 4～5h，或机房温度过高，使打印头难以散热。

② 打印针孔被污垢堵塞，打印针进出不畅，致使打印针驱动线圈负载加重，加速打印头发热。

③ 打印头热敏电阻及连线损坏，导致信号不能正常送到打印机 CPU。

当发现该故障时，应尽快停止打印，找出原因，解决问题后再打印。

故障现象 4：某打印机在 UNIX 操作系统下打印正常，而在 DOS 系统下不能打印，屏幕在打印机有纸的情况下显示“No Paper Error Writing device PRN Abort，Retry，Ignore，Fail？”信息。

故障分析与处理：在 UNIX 操作系统下打印机打印正常，说明主机、打印机接口和打印机等均无故障，怀疑是打印机驱动软件出现故障，重新复制驱动后，故障仍存在。用病毒清除软件，对硬盘进行清除病毒后，发现有病毒。该病毒主要感染 DOS 系统，使 DOS 系统若干扇区及文件被破坏，从而使打印机工作不正常。清除病毒后打印机工作正常。所以，在发现一些不正常的故障时可先进行病毒清除处理。

故障现象 5：在牵引输纸方式下，无纸时按进纸/退纸键不能进纸，当有纸时，按进纸/退纸键不能退纸，其他功能及打印均正常。

故障分析与处理：根据故障现象，该故障与摩擦/牵引进纸检测开关有关。针式打印机输纸一般有两种方式，一种是摩擦输纸，摩擦/牵引进纸检测开关触点应分开；另一种是牵引输纸，摩擦/牵引进纸检测开关应闭合。两种方式的转换由进纸选择杆选择完成，所以，拨动进纸选择杆相应压合或分离摩擦/牵引进纸检测开关，通知打印机做相应操作。本故障是由于进纸选择开关在牵引进纸位置时没有接通摩擦/牵引进纸检测开关而引起的，打开机盖，顺进纸选择杆即可找到该开关，按要求给以适当调整即可。

故障现象 6：打印机打印时每行起始、结束位置混乱，自检时同样有该故障，打字正常。

故障分析与处理：根据该故障现象，其属于行位置检测故障。打印机在打印头回到左边初始位置时，有一光电检测开关，使打印机 CPU 得知打印头已回到初始位置。经检查，该检测开关的接线插头松动，重插后恢复正常功能。

故障现象 7：打印机开机初始化正确，虽然打印机没有装纸，但纸尽灯不亮。按进纸/退纸键只有退纸动作，不能自动进纸。

故障分析与处理：由于打印机初始化正确，且输纸机构能工作，说明其控制电路、驱动电路基本正常。故障一般在纸尽检测电路中，纸尽检测通过机械触点开关完成。当有纸时，开关断开，信息传送到打印机 CPU，确认打印纸装好，纸尽灯不亮，这时若按进纸/退纸键，则执行退纸指令；当打印纸完全退出，或纸打印完后，纸尽开关接通，打印机 CPU 确认打印机缺纸，纸尽灯亮，同时蜂鸣器响 3 短声，再按进纸/退纸键，打印机可自动进纸。因此，本故障是由纸尽开关接触不良引起的，打开打印机机盖，拔下开关插头，用万用表测量插头两端，无论有纸无纸其均为开路状态。因此，打印机加电后，打印机 CPU 判断已有纸，纸尽灯不亮，故按进纸/退纸键，打印机会执行退纸指令。将该开关的簧片进行调整，打印机恢复正常。

故障现象 8：打印机字车运行困难，有时需用手推一下；有时开机时字车动一下即停；有时能正常打印，但声音听起来很重。

故障分析与处理：一般来说，产生此故障的原因是字车与字轴之间太紧，字车不能运行自如。其原因一般为字轴太脏，字车轴套中有脏东西。此时应将字轴擦干净，再加上高级钟表油和缝纫机油，用手来回推车使其滑动自如。若这样仍不能排除故障，则应仔细检查轴和轴套间有无异物、纸屑等，清除干净，并加一点钟表油即可。若字车移动正常，则可能是字车驱动电路出现了故障，应送修。

故障现象 9：打印字符或图像时不清晰或缺少针点。

故障分析与处理：点阵式打印机均由针冲击色带、打印纸和印字辊而在打印纸上形成各种文字和图形。随着打印机的使用，原配色带将越打越淡，以致最后打不清字符，这时应更换色带。在选用色带时要特别注意色带质量，若选用色带质量差，则色带带基油墨层较厚，油墨发黏；油墨颗粒粗，且容易干硬。使用这样的色带进行打印时，针尖上的油墨随着打印时间的增加逐步向针与针之间、针与导向片之间渗透。而打印头在打印时，由于是高速间歇运动，针与针之间做每秒达数百次的往复运动，这样针与导向孔之间产生强烈摩擦，使得整个打印头产生高温，促使渗进针缝中的油墨老化，停止工作时，打印头又逐步冷却，经过反复地冷热变化，加速油墨固化。油墨固化后，使打印针往返运动困难，或完全黏住，使其不能打击冲击色带和打印纸，从而造成印字不清或印字缺点、断针等故障，使打印机不能正常使用。该故障一般要对打印头进行清洗，且更换断针。

3．喷墨打印机常见故障诊断与排除举例

故障现象 1：MJ-1500K 打印机打印时彩色正常，但黑色无法打印。

故障分析与处理：MJ-1500K 有黑色和彩色两个打印头，分别实现黑色及彩色打印。观察打印机面板状态，发现均正常。使用打印机的面板清洗打印程序，在“暂停”灯亮时按“切换”键和“换行/换页”键，执行清洗黑色打印头程序（在清洗的过程中“暂停”灯闪烁）。清洗过后黑色仍无法打印。此时观察到打印头底部的海绵也无黑色墨迹，即墨水并未从打印头表面流出。因此，造成这个故障的原因在于墨水输送通道。

检查上述墨水输送通道发现，在针管另一侧紧固墨水输送管的六角螺帽松开，从而使墨水输送通道“漏气”。所以即使在泵的动作下，由于松开处的压力与外界压力一样，使黑色墨水无法被吸引到打印头，造成打印头无墨，黑色无法打印。

将针管与墨水输送管连接处的六角螺帽拧紧，并执行充墨操作后，黑色打印正常。

故障现象 2：打印时字车随机撞到机械框架上。

故障分析与处理：字车导轴上的灰尘太多造成字车导轴润滑不好，引起字车在移动过程中随机受阻。用棉花擦拭导轴上的灰尘并给导轴加润滑油后，即可正常打印。

故障现象 3：打印时墨迹稀少，字迹无法辨认。

故障分析与处理：该故障多数是由于打印机长期未用，墨水输送系统障碍或打印堵塞造成的。排除的方法是执行打印头的清洗操作。

故障现象 4：MJ-1500K 安装升级选件后，控制面板的“彩色墨尽”灯亮。

故障分析与处理：MJ-1500K 打印机随机提供了彩色升级套件，使之能够打印彩色图像。该故障为进行正常安装后，面板提示“彩色墨尽”灯亮。MJ-1500K 打印机在正常使用过程中，其墨水的消耗量是通过电路内部的计数器来测量的。该计数器达到设定的值时，会提示墨尽。由于彩色升级选件是新装的，因此可以排除因无彩色墨水引起的故障。

故障现象 5：更换新墨盒后，打印机开机面板上的“墨尽”灯亮。

故障分析与处理：正常情况下，当墨水完时“墨尽”灯才会亮。更换新墨盒后，打印机面板上的“墨尽”灯也亮，发生这种故障可能是因为墨盒未装好，另一种可能是关机状态下自行拿下旧墨盒，而更换了新的墨盒。重新更换墨盒后，打印机将对墨水输送系统进行充墨，而这一过程在关机状态下将无法进行，使得打印机无法检测到重新安装上的墨盒。另外，有些打印机对墨水容量的计量是使用电子计数器进行的，当该计数器达到一定值时，打印机判断墨水用尽。而在墨盒更换过程中，打印机将对其内部的电子计数器进行复位，从而确认安装了新的墨盒。打开电源，将打印头移动到墨盒更换位置即可。将墨盒安装好后，使打印机充墨，充墨过程结束后，故障即可排除。

故障现象 6：喷墨打印机喷头硬性堵头。

故障分析与处理：硬性堵头指的是喷头内有化学凝固物或有杂质而造成堵头，此故障的排除比较困难，必须用人工的方法来处理。先将喷头卸下来，将喷头浸泡在清洗液中用反抽洗加压进行清洗。洗通之后用纯净水过净清洗液，晾干之后即可装机。只要硬物没有对喷头电极造成损坏，清洗后的喷头还是可以使用的。

4. 激光打印机常见故障诊断与排除举例

故障现象 1：激光打印机工作时，打印纸全白。

故障分析与处理：出现这种故障的原因有以下几种。

① 硒鼓不能正常转动。由于硒鼓不转动，因此不能正常曝光、显影、定影，所以打印纸全白。这时可以断开打印机电源，取出墨盒，打开墨盒上的槽口，在硒鼓的非打印部位做一个记

号，再恢复原状装入机内。开机运行一小段时间，重新取出检查记号，以辨别是否硒鼓不转动。若确认是硒鼓不转动，则应进一步查明硒鼓不转动的原因是电气驱动电路问题，还是机械传动部件问题，分别加以排除即可恢复正常打印。

② 显影轧辊上未加直流电压，引起显影轧辊不能吸收墨粉。或者由于硒鼓未接地，使负电荷无法向地释放，致使激光束不起作用，因而在打印纸上打印不出文字、图像，造成打印纸全白。

③ 激光束发射通道上有遮挡物，使激光束不能正常地到达硒鼓，从而造成打印纸全白。检查时一定要将打印机电源关掉，以防激光束损伤眼睛。

④ 初级电晕放电极断开或无电晕高压，也会造成打印纸全白。这时应检修初级电晕放电极和电晕高压，检修后排除故障。

上述实例中未指明具体机型，其故障分析和处理方法原则上适用于各种型号激光打印机。

故障现象 2：一台 HP-Ⅱ型激光打印机，打印机自检与联机操作都正常，但打印出的稿件左边有约 1cm 宽的部分没有字符。

故障分析与处理：从打印机自检与联机操作都正常可以看出，打印机的控制电路、电动机驱动电路、接口电路、高压产生电路都是正常的，估计故障点出现在成像电路中。

成像电路由曝光与静电潜像部分、显影部分、转印与分离部分和定影部分组成。其中，任何一部分产生故障都会使打印的稿件不清晰，有黑带、黑斑、白道、黑道等。打开激光打印机的上盖，看到内部光路灰尘较大，经仔细观察发现激光镜的左边有一条灰尘边带。这一条灰尘边带使激光束不能够扫描到硒鼓上，从而不能形成稿件的静电潜像。

用专用镜头纸将灰尘清理掉后，合上机盖，开机自检，打印机恢复正常打印。

故障现象 3：一台 HP-Ⅲ激光打印机，打印的稿件右边约有 5mm 宽的部分字符不牢固，用手一擦就掉。

故障分析与处理：从激光打印机打印结果正常来分析，光学成像系统、曝光及静电潜像部分、显影及转印分离部分基本正常，故障可能出现在定影部分。

HP-Ⅲ激光打印机采用了加热加压定影的方法，即带有墨粉的打印纸从一对辊（一个加热辊和一个加压辊）之间通过，从而使打印纸上的墨粉成像固定。墨盒内的墨粉是一种热熔性塑料，加热后很容易熔化，通过加压的方法可使影像永久地固定在纸上。

检修时，发现定影热辊表面有严重磨损的痕迹。这样定影热辊与加压辊在对稿件进行定影时，会有一部分因压力不够而不完全定影，从而出现本例故障。更换一个新的加热辊后，故障排除，打印机恢复正常打印。

故障现象 4：HP-Ⅱ激光打印机，开机后电源灯不亮，机器不动作（据用户反应是由于打印机输入电压为 110V 而误插为 220V 造成的）。

故障分析与处理：打印机开机无任何反应，说明打印机的电源电路有故障，通过用户提供的情况可以看出故障出现在电源电路的输入部分。

HP-Ⅱ激光打印机电源采用的是开关稳压电源，对这部分电路的检查应先从电压输入端开始。由于误插电压引起的电源电路损坏，一般是由于电压过高，使桥式整流后的直流电压太高，致使其滤波电容击穿炸裂、熔断器烧断。

检修时更换一个新的滤波电容及熔断器后，故障排除，打印机恢复正常打印。

故障现象 5：LCS-15 激光打印机无法从纸盒内搓纸。

故障分析与处理：激光打印机的搓纸系统要完成的工作是将纸盒里的纸一张一张地送到纸

辊前，用 0.5～1s 的时间完成。换句话说，搓纸辊必须在 1s 内将纸从纸盒内搓出，并送到进纸辊前，然后准备搓下一张纸，周而复始地工作。若在规定时间内没有完成上述搓纸工作，则打印机会出现卡纸信号。因此，只要搓纸系统某一部件有问题，就可能在规定时间内完成不了这种工作，而搓纸辊是较关键的部件。经检查发现由于搓纸的次数太多（已达 6000 张），搓纸辊表面已磨得很光滑，本应更换新的搓纸辊，但从经济角度考虑，采用下面两种方法来解决，经试用后效果很好。

① 将搓纸辊表面用锯条拉毛。

② 若方法①效果不是很好，则可在搓纸辊上绕橡皮筋。

故障现象 6：LDP-8 激光打印机打印空白。

故障分析与处理：根据故障现象分析，造成这种故障的原因有充电、显影和转印 3 个方面。只要其中之一出现了问题，都可能出现这类故障。将打印机加电，让打印纸进入打印机机体中央位置时，关掉打印机电源，打开机体检查纸上无字，而硒鼓上有字出现，说明充电和显影正常。问题出现在转印部件上，检查转印电极丝、高压都是好的，接插件处也良好，用万用表 R×10K 挡检测电极丝与电极座之间的电阻，结果只有 200kΩ 左右，换一个电极座故障即可排除。将电极座拆下来后，发现绝缘塑料已经老化，变成了导电材料，加之转印高压与机壳构成了通路，而转印电极丝上得不到高压，因而造成了本例所述的故障。

故障现象 7：LCS-15 激光打印机不能定影。

故障分析与处理：打印机不能定影，主要是因为定影系统出现了故障。定影部分的工作原理如下：打印机加电后，主控板给定影灯发送一个控制信号，使定影灯电源接通（灯管为 550W），定影辊表面温度逐步上升，当到达 175～193℃时，定影辊表面上的热敏电阻检测到此温度，并发送信号到主控板，主控板收到此信号后将定影灯电源断掉，低于此温度时定影灯电源接通，周而复始。因此只要定影系统中有一个部件出现了问题，此故障就有可能出现。这台打印机是由于灯管两端的接头有一端接触不良造成了打火，时间长了，上面有的一层被氧化，从而造成定影灯电源无法接通，用砂纸打磨接头表面，直到氧化层被磨掉为止，将其固定紧，经过这样的处理后，没有再出现打火现象。

8.3 微型机系统软件故障的诊断与排除举例

故障现象 1：启动后，发现连接声卡的扬声器不发声，但在桌面上的任务栏中有扬声器图标，在“控制面板”→“系统”→“声音、视频和游戏控制器”中也没有发现“!”、“？”或“×”。

故障分析与处理：这是由于 Windows 系统中的声卡驱动程序与当前声卡不完全兼容造成的。刚安装声卡时，Windows 系统中的声卡驱动程序与当前安装的声卡还能勉强兼容，但当用户进行某些设置或出现其他原因时，会导致当前的声卡驱动程序与当前安装的声卡不完全兼容。

在“控制面板”→“系统”中将“声音、视频和游戏控制器”删除，在“控制面板”→“添加新硬件”中重新安装相应的声卡驱动程序即可。

故障现象 2：启动后，在“我的电脑”和资源管理器窗口中找不到光驱图标，而在“控制面板”→“系统”中有“CD-ROM”设备，但没有发现“!”、“？”或“×”。

故障分析与处理：由于光驱在 Windows 系统中属于标准外设，所以只要光驱的硬件连接没有问题，启动后 Windows 就能找到相应的光驱并安装相应的驱动程序。出现这种故障的主要原因是病毒感染了驱动程序或病毒在内存中占据了光驱驱动程序的位置。

在“控制面板”→“系统”中将“CD-ROM”删除，再进行杀毒，重新启动系统，即可找到光驱图标。

故障现象 3：系统启动后，打开一两个窗口或运行应用程序后出现花屏。

故障分析与处理：原因有两个。

原因一：由于 Windows 系统中的显卡驱动程序与当前显卡不完全兼容造成的。在这种情况下，用户甚至可在“控制面板”→“显示”中设置多种颜色。

解决方法是在“控制面板”→“系统”中将“显示适配器”删除，再在“控制面板”→“添加新硬件”中重新安装相应的显卡驱动程序。

原因二：有一些内置显卡没有独立的显存，它的显存是从内存中划出的，其大小可以通过 CMOS 设置来确定。如果用户设置的显存大小超过了内存的大小，此时即使显卡的驱动程序与显卡完全相同，且用户在“控制面板”→“显示”中设置了多种颜色，但只要打开了一两个窗口或运行了应用程序，也会出现类似于花屏的故障。

解决方法是重新启动系统，进入 CMOS 设置，调整显存大小到合适的容量即可。

故障现象 4：启动时未出现“蓝天白云”，且按 F8 键无反应。

故障分析与处理：这是因为系统文件因病毒等其他原因被破坏而造成的。

解决方法是关机，用干净的系统盘重新启动系统，运行杀病毒软件清除病毒，执行 SYS 命令重新传送系统文件。如果还有问题，则可能是病毒已经感染或破坏了分区表，这时只能重新分区、高级格式化、重新安装系统。

故障现象 5：启动时按 F8 键可进入多重启动菜单，但不能进入 Windows 桌面。

故障分析与处理：其原因有两个。

原因一：系统中的硬件设备之间存在严重冲突或驱动程序被破坏。

解决方法是进入“Safe mode（安全模式）”，重新安装显卡、声卡等设备的驱动程序，在“控制面板”→“系统”设备属性对话框中检查各个硬件设备的运行情况，调整有冲突的设置。

原因二：由于 config.sys 和 autoexec．bat 两个配置文件中加载了某个命令而导致系统无法启动。

解决方法是进入“Step-by-Step Confirmation”并逐行检查启动命令。输入要运行的命令，输入 Y，如果运行成功，则提示下一条命令；如果因为某条命令的运行而死机，则通过编辑软件将其从 config.sys 或 autoexec.bat 中删除。

故障现象 6：启动时出现信息“命令解释器丢失或损坏”。

故障分析与处理：根目录下的 Command.com 文件丢失或被破坏。用启动盘启动系统，执行 SYS 命令重新传送系统文件。

故障现象 7：启动时出现下列信息，找不到注册文件，返回到 DOS 提示符。

```
Registry File was not found
Registry services may be inoperative for this session
```

故障分析与处理：原因有如下两个。

原因一：Windows 目录下的 System.dat 文件丢失或被破坏。

解决方法是用 Attrib 命令去除 Windows 目录下的 System.dat、System.da0 的只读、系统、隐藏的属性，将 System.dat 删除，把 System.da0 重名名为 System.dat，重新启动系统。如果无效，则将根目录下的 System.1st 文件去除只读、系统、隐藏属性，用 Copy 命令复制一个 System.dat 文件。

原因二：MSDOS.sys 文件中的[Path]节丢失或被修改而找不到 System.dat 文件。

解决方法是重新编辑 MSDOS.sys 文件中的[Path]节，具体内容如下。

```
[Path]
WinDir=C:\Windows
WinBootDir=C:\Windows
HostBootDrv=C:
```

故障现象 8：启动时出现信息“在 Windows Registry 或 System.ini 文件中引用了某设备文件，但此设备文件已不存在”。

故障分析与处理：从硬盘中删除了某个设备驱动程序，但未在注册表中卸载此程序。

解决方法是在注册表中将该设备驱动程序的主键删除。进入注册表编辑器，导出注册表作为备份，选择“编辑”→“查找”选项，在“查找”对话框中输入出错驱动程序的名称，但不要输入扩展名.vxd，单击“查找下一个”按钮，找到该设备驱动程序的主键，将其删除即可。

本章主要学习内容

① 微型机系统故障形成的原因。

② 系统故障的表现和常规检测方法。

③ 主机常见故障诊断与排除举例。

④ 存储器常见故障诊断与排除举例。

⑤ 输入设备常见故障诊断与排除举例。

⑥ 输出设备常见故障诊断与排除举例。

⑦ 系统软件常见故障诊断与排除举例。

实践 8

子实践 1

1．实践目的

① 掌握微型机硬件的常规检测方法。

② 学会插拔法、替换法和最小系统分析法的使用。

2．实践内容

① 将有故障的微型机开机，进行故障分析，分析故障的可能性。

② 运用最小系统分析法、替换法和插拔法，缩小故障范围，直到找到出现故障的部件。

子实践 2

1．实践目的

① 掌握微型机 CMOS 设置不当引起故障的排除方法。

② 掌握系统软件某一文件丢失或某驱动程序没有安装引起故障的排除。

2．实践内容

① 对微型机 CMOS 默认的参数进行人为改动（如 CPU 的二级缓存、启动顺序、并行端口模式、内存参数），观察微型机运行状况。

② 假设微型机显卡的驱动程序没有安装，观察显示器分辨率现象并安装其驱动程序。

③ 假设系统软件某一启动文件丢失，观察系统启动过程并进行恢复。

子实践 3

1．实践目的

① 掌握微型机存储设备故障的排除方法。

② 掌握微型机输入设备的故障排除方法。

2．实践内容

① 对硬盘的坏道和坏扇区进行分析，使保存的数据读出。

② 对键盘和鼠标的内部结构进行分析，分析常见故障现象和排除方法。

③ 对扫描仪的内部结构进行分析，分析常见故障现象和排除方法。

子实践 4

1．实践目的

① 掌握微型机显示系统故障的排除方法。

② 掌握微型机输出设备的故障排除方法。

2．实践内容

① 对显卡和显示器的内部结构进行分析，分析常见故障现象和排除方法。

② 对针式打印机的内部结构进行分析，分析常见故障现象和排除方法。

③ 对喷墨打印机和激光打印机内部结构进行分析，分析常见故障现象和排除方法。

练习 8

一、填空题

1．从微型机产生故障的原因和现象，可将常见故障分为（　　　　）、软故障、外界干扰引起的故障、（　　　　）、人为故障五大类。

2．为防止静电对计算机造成损害，应在安放计算机时将机壳用导线（　　　　）。

3．计算机病毒的防范必须做到（　　　　）结合、管理手段与技术措施结合、（　　　　）结合。

4．计算机除了通用的测试软件之外，很多计算机配置了开机（　　　　）程序，计算机厂家也提供了一些随机的高级（　　　　）。

二、选择题

1．微型机中各种集成电路芯片、电容等元器件很多。若其中有些功能失效、内部损坏、漏电、频率特性变坏等，属于（　　）。

A．元器件损坏引起的故障　　B．制造工艺引起的故障

C．疲劳性故障　　D．机械故障

2．交流电源附近电动机起动及停止、电钻等电器的工作，都会引起较大的（　　）干扰。

A．静电　　B．电压　　C．电磁波　　D．电流

3．在 Award　BIOS 状态下，显示器或显卡错误喇叭鸣叫是（　　）。

A．1 长 3 短　　B．2 长 2 短　　C．1 长 2 短　　D．2 长 3 短

4．计算机维修时将故障系统一块一块地依次拔出插件板，每拔出一块，开机测试一次机器状态。一旦拔出某块插件板后，机器工作正常，那么故障原因就在此块插件板上，此法称为（　　）。

A．插拔法　　B．交换法　　C．分析法　　D．观察法

三、简答题

1．人为故障涉及的问题主要包括哪几个方面？

2．计算机出现故障时屏幕显示为 CMOS battery failed，这说明了什么？

3．计算机出现故障时屏幕显示为 Keyboard error or no keyboard present，这说明了什么？

4．计算机故障检测时使用直接观察法有何含义？

主要参考文献

[1] 华信卓越．快学快用电脑故障排除技巧 1088 招．北京：电子工业出版社，2008．

[2] 郑明言，柳金东．计算机系统组装与维护．北京：清华大学出版社，2009．

[3] 颜辉，桑磊．计算机组装与维护．北京：清华大学出版社，2009．

[4] 陈国先．办公自动化设备的使用和维护（第 3 版）．西安：西安电子科技大学出版社，2011．

[5] 韩雪涛．笔记本电脑的结构、原理与维修．北京：电子工业出版社，2011．

[6] 陈国先．计算机组装与维护．北京：机械工业出版社，2012．

[7] 匡松．计算机组装、维护与维修．北京：电子工业出版社，2013．

[8] 常映红．计算机组装与维护．北京：电子工业出版社，2013．

[9] 文光斌．计算机组装、维护与维修（第 2 版）．北京：电子工业出版社，2014．

[10] 褚建立．计算机组装与维护情境实训（第 2 版）．北京：电子工业出版社，2014．